高等职业教育项目课程改革规划教材

微生物分离和鉴别

主　编　余展旺（深圳技师学院）

参　编（排名不分先后）

任　茜（深圳技师学院）

吴九玲（深圳技师学院）

钟　萍（广东新安职业技术学院）

郑　昕（深圳第二高级技工学校）

黄富荣（暨南大学）

主　审　应国红（深圳市药品检验所）

机械工业出版社

本书是高等职业教育项目课程改革规划教材之一，结合“微生物检定工考核大纲”和《食品微生物学检验》系列标准、《中华人民共和国药典》（2010 版）等，选取典型工作任务，设置了七个教学项目，分别从水、空气、食品、土壤等样品中分离得到不同种类微生物并进行初步鉴别，实训内容有较强的针对性和应用性。以工作任务为核心的项目课程教学模式，让学生通过完成具体项目来构建相关理论知识框架。相关理论包括了微生物形态结构、繁殖代谢、生长控制、遗传变异以及微生物生态，分类鉴定等知识。

本教材适用于高职院校和技工院校应用生物技术类、食品类、药品类等与微生物检定工相关的专业全日制教学和业余培训，也可供相关专业的师生和实践操作人员使用。

本书配有电子课件，凡使用本书作教材的教师可登录机械工业出版社教材服务网（http://www.cmpedu.com）下载，或发送电子邮件至 cmpgaozhi@sina.com 索取。咨询电话：010-88379375。

图书在版编目（CIP）数据

微生物分离和鉴别 / 余展旺主编．—北京：机械工业出版社，2014.1
高等职业教育项目课程改革规划教材
ISBN 978-7-111-45022-1

Ⅰ．①微…　Ⅱ．①余…　Ⅲ．①微生物—生物工程—分离—高等职业教育—教材 ②微生物—生物工程—鉴别—高等职业教育—教材　Ⅳ．①Q81

中国版本图书馆 CIP 数据核字（2013）第 291041 号

机械工业出版社（北京市百万庄大街 22 号　邮政编码 100037）
策划编辑：边　萌　责任编辑：边　萌　王秋丹
封面设计：路恩中　责任印制：李　洋
三河市宏达印刷有限公司印刷
2014 年 1 月第 1 版第 1 次印刷
184mm×260mm · 14 印张 · 343 千字
0001—3000 册
标准书号：ISBN 978-7-111-45022-1
定价：30.00 元

凡购本书，如有缺页、倒页、脱页，由本社发行部调换

电话服务	网络服务
社服务中心：（010）88361066	教材网：http://www.cmpedu.com
销售一部：（010）68326294	机工官网：http://www.cmpbook.com
销售二部：（010）88379649	机工官博：http://weibo.com/cmp1952
读者购书热线：（010）88379203	**封面无防伪标均为盗版**

高等职业教育项目课程改革规划教材编审委员会

序

中国的职业教育正在经历课程改革的重要阶段。传统的学科型课程被彻底解构，以岗位实际工作能力的培养为导向的课程正在逐步建构起来。在这一转型过程中，出现了两种看似很接近，人们也并不注意区分，而实际上却存在重大理论基础差别的课程模式，即任务驱动型课程和项目化课程。二者的表面很接近，是因为它们都强调以岗位实际工作内容为课程内容。国际上已就如何获得岗位实际工作内容取得了完全相同的基本认识，那就是以任务分析为方法。这可能是二者最为接近之处，也是人们容易混淆二者关系的关键所在。

然而极少有人意识到，岗位上实际存在两种任务，即概括的任务和具体的任务。例如对商务专业而言，联系客户是概括的任务，而联系某个特定业务的特定客户则是具体的任务。工业类专业同样存在这一明显区分，如汽车专业判断发动机故障是概括的任务，而判断一辆特定汽车的发动机故障则是具体的任务。当然，许多有见识的课程专家还是敏锐地觉察到了这一区别，如我国的姜大源教授，他使用了写意的任务和写实的任务这两个概念。美国也有课程专家意识到了这一区别并为之困惑。他们提出的问题是："我们强调教给学生任务，可现实中的任务是非常具体的，我们该教给学生哪件任务呢？显然我们是没有时间教给他们所有具体任务的"。

意识到存在这两种类型的任务是职业教育课程研究的巨大进步，而对这一问题的有效处理，将大大推进以岗位实际工作能力的培养为导向的课程模式在职业院校的实施，项目课程就是为解决这一矛盾而产生的课程理论。姜大源教授主张在课程设计中区分两个概念，即课程内容和教学载体。课程内容即要教给学生的知识、技能和态度，它们是形成职业能力的条件（不是职业能力本身），课程内容的获得要以概括的任务为分析对象。教学载体即学习课程内容的具体依托，它要解决的问题是如何在具体活动中实现知识、技能和态度向职业能力的转化，它的获得要以具体的任务为分析对象。实现课程内容和教学载体的有机统一，就是项目课程设计的关键环节。

这套教材设计的理论基础就是项目课程。教材是课程的重要构成要素。作为一门完整的课程，我们需要课程标准、授课方案、教学资源和评价方案等，但教材是其中非常重要的构成要素，它是连接课程理念与教学行为的重要桥梁，是综合体现各种课程要素的教学工具。一本好的教材既要能体现课程标准，又要能为寻找所需教学资源提供清晰索引，还要能有效地引导学生对教材进行学习和评价。可见，教材开发是项非常复杂的工程，对项目课程的教材开发来说更是如此，因为它没有成熟的模式可循，即使在国外我们也几乎找不到成熟的项目课程教材。然而，除这些困难外，项目教材的开发还担负着一项艰巨任务，那就是如何实现教材内容的突破，如何把现实中非常实用的工作知识有机地组织到教材中去。

这套教材在以上这些方面都进行了谨慎而又积极的尝试，其开发经历了一个较长过程（约4年时间）。首先，教材开发者们组织企业的专家，以专业为单位对相应职业岗位上的工作任务与职业能力进行了细致而有逻辑的分析，并以此为基础重新进行了课程设置，撰写了专业教学标准，以使课程结构与工作结构更好地吻合，最大限度地实现职业能力的培养。其次，教材开发者们以每门课程为单位，进行了课程标准与教学方案的开发，在这一环节中尤其突出了教学载体的选择和课程内容的重构。教学载体的选择要求具有典型性，符合课程目标要求，并体现该门课程的学习逻辑。课程内容则要求真正描绘出实施项目所需要的专业知识，尤其是现实中的工作知识。在取得以上课程开发基础研究的完整成果后，教材开发者们才着手进行了这套教材的编写。

经过模式定型、初稿、试用、定稿等一系列复杂阶段，这套教材终于得以诞生。它的诞生是目前我国项目课程改革中的重要事件。因为它很好地体现了项目课程思想，无论在结构还是内容方面都达到了高质量教材的要求；它所覆盖专业之广，涉及课程之多，在以往类似教材中少见，其系统性将极大地方便教师对项目课程的实施；对其开发遵循了以课程研究为先导的教材开发范式。对一个国家而言，一个专业、一门课程，其教材建设水平其实体现的是课程研究水平，而最终又要直接影响其教育和教学水平。

当然，这套教材也不是十全十美的，我想教材开发者们也会认同这一点。来美国之前我就抱有一个强烈愿望，希望看看美国的职业教育教材是什么样子，因此每到学校考察必首先关注其教材，然而往往也是失望而回。在美国确实有许多优秀教材，尤其是普通教育的教材，设计得非常严密，其考虑之精细令人赞叹，但职业教育教材却往往只是一些参考书。美国教授对传统职业教育教材也多有批评，有教授认为这种教材只是信息的堆砌，而非真正的教材。真正的教材应体现教与学的过程。如此看来，职业教育教材建设是全球所面临的共同任务。这套教材的开发者们一定会继续为圆满完成这一任务而努力，因此他们也一定会欢迎老师和同学对教材的不足之处不吝赐教。

徐国庆

2010 年 9 月 25 日于美国俄亥俄州立大学

前　言

本书是以微生物检定工（初级和中级）岗位工作任务为导向，以《食品微生物学检验》系列标准、《中华人民共和国药典》（2010 版）为依据，整合微生物检定工必须掌握的知识与技能，过程与方法，为从不同的角度培养质量检验人员的职业素养而编写的。将微生物的必备知识及应用技能介绍给学生，是编写这部教材的主要宗旨。

教材分为七个项目，包括“环境中微生物的分离和鉴别”、“水体中细菌的分离和鉴别”、“食品中益生菌的分离和鉴别”、“土壤中放线菌的分离和鉴别”、“果蔬中酵母菌的分离和鉴别”、“霉变食品中霉菌的分离和鉴别”和“拓展训练”。教材的内容结构以“工作任务”为基本单位，每个工作任务整合完成该任务所必须掌握的相关知识与实践技能，由相关知识、实训过程、实训报告、知识拓展几部分组成。两个相关而又独立的工作任务组成系列的“项目”，这种以相互联系的工作任务为单元，使岗位工作更为清晰，更有利于职业岗位能力的培养。

在教材设计上，针对高等职业院校生物技术专业的培养目标，适度地选择有关微生物分离工作的教学项目进行编排。学生通过本课程的训练应能熟练、规范地分离四大类群微生物（细菌、放线菌、酵母菌、霉菌），并通过观察培养特征、细胞形态特征等对其进行初步鉴别。

本教程由余展旺主编并统稿，深圳技师学院任茜、吴九玲，广东新安职业技术学院钟萍，深圳第二高级技工学校郑昕，暨南大学黄富荣等参与了教材编写，深圳市药品检验所应国红研究员担任主审。所有编写人员长期从事微生物教学和研究工作，也有丰富的企业质量检验工作经验。在编写过程中得到了深圳技师学院生物技术专业顾问委员会和企业质量检验专业人员大力支持，提出了许多宝贵意见和建议，在此表示衷心感谢。

由于作者水平有限，书中难免有疏漏之处，敬请同行和广大师生批评指正。

编　者

目　录

序

前言

绪　微生物实训工作导论……1

一、微生物分离和鉴别的相关概念……1

二、微生物实训室规则……4

三、微生物实训室常用的仪器和设备……5

四、常用玻璃器皿的清洗和包扎……8

五、实训室意外事故的处理……11

项目一　环境中微生物的分离和鉴别……12

任务一　空气中微生物的分离和鉴别……12

【相关知识】微生物分类及其特点……12

【实训过程】……15

【实训报告】……19

【知识拓展】微生物的用途和微生物技术的发展……19

任务二　人体微生物的分离和鉴别……23

【相关知识】人体微生物和光学显微镜……23

【实训过程】……27

【实训报告】……30

【知识拓展】微生物的营养……31

自我提高……37

项目二　水体中细菌的分离和鉴别……40

任务一　饮用水中细菌的分离和鉴别……40

【相关知识】细菌的形态和大小……40

【实训过程】……42

【实训报告】……44

【知识拓展】细菌细胞的结构与功能……45

任务二　生活污水中细菌的分离和鉴别……51

【相关知识】革兰氏染色法……51

【实训过程】……53

【实训报告】……55

【知识拓展】培养基……56

【技能拓展】细菌的芽孢染色……60

自我提高......61

项目三　食品中益生菌的分离和鉴别......63

任务一　酸奶中乳酸菌的分离和鉴别......63

【相关知识】乳酸菌的特点和用途......63

【实训过程】......64

【实训报告】......67

【知识拓展】微生物生长繁殖的控制......67

任务二　米醋中醋酸菌的分离和鉴别......73

【相关知识】常用细菌及其分类......73

【实训过程】......76

【实训报告】......78

【知识拓展】微生物代谢......79

【技能拓展】细菌的鞭毛染色及其运动性观察......85

自我提高......87

项目四　土壤中放线菌的分离和鉴别......90

任务一　一般放线菌的分离和鉴别......90

【相关知识】放线菌生物学特性......90

【实训过程】......93

【实训报告】......96

【知识拓展】微生物的生长......96

任务二　稀有放线菌的分离和鉴别......101

【相关知识】常用放线菌及其分类......101

【实训过程】......104

【实训报告】......105

【知识拓展】微生物的培养方式......106

自我提高......110

项目五　果蔬中酵母菌的分离和鉴别......112

任务一　葡萄中酵母菌的分离和鉴别......112

【相关知识】酵母菌生物学特性......112

【实训过程】......117

【实训报告】......118

【知识拓展】微生物的遗传和变异......118

任务二　酒曲中酵母菌的分离和细胞计数......126

【相关知识】常见酵母菌及其分类......126

【实训过程】......129

【实训报告】......132

【知识拓展】微生物基因重组......132

自我提高 138

项目六　霉变食品中霉菌的分离和鉴别 140

任务一　根霉和毛霉的分离和鉴别 140

【相关知识】霉菌的生物学特性 140

【实训过程】 146

【实训报告】 148

【知识拓展】微生物育种和菌种保藏 149

任务二　青霉和曲霉的分离和鉴别 159

【相关知识】常见霉菌及其分类 159

【实训过程】 165

【实训报告】 166

【知识拓展】非细胞型微生物 166

自我提高 171

项目七　拓展训练 173

任务一　微生物理化性能鉴定 173

【相关知识】环境对微生物生长的影响 173

【实训过程】 175

【实训报告】 176

【知识拓展】微生物与生物环境之间的互相关系 177

任务二　酒药中糖化菌的分离和鉴别 178

【相关知识】甜酒酿的制作 178

【实训过程】 179

【实训报告】 180

【知识拓展】微生物与环境保护 180

任务三　大肠杆菌生长曲线的测定 186

【相关知识】细菌的生长 186

【实训过程】 186

【实训报告】 187

【知识拓展】微生物的分类和命名 188

任务四　产蛋白酶和淀粉酶芽孢杆菌的分离和鉴别 192

【相关知识】酶 192

【实训过程】 193

【实训报告】 194

任务五　谷氨酸产生菌的分离和鉴别 195

【相关知识】谷氨酸产生菌 195

【实训过程】 195

【实训报告】 197

任务六　污染食品微生物来源的分析与判断......197
【相关知识】食品污染及其污染途径......197
【实训过程】......198
【实训报告】......199
自我提高......199

附录......201

附录A　常用试剂和指示剂的配制......201
附录B　常用染色液的配制......203
附录C　常用培养基的配方......205
附录D　常用消毒剂......208
附录E　本课程操作技能考核细则......209

参考文献......212

绪　微生物实训工作导论

一、微生物分离和鉴别的相关概念

微生物资源丰富，广泛分布于土壤、水、空气等自然环境中，而且都是混杂地生活在一起。要想研究或利用某一种微生物，必须把它从混杂的微生物类群分离出来，以得到只含有某一种微生物的纯培养。获得纯培养的方法，称为微生物分离技术。微生物形态是一种相当稳定的特征，认识微生物形态是认识微生物的第一步，分离得到某种微生物纯菌株后通过观察细胞形态特征、培养特征等进行初步分类和鉴别。

在微生物的分离和纯培养过程中，必须使用无菌操作技术。所谓无菌操作，就是在分离、接种、移植等各个操作环节中，必须保证在操作过程中杜绝外界环境中杂菌进入培养容器内。

工业微生物产生菌的分离筛选一般包括两大部分：一是从自然环境分离所需要的菌株，二是把分离到的野生型菌株进一步纯化并进行代谢产物鉴别。在实际工作中，可从以下几个途径进行收集和筛选：

（1）向菌种保藏机构、工厂或科研单位索取有关的菌株，从中筛选所需菌株。

（2）由自然环境中（如土壤、水、动植物体等）采集样品，从中进行分离筛选。

（3）从一些发酵制品中分离目的菌株，如从酱油中分离蛋白酶产生菌，从酒醪中分离淀粉酶或糖化酶的产生菌等。该类发酵制品，具有悠久的历史，从这些传统产品中容易筛选到理想的菌株。

生产上使用的微生物菌种，最初都是从自然环境中筛选出来的。而现代发酵工业是以纯种培养为基础，故采用各种不同的筛选手段，挑选出性能良好、符合生产需要的纯种是工业育种的关键一步。自然界工业菌种分离筛选的主要步骤是：采样、增殖培养、培养分离和筛选。如果产物与食品制造有关，还需对菌种进行毒性鉴定。从自然界中分离筛选菌种的步骤如图 0-1 所示。

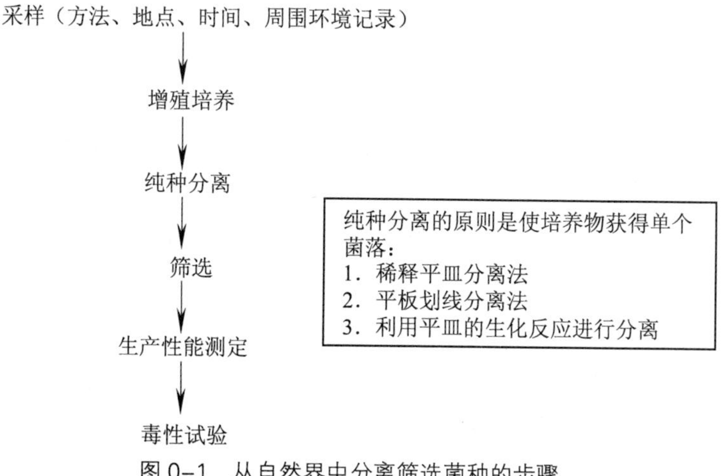

图 0-1　从自然界中分离筛选菌种的步骤

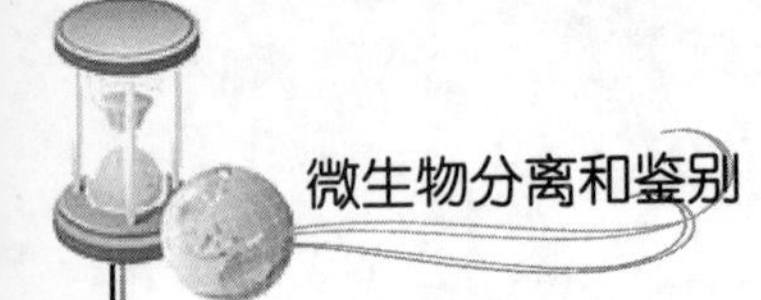

1. 采样

自然界含菌样品极其丰富，土壤、水、空气、枯枝烂叶、植物病株、烂水果等都含有众多微生物，种类数量十分可观。但总体来讲土壤样品的含菌量最多。土壤由于具备了微生物所需的营养、空气和水分，是微生物最集中的地方。从土壤中几乎可以分离到任何所需的菌株，空气、水中的微生物也都来源于土壤，所以土壤样品往往是首选的采集目标。

各种微生物由于生理特性不同，在土壤中的分布也随着地理条件、养分、水分、土质、季节而有很大的变化。因此，在分离菌株前要根据分离筛选的目的，到相应的环境和地区去采集样品。一般在有机质较多的肥沃土壤中，微生物的数量最多，中性偏碱的土壤以细菌和放线菌为主，酸性红土壤及森林土壤中霉菌较多，果园、菜园和野果生长区等富含碳水化合物的土壤和沼泽地中，酵母菌和霉菌较多。采样的对象也可以是植物，腐败物品，某些水域等。采样应充分考虑采样的季节性和时间因素，以温度适中，雨量不多的初秋为好。因为真正的原地菌群的出现可能是短暂的，如在夏季或冬季土壤中微生物存活数量较少，暴雨后土壤中微生物会显著减少。采样方式是在选好适当地点后，用无菌刮铲、土样采集器等，采集有代表性的样品，如特定的土样类型和土层，叶子碎屑和腐质，根系及根系周围区域土壤，海底水，泥土及沉积物，植物表皮及各部，阴沟污水及污泥，发酵食品等。

用取样铲，将表层 5cm 左右的浮土除去，取 5～25cm 处的土样 10～25g，装入事先准备好的塑料袋内扎好。北方土壤干燥，可在 10～30cm 处取样。给塑料袋编号并记录地点、土壤质地、植被名称、时间及其他环境条件。采好的样品应及时处理，暂不能处理的也应贮存于 4℃的温度下，但贮存时间不宜过长。这是因为一旦采样结束，试样中的微生物群体就脱离了原来的生态环境，其内部生态环境就会发生变化，微生物群体之间就会出现消长。如果要分离嗜冷菌，则在室温下保存试样会使嗜冷菌数量明显减少。

在采集水样时，将水样收集于 100mL 干净、灭菌的广口塑料瓶中。由于表层水中含有泥沙，应从较深的静水层中采集水样。方法是：握住采样瓶浸入水中 30～50cm 处，瓶口朝下打开瓶盖，让水样进入。如果有急流存在的话，应直接将瓶口反向于急流。水样采集完毕时，应迅速从水中取出采集瓶。水样不应装满采样瓶，采集的水样应在 24h 之内迅速进行检测，或者于 4℃的温度下贮存。

2. 增殖培养

一般情况下，采来的样品可以直接进行分离，但是如果样品中所需要的菌类含量并不很多，而另一些微生物却大量存在。此时，为了容易分离到所需要的菌种，让无关的微生物至少是在数量上不要增加，即设法增加所需菌种的数量，以增加分离的几率。这可以通过选择性的配制培养基（如营养成分、添加抑制剂等），选择一定的培养条件（如培养温度、培养基酸碱度等）来控制。具体方法是根据微生物利用碳源的特点，可选定糖、淀粉、纤维素，或者石油等，以其中的一种为唯一碳源，那么只有利用这一碳源的微生物才能大量正常生长，而其他微生物就可能死亡或被淘汰。

对革兰氏阴性菌有选择的培养基（如结晶紫营养培养基、红一紫胆汁琼脂、煌绿胆汁琼脂等）通常含有 5%～10%的天然提取物。在分离细菌时，于培养基中添加浓度一般为 50μg/mL 的抗真菌剂（如放线菌酮和制霉菌素），可以抑制真菌的生长；在分离放线菌时，通常于培养基中加入 1～5mL 天然浸出汁（植物、岩石、有机混合腐质等的浸出汁）作为最初分离的促进因子，由此可以分离出更多不同类型的放线菌类型；因此，大多数放线菌的分离培养是在贫脊底物的琼脂平板上进行的，而不是在含丰富营养的生长培养基上分离的；在放线菌分离琼脂中通常加入抗真菌剂制霉菌素或放线菌酮，以抑制真菌的繁殖；在分离除链霉菌以外的放线菌时，先将土样在空气中干燥，再加热到 100℃保温 1h，可减少细菌和链霉菌的数量。

分离霉菌时，可在培养基中加入四环素等抗生素抑制细菌，使霉菌在样品的比例提高，从中便于分离到所需的菌株。在分离真菌时，利用低碳/氮比的培养基可使真菌生长菌落分散，利于计数、分离和签定；在分离培养基中加入一定的抗生素如氯霉素、四环素、卡那霉素、青霉素、链霉素等即可有效地抑制细菌生长及其菌落形成；抑制细菌的另外一些方法有：在使用平皿之前，将平皿先干燥 3～4 天；降低培养基的 pH 值或在无法降低 pH 时，加入 1:30 000 的玫瑰红。这样有利于下阶段的纯种分离。

3．纯种分离

通过增殖培养，样品中的微生物还是处于混杂生长状态。因此还必须分离，纯化。在这一步，增殖培养的选择性控制条件还应进一步应用，而且要控制得细一点，好一点。同时必须进行纯种分离，常用的分离方法有稀释分离法、划线分离法和利用平皿的生化反应进行分离法。

稀释分离法的基本方法是将样品进行适当稀释，然后将稀释液涂布于培养基平板上进行培养，待长出独立的菌落，进行挑选分离。把土壤样品以十倍的级差，用无菌水进行稀释，取一定量的某一稀释度的悬浮液，涂抹于分离培养基的平板上，经过培养，长出单个菌落，挑取需要的菌落移到斜面培养基上培养。土壤样品的稀释程度，要看样品中的含菌数多少，一般有机质含量高的菜园土等，样品中含菌量大，稀释倍数高些，反之稀释倍数低些。采用该方法，在平板培养基上得到单菌落的机会较大，特别适合于分离易蔓延的微生物。

划线分离法要首先制备培养基平板，然后用接种针（接种环）挑取样品，在平板上划线。划线方法可用分步划线法或一次划线法，无论用哪种方法，基本原则是确保培养出单个菌落。当单个菌落长出后，将菌落移入斜面培养基上，培养后备用。该分离方法操作简便、快捷，效果较好。

利用平皿的生化反应进行分离是一种利用特殊的分离培养基对大量混杂微生物进行初步分离的方法。分离培养基是根据目的微生物特殊的生理特性或利用某些代谢产物生化反应来设计的。通过观察微生物在选择性培养基上生长状况或生化反应进行分离，可显著提高菌株分离纯化的效率。该法包括透明圈法、生长圈法、变色圈法、抑菌圈法等。

在平板培养基中加入溶解性较差的底物，使培养基混浊。能分解底物的微生物便会在菌落周围产生透明圈，圈的大小初步反应该菌株利用底物的能力。该法在分离水解酶产生菌时采用较多，如脂肪酶、淀粉酶、蛋白酶、核酸酶产生菌都会在含有底物的选择性培养基平板上形成肉眼可见的透明圈。在分离淀粉酶产生菌时，培养基以淀粉为唯一碳源，待样品涂布到平板上，经过培养形成单个菌落后，再用碘液浸涂，根据菌落周围是否出现透明的水解圈来区别产酶菌株。如要分离核酸水解酶产生菌，可用双层平板法，首先在普通平板培养基上把悬浮液涂抹培养，等长出菌落后覆盖一层营养琼脂，内含 3%酵母 RNA，0.7%琼脂及 0.1mol/LEDTA，pH7.0，于 42℃左右培养 2～4h，四周产生透明圈的菌落，即为核酸分解酶产生菌。

在分离某种产生有机酸的菌株时，也通常采用透明圈法进行初筛。在选择性培养基中加入碳酸钙，使平板成混状，将样品悬浮液涂抹到平板上进行培养，由于产生菌能够把菌落周围的碳酸钙水解，形成清晰的透明圈，可以轻易地鉴别出来。分离乳酸产生菌时，由于乳酸是一种较强的有机酸，因此，在培养基中加入的碳酸钙不仅有鉴别作用，还有酸中和作用。

在检查确认为纯种之后，依据分类学的方法，进行必要的生理生化反应鉴定。最后通过分类手册检索赋予其合适的名称。

4. 筛选及生产性能测定

经过分离培养，在平板上出现很多单个菌落，通过菌落形态观察，选出所需菌落，然后取菌落的一半进行菌种鉴定，对于符合目的菌特性的菌落，可将之转移到试管斜面纯培养。这种从自然界中分离得到的纯种称为野生型菌株，它只是筛选的第一步，所得菌种是否具有生产上的实用价值，能否作为生产菌株，还必须采用与生产相近的培养基和培养条件，通过三角瓶的容量进行小型发酵试验，以求得适合于工业生产用菌种。这一步是采用与生产相近的培养基和培养条件，通过三角瓶的容量进行小型发酵试验，筛选出性能稳定、适应范围宽、符合生产要求的高产菌种。

5. 毒性试验

自然界的一些微生物在一定条件下将产生毒素，为了保证药品或食品的安全性，凡是与药品或食品工业有关的菌种，除啤酒酵母、脆壁酵母、黑曲霉、米曲霉和枯草杆菌无须作毒性试验外，其他微生物均需通过两年以上的毒性试验。

二、微生物实训室规则

（1）按时上课，不得迟到早退。因病不能上课者，应向任课教师提供医院证明。

（2）实训前请先预习实训相关内容，工作服穿戴规范。未经许可不能随便进入检验工作区域，实训室需保持安静，整洁，不许高声喧哗及随意走动。

（3）在实训台上除实训用具和指导书外，不得乱放其他物品。不准将食物、食具带进实训室，严禁吃零食、喝水、吸烟。

（4）勿将菌液、染液、药品等洒在桌面上或地面上，如有菌液污染桌面或地面时，不要随便涂抹，应该用 75%酒精或 5%石炭酸溶液消毒。实训中出现菌液溢出、皮肤受损等意外事故时，应立即报告老师。

（5）做实训时要严格遵守实训纪律及操作规程，培养严肃认真的科学态度。不得随意涂改、编造实训数据，对实训结果进行认真分析。

（6）接种时必须严格遵守无菌操作规程，不得讲话。接种用的接种环、接种针及其他接种用具，在使用前后必须经过火焰灭菌或放在指定的消毒器皿内，不得随便放置。

（7）爱护仪器、用具。节约药品，并按指定方法使用，不得自己乱用。如有损坏或故障必须及时报告指导教师，并登记在物品损坏登记簿上。

（8）实训完毕时，必须整理实训台，对用过的仪器及各种器皿需及时清洗消毒，并放回原位，擦净桌面，打扫地面后方可离开。实训室使用的各种物品（菌种，药品），未经指导教师许可，不得带出实训室。

（9）凡接触过微生物的废弃物，如培养基、玻璃器皿、载玻片等，均应置于指定的容器，并经过灭菌处理后方可清洗或处理掉。

（10）按时观察实训结果，以实事求是的科学态度完成实训报告，力求简明准确。实训报告包括实训目的、实训原理、实训过程、结果报告及思考和讨论等五部分内容。字迹要清楚，绘图用铅笔。

三、微生物实训室常用的仪器和设备

微生物实训室内应用的玻璃器材种类甚多，如吸管、试管、烧瓶、培养皿、培养瓶、毛细吸管、载玻片、盖玻片等。在采购时应注意各种玻璃器材的规格和质量，一般要求能耐受多次高热灭菌，且以中性为宜。玻璃器皿用前要经过刷洗处理，使之干燥清洁，有的需要灭菌处理。对于每个从事微生物工作的人员应熟悉和掌握各种玻璃器皿用前用后的处理。现将玻璃器皿的种类及其准备列述如下。

1. 常用器皿及仪器的种类及要求

（1）试管　用于细菌及血清学试验的试管应较坚厚，以便加塞不致破裂。根据用途的不同，准备下列三种型号。

1）大试管（18mm×180mm）可盛倒培养皿用的培养基；亦可制备琼脂斜面用（需要大量菌体时用）。

2）中试管（约 13～15mm×100～150mm）盛液体培养基或做琼脂斜面用，亦可用于病毒等的稀释和血清学试验。

3）小试管（10～12mm×100mm）一般用于糖发酵试验或血清学试验，和其他需要节省材料的试验。

（2）三角烧瓶　底大口小，放置平稳，便于加塞，三角烧瓶有 100mL、250mL、500mL、1 000mL 等不同的规格，常用来盛放无菌水、培养基和用于摇瓶发酵等。

（3）培养皿　为硬质玻璃双碟，常用于分离培养。盖与底的大小应合适。盖的高度较底稍低，底部平面应特别平整。培养皿一般均为玻璃皿盖，但有特殊需要时，可使用陶器皿盖，因其能吸收水分，使培养基表面干燥，例如测定抗生素生物效价时，培养皿不能倒置培养，则用陶器皿盖为好。常用的培养皿，皿底直径为 90mm，高为 15mm。

在培养皿内倒入适量固体培养基制成平板，用于分离、纯化、鉴定菌种、微生物计数以及测定抗生素、噬菌体的效价等。

（4）吸管　用于吸取少量液体。常用的吸管有两种；一种为无刻度的毛细吸管；另一种为有刻度吸管。管壁有精细的刻度。一般长为 25cm。常用的容量为 0.2mL、0.5mL、1.0mL、2.0mL、5.0mL 及 10mL。

（5）量筒、量杯　用于液体的测量。常用规格为：10mL、20mL、25mL、50mL、100mL、200mL、500mL、1 000mL 及 2 000mL。

（6）烧杯　常用的规格50～3000mL容量，用来配制培养基与药品，盛液体或煮沸用。

（7）载玻片及盖玻片　载玻片供作涂片染色形态观察用，常用的规格为75mm×25mm，厚度为1～2mm。另有凹玻片可供作悬滴标本及作血清学试验用。盖玻片为极薄的玻片，用于标本封闭及悬滴标本等。有圆形的，直径18mm；方形的18mm×18mm或22mm×22mm；长方形的22mm×36mm等数种。

（8）离心管　常用规格有10mL、15mL、100mL及250mL等数种，供分离沉淀用。

（9）试剂瓶　有磨砂口，有盖，分广口和小口两种，容量自30～1 000mL不等，视需要量选择使用。分棕色、无色两种，为贮藏药品和试剂用，凡避光等药品试剂均宜用棕色瓶。

（10）玻璃缸　缸内常放置石炭酸或甲酚皂溶液等消毒剂，以备放置用过的破片、吸管等。

（11）染色缸　有方形和圆形两种，可放载玻片6～10片，供细菌、血液及组织切片标本染色用。

（12）滴瓶　有橡胶帽式管滴和玻塞式，分白色和棕色，容量有30mL和60mL等，供贮存试剂及染色液用。

（13）注射器　有0.25mL、0.5mL、1mL、2mL、5mL、10mL、20mL、50mL和100mL等规格。供接种试验动物和采血用。

（14）接种工具　有接种环、接种针、接种钩、接种铲、玻璃涂布器等。制造环、针、钩、铲的金属可用铂或镍，原则是软硬适度，能经受火焰反复烧灼，又易冷却。接种细菌和酵母菌用接种环和接种针，其铂丝或镍丝的直径以0.5mm为适当，环的内径约2mm，环面应平整。接种某些不易和培养基分离的放线菌和真菌，有时用接种钩或接种铲，其丝的直径要求粗一些，约1mm。用涂布法在琼脂平板上分离单个菌落时需用玻璃涂布器，是将玻棒弯曲或将玻棒一端烧红后压扁而成。

2．微生物实训室常用设备

见表0–1，其中电热干燥箱和高压蒸汽灭菌器是微生物实训中非常重要而且对安全要求较高的设备，要求学生操作前要进行专门培训，合格后才能使用。

表0–1　微生物实训室常用设备

名　称	用　途	注意事项
高压蒸汽灭菌器（图0-3）	培养基、水和溶液或物品的灭菌	灭菌时间和压力必须准确可靠，操作人员不能擅自离开
电热干燥箱（图0–2）	用于玻璃器皿、金属器械的干热灭菌	严禁易燃、易爆、易挥发物品放入箱内
电热恒温培养箱	微生物的培养	控制好温度，箱内培养物不能过挤
普通冰箱	保存菌种、菌液或培养基等	菌种必须包扎好以免污染，有毒或感染性物品应注明，并置专用储盒内单独存放
电动离心机	是培养的菌体与培养基等液体分离	严格遵守平衡原则
普通生物显微镜	微生物的观察与计数分析	注意镜头的清洁，防止污染
薄膜过滤装置	用于除菌过滤、无菌检查	薄膜孔径符合规定，无菌、干燥
超净工作台	在操作区内洁净度可达100级，符合无菌操作要求	安放在洁净度较高，不受外界风力影响处
电子天平	配制培养基、试剂、溶液等	定期校准
摇床	微生物振荡培养	根据微生物培养所需设定转速和时间、温度

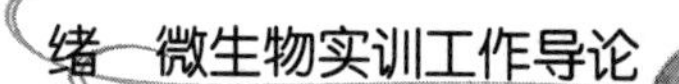

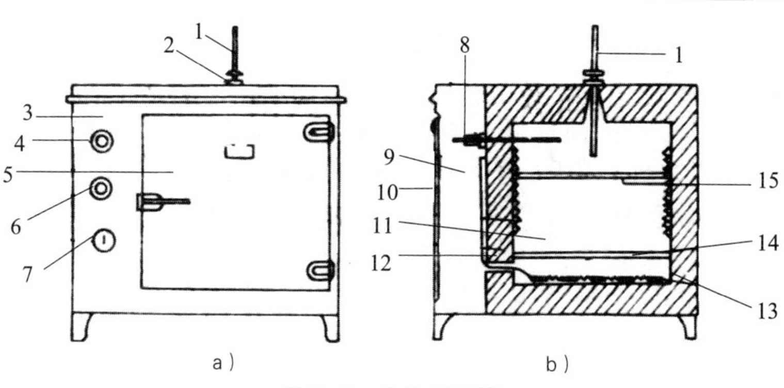

图 0-2　电热干燥箱

a）外观　b）内部结构

1—温度计　2—排气伐　3—箱体　4—控温器旋钮　5—箱门　6—指示灯　7—加热开关　8—温度控阀　9—控制室　10—侧门　11—工作室　12—保温箱　13—电热器　14—散热板　15—搁板

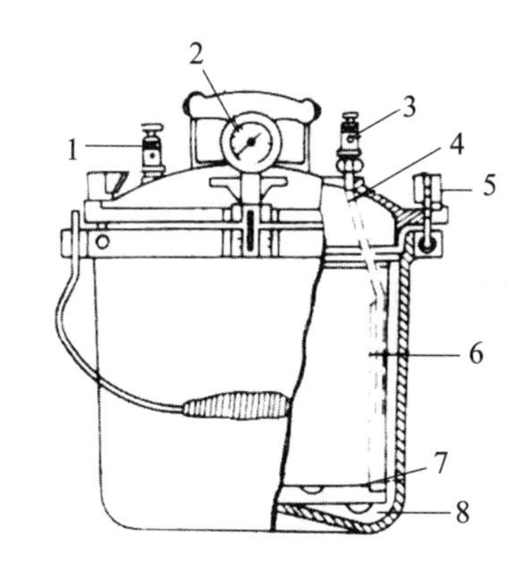

图 0-3　手提式高压蒸汽灭菌锅

1—安全阀　2—压力表　3—放气　4—软管　5—紧固螺栓　6—灭菌桶　7—筛架　8—水

（1）电热干燥箱的使用方法

1）装入待灭菌物品　将包好的待灭菌物品（培养皿、试管、吸管等）放入电烘箱内，关好箱门。物品不要摆得太挤，以免妨碍空气流通，灭菌物品不要接触电烘箱内壁的铁板，以防包装纸烤焦起火。

2）升温　接通电源，拨动开关，打开电烘箱排气孔，旋动恒温调节器至绿灯亮，让温度逐渐上升。当温度升至 100℃时，关闭排气孔。在升温过程中，如果红灯熄灭，绿灯亮，表示箱内停止加温，此时如果还未达到所需的 160～170℃温度，则需转动调节器使红灯再亮，如此反复调节，直至达到所需温度。

3）恒温　当温度升到 160～170℃时，恒温调节器会自动控制调节温度，保持此温度 2h。干热灭菌过程严防恒温调节的自动控制失灵而造成安全事故。

4）降温　切断电源、自然降温。

5）开箱取物　待电烘箱内温度降到 70℃以下后，打开箱门，取出灭菌物品。电烘箱内温度未降到 70℃，切勿自行打开箱门以免骤然降温导致玻璃器皿炸裂。

【提示注意】

（1）干热灭菌法适用于玻璃器皿，如试管、培养皿、三角瓶等物品的灭菌。

（2）干热灭菌物品不能太挤，物品不要与壁板接触，以免烤焦。

（2）高压蒸汽灭菌器的使用方法

1）首先将内层锅取出，再向外层锅内加入适量的水，使水面与三角搁架相平为宜。

2）放回内层锅，并装入待灭菌物品。注意不要装得太挤，以免防碍蒸汽流通而影响灭菌效果。三角烧瓶与试管口端均不要与锅壁接触，以免冷凝水淋湿包口的纸而透入棉塞。

3）加盖，并将盖上的排气软管插入内层锅的排气槽内。再以两两对称的方式同时旋紧相对的两个螺栓，使螺栓松紧一致，勿使漏气。

4）用电炉或煤气加热，并同时打开排气阀，使水沸腾以排除锅内的冷空气。待冷空气完全排尽后，关上排气阀，让锅内的温度随蒸汽压力增加到逐渐上升。当锅内压力升到所需压力时，控制热源，维持压力至所需时间。常用 0.1Mpa，121.5℃，20min 灭菌。灭菌的主要因素是温度而不是压力。因此锅内冷空气必须完全排尽后，才能关上排气阀，维持所需压力。

5）灭菌所需时间到后，切断电源或关闭煤气，让灭菌锅内温度自然下降，当压力表的压力降至“0”时，打开排气阀，旋松螺栓，打开盖子，取出灭菌物品。压力一定要降到“0”时，才能打开排气阀，开盖取物。否则就会因锅内压力突然下降，使容器内的培养基由于内外压力不平衡而冲出烧瓶口或试管口，造成棉塞沾染培养基而发生污染，甚至灼伤操作者。

6）将取出的灭菌培养基，需摆斜面的则摆成斜面，然后放入 37℃温箱培养 24h，经检查若无杂菌生长，即可待用。

【提示注意】

（1）学生在操作高压蒸汽灭菌器前要进行专门培训，合格后才能上岗。

（2）切勿忘记加水，同时水量不可过少，以防灭菌锅烧干而引起炸裂事故。

（3）在高压蒸汽灭菌工作过程中必须要有人看管温度表及压力表。

（4）灭菌工作完成后，压力一定要降到“0”时，才能打开排气阀，开盖取物。

四、常用玻璃器皿的清洗和包扎

1．洁净剂及使用范围

最常用的洁净剂是肥皂，肥皂液（特制商品），洗衣粉，去污粉，洗液，有机溶剂等。

肥皂、洗洁精、肥皂液、洗衣粉及去污粉，用于可以用刷子直接刷洗的仪器，如烧杯，三角瓶，试剂瓶等；洗液多用于不便用于刷子洗刷的仪器，如滴定管，移液管，容量瓶，蒸馏器等特殊形状的仪器，也用于洗涤长久不用的杯皿器具和刷子刷不掉的结垢。用洗液洗涤仪器，是利用洗液本身与污物起化学反应的作用，将污物去除，因此需要浸泡一定的时间充分作用。有机溶剂是针对污物属于某种类型的油腻性，而借助有机溶剂能溶解油脂的作用除之，或借助某些有机溶剂能与水混合而又发挥快的特殊性，冲洗一下带水的仪器将之洗去。如甲苯、二甲苯、汽油等可以洗油垢，酒精、乙醚、丙酮可以冲洗刚洗净而带水的仪器。

2．常用洗涤液的配制和使用

洗涤液简称洗液，根据不同的要求有各种不同的洗液。将较常用的几种介绍如下。

（1）强酸氧化剂洗液　强酸氧化剂洗液是用重铬酸钾（$K_2Cr_2O_7$）和浓硫酸（H_2SO_4）配成。$K_2Cr_2O_7$在酸性溶液中，有很强的氧化能力，对玻璃仪器又极少有侵蚀作用。所以这种洗液在实验室内使用最广泛。该洗涤液配方见表 0-2。

表 0-2　强酸氧化剂洗涤液配方

浓配方		稀配方	
重铬酸钾	60g	重铬酸钾	60g
浓硫酸	60mL	浓硫酸	60mL
自来水	300mL	自来水	1 000mL

配制方法大致相同：取一定量的$K_2Cr_2O_7$（工业品即可），先用约 1～2 倍的水加热溶解，稍冷后，将工业品浓 H_2SO_4所需体积数徐徐加入 $K_2Cr_2O_7$水溶液中（千万不能将水或溶液加入 H_2SO_4中），边倒边用玻璃棒搅拌，并注意不要溅出，混合均匀，待冷却后，装入洗液瓶备用。新配制的洗液为红褐色，氧化能力很强。当洗液用久后变为黑绿色，即说明洗液无氧化洗涤力。

这种洗液在使用时要切实注意不能溅到身上，以防“烧”破衣服和损伤皮肤。洗液倒入要洗的仪器中，应使仪器周壁全浸洗后稍停一会再倒回洗液瓶。第一次用少量水冲洗刚浸洗过的仪器后，废水不要倒在水池里和下水道里，长久会腐蚀水池和下水道，应倒在废液缸中，缸满后倒在垃圾里，如果无废液缸，倒入水池时，要边倒边用大量的水冲洗。

（2）碱性洗液　碱性洗液用于洗涤有油污物的仪器，用此洗液是采用长时间（24h 以上）浸泡法，或者浸煮法。从碱洗液中捞取仪器时，要戴乳胶手套，以免烧伤皮肤。

常用的碱洗液有：碳酸钠液（Na_2CO_3，即纯碱），碳酸氢钠（Na_2HCO_3，小苏打），磷酸钠（Na_3PO_4，磷酸三钠）液，磷酸氢二钠（Na_2HPO_4）液等。浓度范围在 5%～40%，可根据需要配制。

（3）酸性洗液　若器皿上沾有焦油和树脂等物质，可用浓硫酸浸泡 5～10min，如清洗不净可延长时间。还可用 30%的硝酸溶液洗涤。使用酸碱洗涤液都要注意防止溅到皮肤或衣物上。

（4）有机溶剂　带有脂肪性污物等物质的器皿，可以用汽油、甲苯、二甲苯、丙酮、酒精、三氯甲烷、乙醚等有机溶剂擦洗或浸泡。但用有机溶剂作为洗液浪费较大，能用刷子洗刷的大件仪器尽量采用碱性洗液。只有无法使用刷子的小件或特殊形状的仪器才使用有机溶剂洗涤，如活塞内孔、移液管尖头、滴定管尖头、滴定管活塞孔、滴管、小瓶等。

3．洗涤玻璃仪器的步骤与要求

（1）常法洗涤仪器　洗刷仪器时，应首先将手用肥皂洗净，免得手上的油污附在仪器上，增加洗刷的困难。如仪器长久存放附有尘灰，先用清水冲去，再按要求选用洁净剂洗刷或洗涤。如用去污粉，将刷子蘸上少量去污粉，将仪器内外全刷一遍，再边用水冲边刷洗至肉眼看不见有去污粉时，用自来水洗 3～6 次，再用蒸馏水冲三次以上。一个洗干净的玻璃仪器，应该以挂不住水珠为度。如仍能挂住水珠，仍然需要重新洗涤。用蒸馏水冲洗时，要用顺壁冲洗方法并充分震荡，经蒸馏水冲洗后的仪器，用指示剂检查应为中性。

（2）做痕量金属分析的玻璃仪器　使用 1:1～1:9HNO_3溶液浸泡，然后进行常法洗涤。

（3）进行荧光分析用玻璃仪器　应避免使用洗衣粉洗涤（因洗衣粉中含有荧光增白剂，所以会给分析结果带来误差）。

4．玻璃仪器的干燥

实训中经常要用到的仪器应在每次实训完毕后洗净干燥备用。用于不同实训对干燥有不同的要求，一般定量分析用的烧杯、锥形瓶等仪器洗净即可使用，而用于分析的仪器很多要求是干燥的，有的要求无水痕，有的要求无水。应根据不同要求进行干燥仪器。一般在室温下自然干燥，可使用电热干燥箱干燥，温度为 80～120℃烘 1h 左右，要在温度下降到 60℃以下再打开箱门，取出器材使用。

5．玻璃器皿的包扎

（1）培养皿　洗净烘干的培养皿每 5 套（或根据需要而定）叠在一起，用报纸卷成一筒，或装入特制的铁桶中，然后进行灭菌。

（2）移液管　移液管的包扎方法如图 0-4 所示。洗净烘干的移液管，在口吸的一端用尖头镊子或针塞入少许脱脂棉花，以防止菌体误吸口中，及口中的微生物吸入管而进入培养物中造成污染。塞入棉花的量要适宜，棉花不宜露在吸管口的外面，多余的棉花可用酒精灯的火焰把它烧掉。每支吸管用一条宽约 4～5cm，以 45°左右的角度螺旋形卷起来，吸管的尖端在头部，吸管的另一端用剩余纸条打结，不使散开，标上容量。若干支吸管扎成一束，灭菌后，同样要在使用时才从吸管中间拧断纸条抽去吸管。

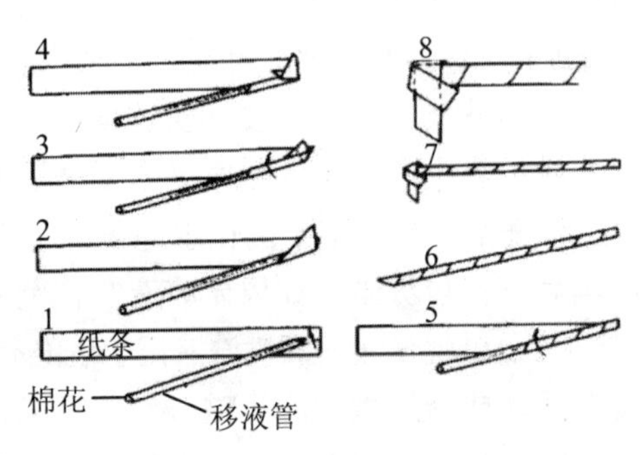

图 0-4　移液管的包扎方法

（3）试管和三角瓶　试管和三角瓶都需要做合适的棉塞，棉塞可起到过滤作用，避免空气中的微生物进入容器。棉塞的制作过程如图 0-5 所示，制作棉塞时，要求棉花紧贴玻璃壁，没有皱纹和缝隙，松紧适宜。过紧易挤破管口和不易塞入；过松易掉落和污染。棉塞的长度不小于管口直径的 2 倍，约 2/3 塞进管口（图 0-6）。

目前，国内已开始采用塑料试管塞，可根据所用的试管的规格和试验要求来选择和采用合适的塑料试管塞。若干支试管用绳扎在一起，在棉花部分外包裹油纸或牛皮纸，再用绳扎紧三角瓶加棉塞后单个用油纸包扎。

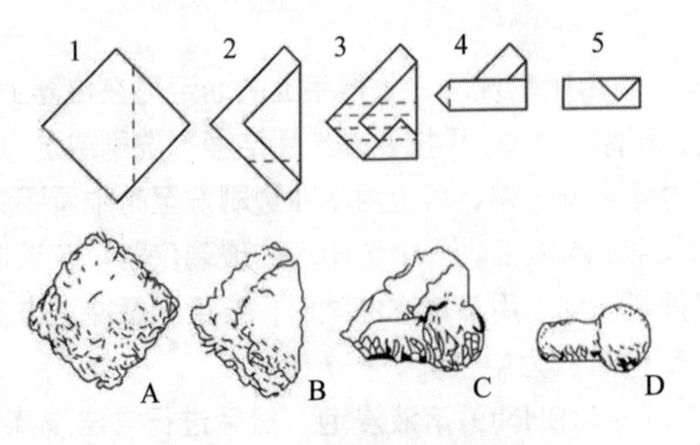

图 0-5　棉塞的制作过程

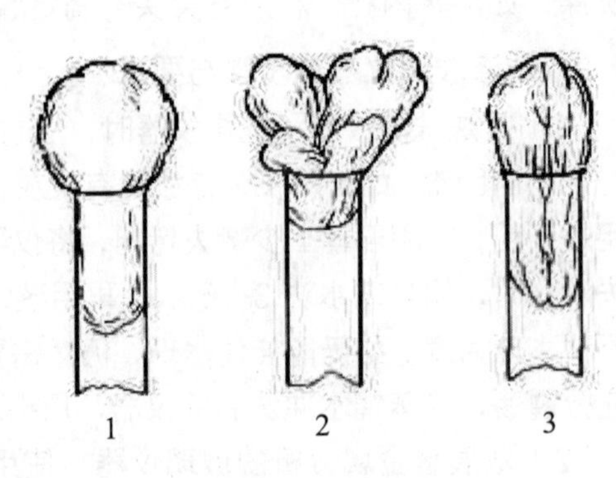

图 0-6　试管棉塞

1—正确　2—管内太短，外部太大　3—棉塞太松

五、实训室意外事故的处理

1. 火险

遇火险时，立刻关闭电源开关、煤气，使用灭火器、沙土和湿布灭火；酒精、乙醚或汽油等着火时用灭火器或沙土或湿布覆盖，勿以水灭火；衣服着火可就地或靠墙滚转。

2. 破伤

在破伤处先除尽外物，用蒸馏水洗净，涂以碘酒或红汞。

3. 火伤

可在伤处涂 5%鞣酸、2%苦味酸或苦味酸铵苯甲酸丁酯油膏，或龙胆紫溶液等。

4. 灼伤

（1）强酸、溴、氯、磷等酸性药品的灼伤，先以大量清水冲洗，再用 5%碳酸氢钠或氢氧化铵溶液擦洗以中和酸。

（2）强碱、氢氧化钠、金属钠、钾等碱性药品的灼伤，先以大量清水冲洗，再用 5%硼酸溶液或醋酸冲洗以中和碱，以浓酒精擦洗。

（3）眼灼伤，若为碱伤，以 5%硼酸溶液冲洗，然后于滴入橄榄油或液体石蜡 1～2 滴以滋润之。若为酸伤，则以 5%碳酸氢钠溶液冲洗，然后再滴入橄榄油或液体石蜡 1～2 滴以滋润之。

5. 食入腐蚀性物质

（1）食入酸，立即以大量清水漱口，并服镁乳（氢氧化镁混悬剂）或牛乳等，勿服用催吐药。

（2）食入碱，立即以大量清水漱口，并服用 5%醋酸、食蜡、柠檬汁或油类、脂肪。

6. 吸入菌液

（1）吸入非致病性菌液　若吸入非致病性菌液，应立即大量清水漱口，再以 0.1%高锰酸钾溶液漱口。

（2）吸入致病性菌液

1）若吸入葡萄球菌、链球菌、肺炎球菌液，应立即以大量热水漱口，再以消毒液 0.02%米他芬，3%过氧化氢或 0.1%高锰酸钾溶液漱口。

2）若吸入白喉菌液，应立即大量清水漱口，再以 0.1%高锰酸钾溶液漱口后，要注射 1000 单位的白喉抗毒素以预防。

3）若吸入伤寒、霍乱、痢疾、布氏等菌液，应立即大量清水漱口，再以 0.1%高锰酸钾溶液漱口后，要注射疫菌及抗生素以预防患病。

项目一　环境中微生物的分离和鉴别

微生物种类繁多，繁殖迅速，适应环境能力强，因此广泛分布于自然界中，无论是陆地、水体、空气、动植物以及人体的外表面和内部的某些器官，甚至在一些极端环境中都有微生物的存在。在空气中缺乏营养，缺乏微生物生存的条件，因而，空气中存在的微生物是暂时的，虽然如此，空气中却含有相当数量的微生物，空气中微生物主要来自土壤飞扬的灰尘、水面吹起的小液滴及人和动物体表干燥的脱落物和呼吸所带出的排泄物等，这些有微生物吸附的尘埃和小液滴随气流在空气中传播。

本项目采用沉降法、涂抹法、对比分析法等对不同环境中微生物进行分离和鉴别。沉降法是根据微生物的尘粒或液滴因重力作用自然下落，将琼脂平板培养基开启放置于室内一定部位、一定时间，然后培养、计算菌落数进行测定。人体皮肤表面存在多种微生物，当皮肤接触到适宜的培养基时，皮肤表面的微生物就接种到培养基上了，通过适宜温度的培养，就可看到相应的菌落。

【目标与要求】

（1）能配制简单培养基并清洗包扎器皿。

（2）会用沉降法检测空气中微生物的分布状况。

（3）理解无菌操作法在微生物实训中的重要性。

（4）会计算单位体积空气中微生物的数量。

（5）能分离人体表微生物并鉴别其菌落和形态。

（6）会使用普通光学显微镜进行细菌形态观察。

任务一　空气中微生物的分离和鉴别

【相关知识】 微生物分类及其特点

一、微生物及类群

微生物是一群个体微小、结构简单，肉眼看不见或看不清楚的微小生物统称。微生物个体微小，小到必须用微米（μm，10^{-6}m）甚至纳米（nm，10^{-9}m）来作计量单位。如空气、水和土壤中存在大量的各式各样的微生物，但是必须借助光学显微镜或电子显微镜才能看到其真面目。

根据微生物的大小，结构和组成不同可分为三大类型：非细胞型微生物、原核细胞型微生物、真核细胞型微生物。凡是有细胞形态的微生物称为细胞型微生物。凡是没有细胞形态的微生物称为非细胞型微生物，如病毒、亚病毒等。细胞生物的细胞核存在着两种类型，称之为真核与原核。原核生物细胞有明显的核区，核区内只有一条双螺旋结构的脱氧核糖核酸

（DNA）构成的染色体；原核生物细胞的核区没有核膜包围，称为原核。真核生物细胞内有一个明显的核，其染色体除含有双螺旋结构的脱氧核糖核酸（DNA）外还含有组蛋白，核由一层核膜包围，称为真核。微生物的种类见表 1-1 所示。

表 1-1　微生物的种类

细胞结构	核结构	微生物类群
无细胞结构	无核	病毒、类病毒、朊病毒、拟病毒
有细胞结构	原核细胞型	细菌、放线菌、支原体、衣原体、立克次氏体、蓝细菌
	真核细胞型	真菌（酵母菌、霉菌、蕈菌）原生动物，显微藻类

研究微生物的目的是开发微生物资源，充分利用其有益于人类生活的方面，控制其有害方面，使之更好地为人类服务。

二、微生物的特点

1. 个体小，作用大

微生物之所以叫它微生物，就是因为它的个体是非常小，一般用肉眼是很难看到，只能借助光学显微镜才能看到，像细菌、放线菌、真菌等要用显微镜放大 40～100 倍才能观察到，而病毒则是要放大几万倍，必须用电子显微镜才能看清楚。

但是个体如此微小的生物，它的威力却是很大的。当然它的作用有好的，也有不好的。对人类有益的有：可以食用，鲜美可口；可以用来生产药品，用来酿酒，做面包、做腐乳，做各种调味料（比如酱油、醋都是利用微生物生产出来的），还可以用来生产各种化工原料，饲料等；还可以利用微生物来产生沼气，纤维素等天然原料，来发酵生产酒精、乙烯等能源物质。另外微生物还参与了大自然的物质循环，如果没有它分解有机物，则全世界那么多废物就没办法处理了，到处都将是动物的尸体，都是垃圾，可以想象这是一个什么样的世界了。尽管如此，但大家也看到在我们生活的周围废物、垃圾、环境污染还是一个大问题。现在人工培养微生物，利用微生物来处理废水，废物，这样净化环境更加简便、干净。另外，微生物中还有一种固氮菌，它能够固定空气中的游离氮，使游离氮变成植物能够利用的无机氮，从而使植物能很好地利用空气中的氮元素。这些都是微生物对人类有益之处。

当然微生物中也有危害人类者，它们危害着人类的健康，有些给人们的生活带来了许多不便，例如的乙肝病毒 HBsAg，它导致许多患者终身带着病痛，最后恶劣的就发展到肝癌，可以说现在还没有能够治愈乙肝的良药；还有真菌中的霉菌也是非常令人讨厌的，特别是江南一带地区，六七月份时有一段梅雨季节，空气潮湿，霉菌长得很快，那段时间大家会发现衣服上、墙壁上、食品上到处都长了毛绒绒的东西。其实那就是霉菌的菌丝体。平时在家里一个桔子放时间长了，表面也会长绿毛，这就是青霉菌捣的鬼。

2. 分布广，种类多

微生物虽然个体很小，但分布非常广泛，高至 12000m 的高空，深至 10000m 的海底，以及江河湖溪中都有大量的微生物存在。呼吸的空气中，土壤中，人们的皮肤上，头发上，甚至人们的体内也都有各种各样的微生物存在，可以说地球上任何环境中都充满了微生物，微生物是无处不在的，它们在空气中、在泥土里、在水中、在人体内及动物体内生存，反正有人的地方有它，人类到不了的地方它也能顽强地生存。不过，因为土壤中具有微生物生活所需要的各种营养物质、水分和氧气，所以土壤是微生物主要的栖息场所，也就是说土壤中微生物数量是最多。

微生物不仅无处不在，而且种类也是非常多，目前已发现的微生物达 10 万种以上，新的种类不断发现.一般认为目前人类所发现的微生物还不到自然界中微生物总数的 1%。

微生物数量也是非常多的。怎么个多法呢？就说细菌，有人做过统计，每克土壤中细菌就超过 1 亿个；一只苍蝇的细腿上有 550～660 万个细菌；一双看上去很干净的手上带有的细菌也超过了 10 万个；一个健康人打一个喷嚏就会散播 1～2 万个细菌。

3．繁殖快，代谢强

微生物繁殖快，代谢强，所以它的生命是很短暂的，一般的细菌 20～30min 就能繁殖一代，大肠杆菌代时 17min，它在 24h 内可以繁殖 72 代，生成 4.722×10^{9} 万个细菌。金黄色葡萄球菌代时 27～30min。真菌稍微长一些，病毒只能说是复制周期，因为病毒单独是无法生存的，只能侵入到其他活的细胞中，利用其他细胞中的蛋白质来复制它的个体。一般来说，病毒的复制周期从几小时到几十小时都有，主要看它在活细胞中的隐蔽期（潜藏期、埋伏期）的长短。微生物的繁殖快，所以它的新陈代谢也是很快的，我们能够利用微生物的代谢产物来生产各种医药产品或工业产品，比如说我们能够利用许多放线菌的代谢产物来生产各种抗生素（链霉素、红霉素、四环素、卡那霉素等，抗生素中有 80%是由放线菌产生的）。还有，我们利用微生物的代谢产物来生产工业上用的柠檬酸、谷氨酸等各种氨基酸、维生素、核苷酸、酶制剂，也可以用在酿酒工业，或者生产单细胞蛋白。曾经有人统计过，一头 500kg 的牛每天增加的蛋白质为 0.4kg，而 500kg 的酵母菌在 24h 内至少可形成 5 000kg 的蛋白质。所以，人们可利用这个特点来进行大量的单细胞饲料蛋白质的生产。微生物的生理代谢类型之多，是动植物所大大不及的。从单位质量来看，微生物的代谢强度也比高等动物大几千倍，因此微生物具有很强的生命活力。

4．易变异，适应性强

微生物因为生长代谢快，所以它是很容易发生变异的，也就是说，它的子代和亲代在形态、生理等性状上往往有所差别。要说变异严格，还有一个条件，就是这新的特性也可以稳定地遗传下去，这就是变异。不像人类，一代人要经过几十年，虽说每一代人都是有所差异的，但这个变化是需要很长时间的，微生物产生一代只要几小时，甚至几分钟就可以了，所以它变起来是非常快的。同时，微生物的变异性也使其具有极强的适应能力，如抗热性、抗寒性、抗盐性、抗氧性、抗压性、抗毒性等能力，其惊人的适应力被誉为“生物界之最”。

微生物变异有向好的方向，也有向不好的方向。向有利于人类的方向变异叫菌种改良，向不好的方向变异叫菌株退化。在医药上，引起人类疾病的病菌一变异，使得原来很有效的药物失效，这是经常有的事，特别是在抗生素的应用中，所以现在一直在说不能乱用抗生素，免得产生更多的耐药菌株。就像一种农药，原来对一种农作物害虫是非常有效的，但经过几年以后，这种害虫在不断地变异、进化，在这个过程中，能够抵抗农药的强者生存下来了，所谓适者生存，不能抵抗的弱者慢慢被淘汰了。这样经过几代以后，这种害虫大多都能抗药了，于是引起此种药物失效。抗生素也有这样的情况，经常会产生耐药菌株，而且产生的速度比较快，这主要与它生长代谢快，很容易变异有关。

【实训过程】

一、准备

（1）培养基　牛肉膏蛋白胨培养基或营养琼脂培养基、玫瑰红钠培养基。

（2）器材　天平、高压蒸汽灭菌器、培养箱、培养皿、三角瓶、量筒、烧杯、酒精灯。

二、培养基的制备

（1）称药品　按实际用量计算后，按配方称取各种药品放入大烧杯中。牛肉膏可放在小烧杯或表面皿中称量，用热水溶解后倒入大烧杯，牛肉膏极易吸潮，故称量时要迅速。

（2）加热溶解　在烧杯中加入少于所需要的水量，然后放在石棉网上，小火加热，并用玻棒搅拌，待药品完全溶解后再补充水分至所需量。若配制固体培养基，则将称好的琼脂放入已溶解的药品中，再加热融化，此过程中，需不断搅拌，以防琼脂糊底或溢出，最后补足所失水分。

（3）调 pH 值　检测培养基的 pH，若偏酸，可滴加 1mol/L NaOH，边加边搅拌，并随时用 pH 试纸检测，直至达到所需 pH 范围。若偏碱，则用 1mol/ L HCl 进行调节。pH 的调节通常放在加琼脂之前。应注意 pH 值不可调过头，以免调回影响培养基内各离子的浓度。

（4）过滤　液体培养基可用滤纸过滤，固体培养基可用 4 层纱布趁热过滤，以利结果的观察。但是供一般使用的培养基，这步可以省略。

（5）分装　按要求，可将配制的培养基分装入试管或三角瓶内。分装时可用三角漏斗以免使培养基沾在管口或瓶口上而造成污染。分装量：固体培养基约为试管高度的 1/5，灭菌后制成斜面。分装入三角瓶内以不超过其容积的一半为宜。半固体培养基以试管高度的 1/3 为宜，灭菌后垂直待凝。

（6）加棉塞　试管口和三角瓶口塞上用普通棉花（非脱脂棉）制作的棉塞，棉塞的形状、大小和松紧度要合适，四周紧贴管壁，不留缝隙，才能起到防止杂菌侵入和有利通气的作用。要使棉塞总长约 3/5 塞入试管口或瓶口内，以防棉塞脱落。有些微生物需要更好的通气，则可用 8 层纱布制成通气塞。有时也可用试管帽或塑料塞代替棉塞。

（7）包扎　加塞后，将三角瓶的棉塞外包一层牛皮纸或双层纸，以防灭菌时冷凝水沾湿棉塞。若培养基分装于试管中，则应先把试管扎成捆后，再于棉塞外包一层牛皮纸。然后用记号笔注明培养基名称、组别、日期。

【提示注意】

称药品用的牛角匙不能混用；称完药品应及时盖紧瓶盖。调 pH 值时要小心操作，避免回调。不同培养基各有其配制特点，要注意具体操作。

三、玻璃器皿清洗

每组包扎 6 套培养皿。培养基和包扎好的物品，应贴标签或写上标记，并统一灭菌，备用。

四、灭菌

用高压蒸汽灭菌锅进行湿热灭菌。

【相关链接】

高压灭菌的原理是：在密闭的蒸锅内，其中的蒸汽不能外溢，压力不断上升，使水的沸点不断提高，从而锅内温度也随之增加。在0.1MPa的压力下，锅内温度达121℃。其中产生的蒸汽为饱和蒸汽，含热量高，穿透力强，导致菌体蛋白质凝固变性，可以很快杀死各种细菌及其高度耐热的芽孢。

五、制备培养基平板

融化细菌（营养琼脂）培养基，真菌（玫瑰红钠）培养基，按规范进入无菌室，在超净工作台内向每个培养皿加入15～20mL的培养基，每种培养基各制备6个平板，混匀，制成平板。制备培养基平板如图1-1所示：右手持盛培养基的三角瓶置火焰旁边，用左手将试管塞或瓶塞轻轻地拔出，试管或瓶口保持对着火焰；然后用右手手掌边缘或小指与无名指夹住管（瓶）塞（也可将试管塞或瓶塞放在左手边缘或小指与无名指之间夹住。如果试管内或三角瓶内的培养基一次用完，管塞或瓶塞则不必夹在手中）。左手拿培养皿并将皿盖在火焰附近打开一缝，迅速倒入培养基约15mL，加盖后轻轻摇动培养皿，使培养基均匀分布在培养皿底部，然后平置于桌面上，待凝固后即为培养基平板。

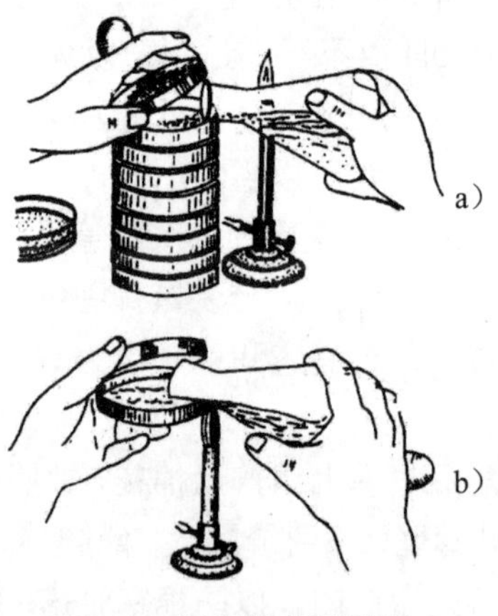

图1-1　制备培养基平板

a）皿加法　b）手持法

【提示注意】

1．分离，接种前的准备工作

（1）接种室应经常打扫，拖地板，用煤酚皂液擦洗桌面及墙壁，用乳酸或甲醛熏蒸接种室。

（2）接种室或超净工作台在使用前，应先打开紫外光灯灭菌半小时。

（3）经常对接种室作无菌程度的检查。

（4）进入接种室前，应先做好个人卫生工作，换工作鞋，穿上工作衣，戴口罩。工作服、口罩、工作鞋只准在接种室内使用，不准穿着到其他地方去，并定期洗换和消毒灭菌。

（5）接种的试管、三角瓶等应做好标记，注明培养基、菌种的名称、日期。移入接种室内的所有物品，均须在缓冲室内用75%酒精擦拭干净。

2．接种时操作要点

（1）双手用75%酒精或新洁尔灭擦手。

（2）操作过程不离开酒精灯火焰。

（3）棉塞不乱放。

（4）接种工具使用前需经火焰灼烧灭菌。

（5）操作要正确、迅速。

（6）接种工具用后须经火焰灼烧灭菌后，才能放在桌上。

（7）所有使用器皿均须严格灭菌。

（8）接种用的培养基均需事先作无菌培养试验。

3．接种后注意事项

（1）供培养用的培养箱应经常清理消毒。

（2）有培养物的器皿要经高压灭菌或煮沸后才能清洗。

六、确定采样点，暴露取样

分组安排到不同场所进行空气中微生物分离操作，如操场、饭堂、宿舍等。根据现场的大小，选择有代表性的位置设采样点，离地高度为 1.2～1.5m。洁净区采样点分布如图 1-2 所示。将每种培养基的平板分别编号为 0 号、1 号、2 号、3 号、4 号、5 号；将 0 号、3 号平皿置于室中央，1 号、2 号、4 号、5 号分别放于室内四角；除 0 号平皿不打开盖外，其余平皿于同一时间揭开皿盖，暴露放置 15～20min，盖上皿盖。

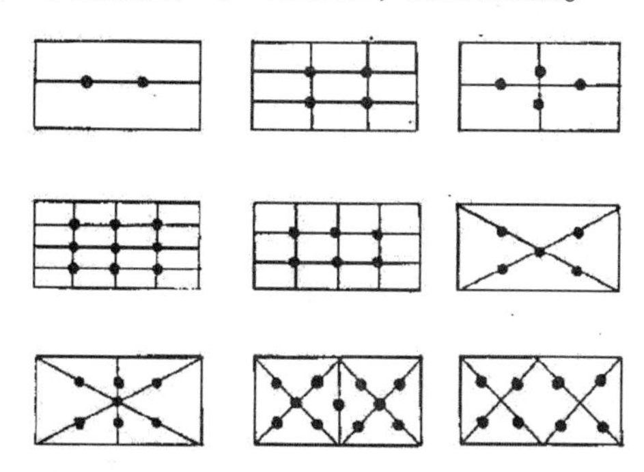

图 1-2　洁净区采样点分布

七、培养

将细菌培养基平板和真菌培养基平板分别置 37℃和 28℃的培养箱中倒置培养，1～2 天后开始连续观察，注意不同类别的菌落出现的顺序及菌落的大小、形状、颜色、干湿等的变化。

八、观察菌落特征，做菌落计数

单个微生物细胞或同种细胞在适宜的固体培养基表面或内部生长、繁殖到一定程度形成肉眼可见的子细胞群体，称为菌落。当固体培养基表面有许多菌落连成一片时，这时称为菌苔。菌落的特征主要包括菌落大小（大、中、小、针尖状等），形态（圆形、假根状、不规则等），颜色（黄色、金黄色、灰白色、乳白色、红色、粉红色等），干湿（干燥、湿润、粘稠等），透明程度（透明、半透明、不透明等），侧面观察菌落隆起程度（扁平、隆起、凹下等），边缘（整齐、波状、锯齿状等）。从大小、颜色、干湿、形态、高度、透明程度、边缘等方面观察琼脂培养基上生长的菌落特征，微生物菌落特征如图 1-3 所示。细菌的菌落的主要特征是：湿润、粘稠、易挑起、质地均匀、菌落各部位的颜色一致等。但也有的细菌形成的菌落表面粗糙、有褶皱感等特征。常见致病菌菌落特征如图 1-4 所示。

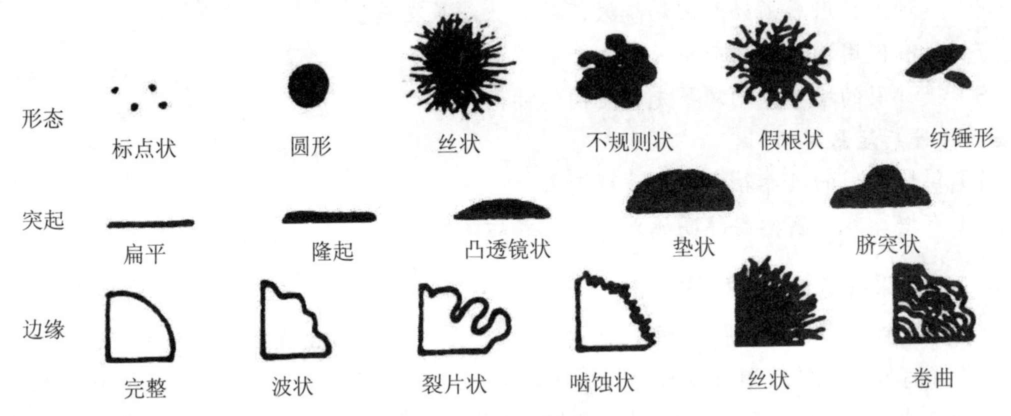

图 1-3 微生物菌落特征

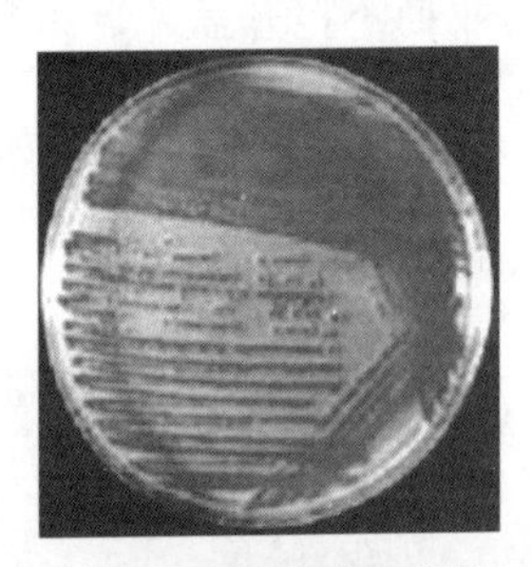

粘质沙雷氏菌的菌落特征

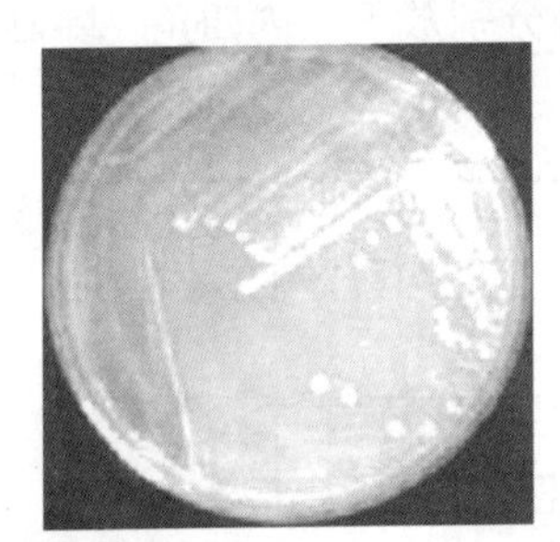

沙门氏菌的菌落特征

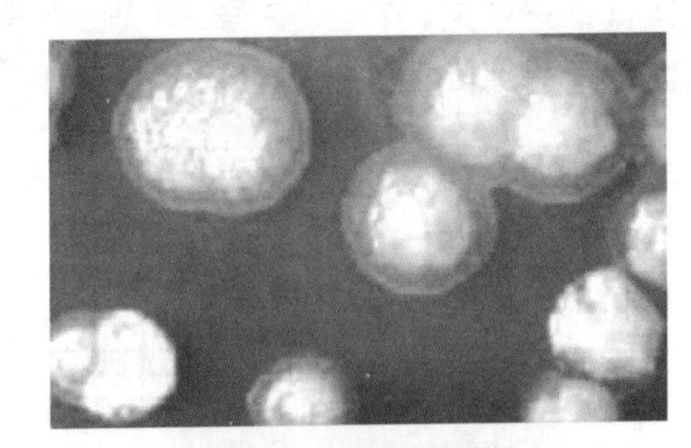

铜绿假单孢菌的菌落特征

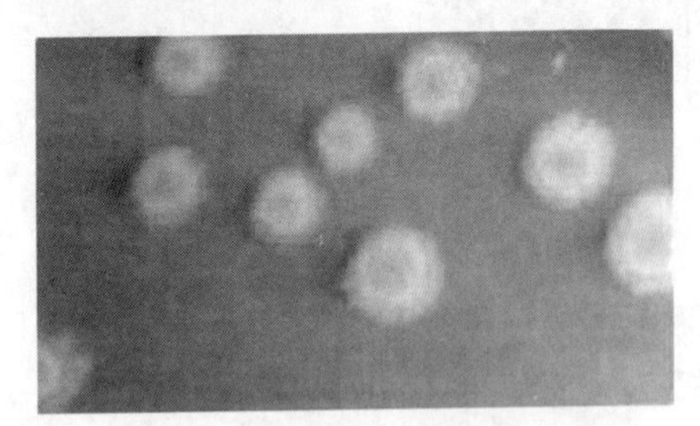

弗氏志贺氏菌的菌落特征

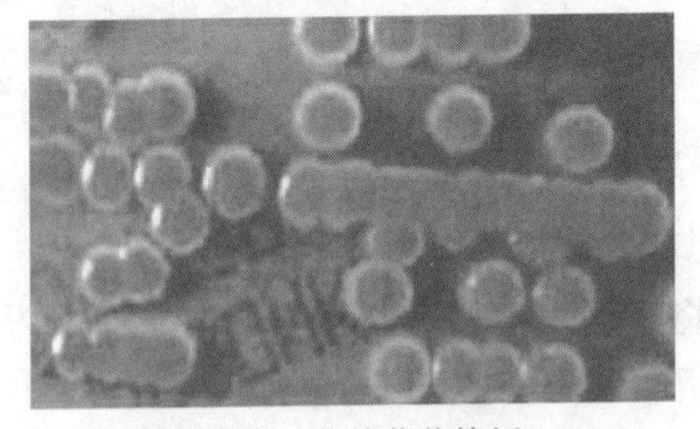

粘质沙雷氏菌的菌落特征

图 1-4 常见致病菌菌落特征

如果一个菌落是由一个细菌繁殖而来，则称为纯培养或克隆。每一种菌在一定的条件下菌落特征是一定的。在相同条件下菌落特征的改变，常标志着细菌生理性状发生了变异。但环境条件的改变也会引起菌落性状的改变。因此在不同条件下，菌落特征所出现的微小差异不能误认为菌株发生变异。

空气中的细菌自然沉降于培养基的表面，经培养后计算其上生长的菌落数，按奥梅梁斯基计算方法，在面积 A 为 100cm^2 的培养基表面，5min 沉降下来的菌落数相当于 10L 空气中所含的菌落数。

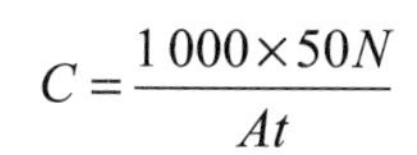

$$C=\frac{1\,000\times 50N}{At}$$

式中　C——空气细菌数（个/m^3）；

N——菌落数（个）；

A——平皿底面积（cm^2）；

t——暴露时间（min）。

目前，我国还没有统一的空气卫生标准，一般以室内 $1m^3$ 空气中细菌总数在 500～1 000 个以上作为污染指标。根据平皿菌落数判断室内空气的洁净度。

【实训报告】

<table>
<tr><td colspan="9">工作任务：空气中微生物的分离和鉴别</td></tr>
<tr><td>样品来源</td><td colspan="3">宿舍、操场等空气</td><td colspan="2">实训日期</td><td colspan="3"></td></tr>
<tr><td>实训目的</td><td colspan="8">（1）会用沉降法检测空气中微生物的分布状况
（2）会计算单位体积空气中微生物的数量</td></tr>
<tr><td>实训原理</td><td colspan="8">沉降法是根据微生物的尘粒或液滴因重力作用自然下落，将琼脂平板培养基开启放置于室内一定部位、一定时间，然后培养、计算菌落数进行测定</td></tr>
<tr><td>实训材料</td><td colspan="8">（1）培养基营养琼脂培养基、玫瑰红钠培养基
（2）器材天平、高压蒸汽灭菌器、培养箱、培养皿、三角瓶、量筒、烧杯、酒精灯</td></tr>
<tr><td colspan="9">实训过程</td></tr>
<tr><td colspan="9">材料准备：每组包扎 6 套培养皿
培养基的制备：按要求配制营养琼脂和玫瑰红钠培养基各 150mL，采用 121℃、20min 灭菌
制备培养基平板：在超净工作台无菌操作制备培养基平板
选择不同场所确定采样点，暴露 20min 取样：营养琼脂和玫瑰红钠培养基分别置 37℃和 28℃的培养箱中倒置培养 1~2 天后开始观察，玫瑰红钠培养基培养 3~5 天
菌落特征观察和菌落计数：从菌落大小、形态、颜色、透明度、边缘等方面描述菌落特征，计数</td></tr>
<tr><td colspan="9">结果报告：将观察菌落的结果记录在下表中</td></tr>
<tr><td rowspan="2">采样环境</td><td rowspan="2">培养基</td><td rowspan="2">菌落数/个</td><td rowspan="2">菌落类型</td><td colspan="5">菌落特征描述</td></tr>
<tr><td>大小</td><td>形态</td><td>颜色</td><td>透明度</td><td>边缘</td></tr>
<tr><td rowspan="2"></td><td>营养琼脂</td><td></td><td></td><td></td><td></td><td></td><td></td><td></td></tr>
<tr><td>玫瑰红钠</td><td></td><td></td><td></td><td></td><td></td><td></td><td></td></tr>
<tr><td rowspan="2"></td><td>营养琼脂</td><td></td><td></td><td></td><td></td><td></td><td></td><td></td></tr>
<tr><td>玫瑰红钠</td><td></td><td></td><td></td><td></td><td></td><td></td><td></td></tr>
<tr><td colspan="9">思考与讨论：
（1）菌落是怎样形成的？
（2）为什么在培养过程中要将培养基平板倒置？
（3）通过实训谈谈你对无菌操作的认识？
（4）分析在上面不同环境条件下微生物数量和种类出现差异的原因。</td></tr>
</table>

【知识拓展】 微生物的用途和微生物技术的发展

一、微生物的用途

众所周知，当前人类正面临着多种危机，诸如粮食危机、能源匮乏、生态恶化和人口爆炸等。人类进入 21 世纪后，将遇到从利用有限的矿物资源时代过渡到利用无限的生物资源

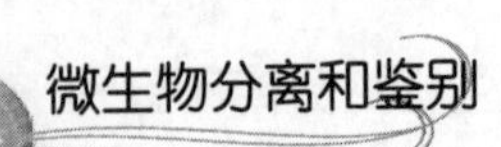

时代而产生的一系列的新问题。由于微生物本身所具有特点，使得它们能够在解决人类面临的各种危机中发挥其不可替代的独特作用，现分述如下。

1. **微生物与粮食**

粮食生产是全人类生存中至关重要的大事。微生物在提高土壤肥力、改进作物特性（如构建固氮植物）、促进粮食增产、防治粮食作物的病虫害、防止粮食霉腐变质以及把多余粮食转化为糖、单细胞蛋白、各种饮料和调味品等方面，都可大显身手。

2. **微生物与能源**

当前，化学能源日益枯竭问题正在严重地困扰着世界各国。微生物在能源生产上有其独特的优点：①把自然界蕴藏量极其丰富的纤维素转化成乙醇；②利用产甲烷菌把自然界蕴藏量最丰富的可再生资源转化成甲烷；③利用光合细菌、蓝细菌或厌氧梭菌等微生物生产“清洁能源”——氢气；④通过微生物发酵产气或其代谢产物来提高石油采收率（黄原胶：水溶性胶体多糖，具增粘、稳定、互溶等优良特性，用它作为注水增稠剂，注入油层驱油；也可作为钻井泥浆稳定剂，同时可脱去石油中的石蜡，改善成品的品质）；⑤研制微生物电池使之实用化。

3. **微生物与资源**

微生物能将地球上永无枯竭的纤维素等可再生资源转化成各种化工、轻工和制药等工业原料。这些产品除了传统的乙醇、丙醇、丁醇、乙酸、甘油、乳酸、苹果酸等外，还可生产水杨酸、乌头酸、丙烯酸、己二酸、丙烯酸、长链脂肪酸、亚麻酸油和聚羟基丁酸酯（PHB），等等。由于发酵工程具有代谢产物种类多、原料来源广、能源消耗低、经济效益高和环境污染少等优点，故必将逐步取代目前需高温、高压、能耗大和“三废”严重的化学工业。另外微生物在金属矿藏资源的开发和利用上也有独特的作用。

4. **微生物与环境保护**

在环境保护方面可利用微生物的地方甚多：利用微生物肥料、微生物杀虫剂或农用抗生素来取代会造成环境恶化的各种化学肥料或化学农药；利用微生物生产的 PHB（聚羟基丁酸酯）制造易降解的医用塑料制品以减少环境污染；利用微生物来净化生活污水和有毒工业污水；利用微生物技术来监察环境的污染度，如用艾姆氏法检测环境中的“三致”物质，利用 EMB 培养基来检查饮水的肠道病原菌等。

5. **微生物与人类健康**

微生物与人类健康有着密切的关系。首先是某些微生物导致的疾病，仍然严重威胁人类健康，而防治这类疾病的主要手段又是各种微生物产生的药物，尤其是抗生素。自从遗传工程开创以来，进一步扩大了微生物代谢产物的范围和品种，使昔日由动物才能产生的胰岛素、干扰素和白细胞介素等高效药物纷纷转向由“工程菌”来生产。与人类生殖、避孕等密切相关的甾体激素类药物也早已从化工生产方式转向微生物生物转化的生产方式。此外，一大批与人类健康、长寿有关的生物制品，如疫苗、类毒素等均是微生物产品。

二、微生物技术的发展

微生物技术的发展历史可分为五个时期，现简述如下。

1．**史前期**

史前期是指人类还未见到微生物个体尤其是细菌细胞前的一段漫长的历史时期，大约在距今8000年前一直至公元1676年间。当时的人类虽未见到微生物的个体，却自发地与微生物频繁地打交道，并凭自己的经验在实践中开展利用有益微生物和防治有害微生物的活动。

在史前期，世界各国人民在自己的生产实践中都累积了许多利用有益微生物和防治有害微生物的经验，例如发面，天然果酒和啤酒的酿造，牛乳和乳制品的发酵以及利用霉菌来治疗一些疾病等。但是，在当时应用水平最高并独树一帜的应首推我国人民在制曲、酿酒方面的伟大创造。

我国人民在距今约8 000年前至4 500年前期间，已发明了制曲酿酒工艺，在2 500年前的春秋战国时期，已知制酱和醋。在宋代，已采用老的曲子——“曲母”来进行接种，还根据红曲菌有喜酸和喜温的生长习性，利用酸大米和明矾水在较高温度下培养，以制造优良的红曲。在2 000年前，已发现豆科植物的根瘤有增产作用，并采用积肥、沤粪、压青和轮作等农业措施，来利用和控制有益微生物的生命活动，从而提高作物产量。在医药方面，我们的祖先在狂犬病、伤寒和天花等的流行方式和防治方法方面积累了丰富经验。另外对消毒、灭菌措施的利用等方面都有过一定的贡献。例如，在宋代还创造过“以毒攻毒”的免疫方法，发明用种人痘来预防天花的方法，这要比英国人詹纳在1796年发明种牛痘预防天花早半个多世纪。

2．**初创期**

从1676年列文虎克用自制的单式显微镜观察到细菌的个体起，直至1861年近200年的时间。在这一时期中，人们对微生物的研究仅停留在形态描述的低级水平上，而对它们的生理活动及其与人类实践活动的关系却未加研究，因此，微生物学作为一门学科在当时还未形成。

这一时期的代表人物是荷兰的业余科学家——微生物学先驱者安东·列文虎克（1632–1723）。他的贡献主要是在1676年利用单式显微镜（放大倍数为50～300倍）首次观察到形态微小、作用巨大的细菌和原生动物，当时称为微动体，首次揭示了微生物世界。由于他的划时代贡献，1680年列文虎克被选为英国皇家学会会员。

3．**奠基期**

本时期的代表人物主要是法国的巴斯德（L.Pasteur，1822–1895）和德国的科赫（R.Koch，1843–1910），他们可分别称为微生物学的奠基人和细菌学的奠基人。他们将微生物学的研究推进到生理学阶段，并为微生物学的发展奠定了坚实的基础。

从1861年巴斯德根据曲颈瓶试验彻底推翻生命的自然发生说并建立胚种学说起，巴斯德学派的主要贡献是提出了生命只能来自生命的胚种学说，并认为只有活的微生物才是传染病、发酵和腐败的真正原因，再加上消毒灭菌等一系列方法的建立，就为微生物学的发展奠定了坚实的基础。他在自己的工作中，自发地遵循着一条唯物主义的认识论——从实践出发，通过研究总结概括出一般规律，并进一步以它来指导实践，从而使他的研究工作取得了前所未有的巨大成就。他从“酒病”（1857年）的实际出发，研究了一系列的实际问题，即“腐败病”（指曲颈瓶实验中的肉汤变质，1861）、蚕病（蚕微粒子病，1865）、禽病（鸡霍乱，1879）、兽病（牛、羊的炭疽病，1881）和人病（狂犬病，1885）。在其研究工作中，发现各种传染病都有其共同原因——活的小生物，从而使人类对传染病本质的认识提高到一个崭新的水平上。在这种理论指导下，他提出了一系列行之有效的解决问题的方法。例如，发明了巴斯德消毒法来防治“酒病”，用消毒灭菌法来防止“腐败病”，用检出并淘汰病蛾的方法来防治蚕病，发明用接种减毒菌苗的办法来预防鸡霍乱和牛、羊的炭疽病，以及用狂犬兔化疫苗来防治人类的狂犬病等。

科赫学派的重要业绩主要有三个方面：①建立了研究微生物的一系列重要方法，尤其在分离微生物纯种方面，他们把早年在马铃薯块上的固体培养技术改进为明胶平板培养技术（1881），并进而提高到琼脂平板培养技术（1882）。在1881年前后，科赫及其助手们还创立了许多显微镜技术，包括细菌鞭毛染色在内的许多染色方法、悬滴培养法以及显微摄影技术。②利用平板分离方法寻找并分离到多种传染病的病原菌，例如炭疽病菌（1877）、结核杆菌（1882）、链球菌（1882）和霍乱弧菌（1883）等。③在理论上，科赫于1884年提出了科赫法则，其主要内容为：病原微生物总是在患传染病的动物中发现而不存在于健康个体中；这一微生物可以离开动物体，并被培养为纯种培养物；这种纯培养物接种到敏感动物体后，应当出现特有的病症；该微生物可以从患病的实验动物中重新分离出来，并可在实验室中再次培养，此后它仍然应该与原始病原微生物相同。

继巴斯德与科赫的研究工作后，就出现了其成果的横向扩散，结果，一系列微生物学的分支学科就相继创立了。例如细菌学（巴斯德，科赫等），消毒外科术（李斯特），免疫学（巴斯德，梅契尼科夫，埃利希，贝林等），土壤微生物学（维诺格拉德斯基等），病毒学（伊凡诺夫斯基等），植物病理学和真菌学（德巴利等），酿造学（汉森等），以及化学治疗法（埃利希等）等。

4．发展期

1897年德国人毕希纳用无细胞酵母菌压榨汁中的“酒化酶”对葡萄糖进行酒精发酵成功，从而开创了微生物生化研究的新时代。此后，微生物生理、代谢研究就蓬勃开展了起来。

在发展期中，微生物学研究有以下几个特点：

（1）进入了微生物生化水平的研究。这一时期是以研究微生物对维生素需要、酶的特性、寻找和研究抗生素以及逐步深入到以研究它们的遗传变异和基因为主的新阶段。

（2）应用微生物的分支学科更为扩大，出现了抗生素等新学科。1929年，弗莱明发现点青霉能够抑制葡萄球菌的生长，从而揭示出微生物间的拮抗关系，并发现青霉素。从后发现的抗生素越来越多。

（3）开始寻找各种有益微生物代谢产物的热潮。

（4）在各微生物应用学科较深入发展的基础上，一门以研究微生物基本生物学规律的综合学科——普通微生物学开始形成，代表人物是美国加利福尼亚大学伯克利分校的M. Doudoroff。

（5）各相关学科和技术方法相互渗透，相互促进，加速了微生物学的发展。

5．成熟期

从1953年4月25日沃森和克里克在英国的《自然》杂志上发表关于DNA结构的双螺

旋模型起，整个生命科学就进入了分子生物学研究的新阶段，同样也是微生物学发展史上成熟期到来的标志。

本时期的特点为：①研究微生物大分子的结构和功能，即研究核酸、蛋白质、生物合成、信息传递等；②在基础理论的研究方面，逐步进入到分子水平的研究，微生物迅速成为分子生物学研究中的最主要的对象；③在应用研究方面，向着更自觉、更有效和可人为控制的方向发展，至20世纪70年代初，有关发酵工程的研究已与遗传工程、细胞工程和酶工程等紧密结合，微生物已成为新兴的生物工程中的主角。

任务二　人体微生物的分离和鉴别

【相关知识】 人体微生物和光学显微镜

一、人及动物体上的微生物

正常人体及动植物体上都存在着许多微生物，生活在健康动物的各部位、数量大、种类较稳定且一般是有益无害的微生物，称为正常菌群。例如，在动物的皮毛上经常有的葡萄球菌，链球菌和球菌等，在肠道中存在的大量的拟杆菌、大肠杆菌、双歧杆菌、乳杆菌、粪链球菌、产气荚膜菌等，都属于动物体上的正常菌群。

人体在健康的情况下与外界隔绝的组织和血流是不含菌的，而身体的皮肤、粘膜以及一切与外界相通的腔道中存在有许多正常的菌群。皮肤上最常见的细菌是某些革兰氏阴性球菌，其中以表皮葡萄球菌多见，有时也有金黄色葡萄球菌存在；鼻腔中常见的有葡萄球菌、类白喉分枝杆菌，口腔中经常存在着大量的球菌、乳杆菌属和拟杆菌属的成员。胃中含有盐酸，不适于微生物生活，除少数耐酸菌外，进入胃中的微生物很快被杀死。人体肠道呈中性（或弱碱性），且含有被消化的食物，适于微生物的生长繁殖，所以肠道特别是大肠中含有很多微生物。过去曾认为肠道菌群中主要种类是大肠杆菌和肠球菌。近代研究表明，肠道菌群中占优势的是拟杆菌、双歧杆菌等厌氧菌，它们比大肠杆菌和肠球菌多1 000倍以上，几乎占所有被分离活菌的99%，而好氧菌（包括兼性厌氧菌在内）所占比例不超过1%。

在一般情况下，正常菌群与人体保持着一个平衡状态，且菌群之间也互相制约，维持相对的平衡。它们与人体的关系一般表现为互生关系。应该指出的是，所谓正常菌群，也是相对的、可变的和有条件的。当机体防御机能减弱时，如皮肤大面积烧伤、粘膜受损、机体受凉或过度疲劳时，一部分正常菌群会成为病原微生物。另一些正常菌群由于其生长部位发生改变也可导致疾病的发生。如因外伤或手术等原因，大肠杆菌进入腹腔或泌尿生殖系统，可引起腹膜炎、肾盂肾炎等炎症。还有一些正常菌群由于某种原因破坏了正常菌群内各种微生物之间的相互制约关系时，也能引起疾病。如长期服用广谱抗生素后，肠道内对药物敏感的细菌被抑制，而不敏感的白假丝酵母或耐药性葡萄球菌则大量繁殖，从而引起病变。这就是通常所说的菌群失调症。儿童患迁移性腹泻、消化不良，成人患胃肠炎时，都有好氧菌、肠杆菌数量增加，拟杆菌、双歧杆菌数量减少的倾向。痢疾病人除出现拟杆菌减少，肠杆菌增

加外，还可检出痢疾杆菌等致病菌。因此在进行治疗时，除使用药物来抑制或杀灭致病菌外，还应考虑调整菌株恢复肠道正常菌群生态平衡的问题。

二、光学显微镜的构造

光学显微镜是生物科学和医学研究领域常用的仪器，它在细胞生物学、组织学、病理学、微生物学及其他有关学科的教学研究工作中有着极为广泛的用途，是研究人体及其他生物机体组织和细胞结构强有力的工具。

光学显微镜简称光镜，是利用光线照明使微小物体形成放大影像的仪器。目前使用的光镜种类繁多，外形和结构差别较大，有些类型的光镜有其特殊的用途，如暗视野显微镜、荧光显微镜、相差显微镜，倒置显微镜等，但其基本的构造和工作原理是相似的。一台普通光学显微镜主要由机械系统和光学系统两部分构成，如图 1-5 所示。

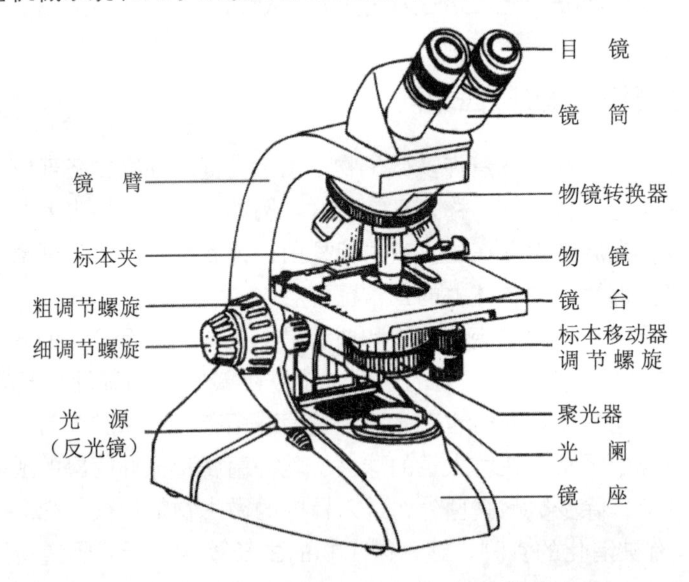

图 1-5　普通光学显微镜的构造

其光学系统主要包括光源、反光镜、聚光器、物镜和目镜等。然而微生物细胞小而透明，当把细菌悬浮于水滴内，用光学显微镜观察时，由于菌体和背景没有显著的明暗差，因而难以看清它们的形态，更不易识别其结构，所以，用普通显微镜观察细菌时，往往要先将细菌进行染色，借助于颜色的反衬作用，可以清楚地观察到细菌的形状及某些细胞结构。因此，为了研究微生物的形态特征和鉴别不同类群的微生物，显微镜的使用及微生物的染色已是微生物学实验中十分重要的基本技术。

1. 机械部分

（1）镜筒　为安装在光镜最上方或镜臂前方的圆筒状结构，其上端装有目镜，下端与物镜转换器相连。根据镜筒的数目，光镜可分为单筒式或双筒式两类。单筒光镜又分为直立式和倾斜式两种。而双筒式光镜的镜筒均为倾斜的。镜筒直立式光镜的目镜与物镜的中心线互成 45° 角，在其镜筒中装有能使光线折转 45° 的棱镜。

（2）物镜转换器　又称物镜转换盘。是安装在镜筒下方的一圆盘状构造，可以按顺时针或反时针方向自由旋转。其上均匀分布有 3～4 个圆孔，用以装载不同放大倍数的物镜。

转动物镜转换盘可使不同的物镜到达工作位置（即与光路合轴）。使用时注意凭手感使所需物镜准确到位。

（3）镜臂　为支持镜筒和镜台的弯曲状构造，是取用显微镜时握拿的部位。镜筒直立式光镜在镜臂与其下方的镜柱之间有一倾斜关节，可使镜筒向后倾斜一定角度以方便观察，但使用时倾斜角度不应超过 45°，否则显微镜则由于重心偏移容易翻倒。在使用临时装片时，千万不要倾斜镜臂，以免液体或染液流出，污染显微镜。

（4）调焦器　也称调焦螺旋，为调节焦距的装置，位于镜臂的上端（镜筒直立式光镜）或下端（镜筒倾斜式光镜），分粗调螺旋（大螺旋）和细调螺旋（小螺旋）两种。粗调螺旋可使镜筒或载物台以较快速度或较大幅度的升降，能迅速调节好焦距使物像呈现在视野中，适于低倍镜观察时的调焦。而细调螺旋只能使镜筒或载物台缓慢或较小幅度的升降（升或降的距离不易被肉眼观察到），适用于高倍镜和油镜的聚焦或观察标本的不同层次，一般在粗调螺旋调焦的基础上再使用细调焦螺旋，精细调节焦距。

有些类型的光镜，粗调螺旋和细调螺旋重合在一起，安装在镜柱的两侧。左右侧粗调螺旋的内侧有一窄环，称为粗调松紧调节轮，其功能是调节粗调螺旋的松紧度（向外转偏松，向内转偏紧）。另外，在左侧粗调螺旋的内侧有一粗调限位环凸柄，当用粗调螺旋调准焦距后向上推紧该柄，可使粗调螺旋限位，此时镜台不能继续上升但细调螺旋仍可调节。

（5）载物台　也称镜台，是位于物镜转换器下方的方形平台，是放置被观察的玻片标本的地方。平台的中央有一圆孔，称为通光孔，来自下方光线经此孔照射到标本上。

在载物台上通常装有标本移动器（也称标本推进器），移动器上安装的弹簧夹可用于固定玻片标本，另外，转动与移动器相连的两个螺旋可使玻片标本前后左右地移动，这样寻找物像时较为方便。

在标本移动器上一般还附有纵横游标尺，可以计算标本移动的距离和确定标本的位置。游标尺的使用方法如图 1-6 所示。游标尺一般由主标尺（A）和副标尺（B）组成。副标尺的分度为主标尺的 9/10。使用时先看到标尺的 0 点位置，再看主副标尺刻度线的重合点即可读出准确的数值。

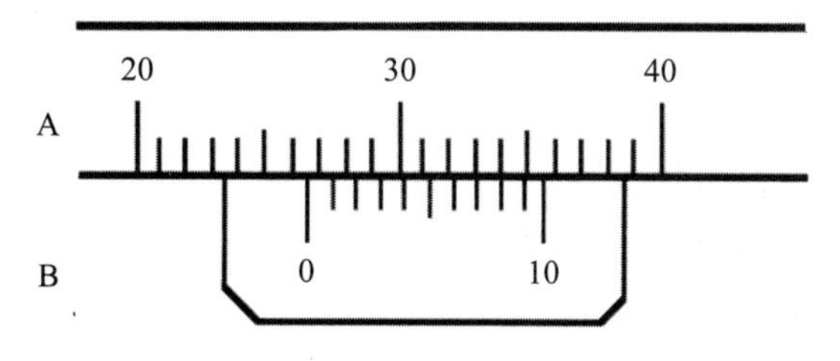

图 1-6　游标尺的使用方法

（6）镜柱　为镜臂与镜座相连的短柱。

（7）镜座　位于显微镜最底部的构造，为整个显微镜的基座，用于支持和稳定镜体。有的显微镜在镜座内装有照明光源等构造。

2. 光学系统

光镜的光学系统主要包括目镜、物镜和照明装置（聚光器、光圈和反光镜等）。

（1）目镜　又称接目镜，安装在镜筒的上端，起着将物镜所放大的物像进一步放大的作用。每个目镜一般由两个透镜组成，在上下两透镜（即接目透镜和会聚透镜）之间安装有能决定视野大小的金属光阑——视场光阑，此光阑的位置即是物镜所放大实像的位置，故可将一小段头发粘附在光阑上作为指针，用以指示视野中的某一部分供他人观察。另外，还可在光阑的上面安装目镜测微尺。每台显微镜通常配置 2～3 个不同放大倍率的目镜，常见的有 5×、10×和 15×（×表示放大倍数）的目镜，可根据不同的需要选择使用，最常使用的是 10×目镜。

（2）物镜　也称接物镜，安装在物镜转换器上。每台光镜一般有 3～4 个不同放大倍率的物镜，每个物镜由数片凸透镜和凹透镜组合而成，是显微镜最主要的光学部件，决定着光镜分辨力的高低。常用物镜的放大倍数有 10×、40×和 100×等几种。一般将 8×或 10×的物镜称为低倍镜（而将 5×以下的叫做放大镜）；将 40×或 45×的称为高倍镜；将 90×或 100×的称为油镜（这种镜头在使用时需浸在镜油中）。

在每个物镜上通常都刻有能反映其主要性能的参数如图 1–7 所示，主要有放大倍数和数值孔径（如 10/0.25、40/0.65 和 100/1.25），该物镜所要求的镜筒长度和标本上的盖玻片厚度（160/0.17，单位为 mm）等，另外，在油镜上还常标有“油”或“Oil”的字样。

油镜在使用时需要用香柏油或石蜡油作为介质，这是因为油镜的透镜和镜孔较小，而光线要通过载玻片和空气才能进入物镜中，玻璃与空气的折光率不同，使部分光线产生折射而损失掉，导致进入物镜的光线减少，而使视野暗淡，物像不清。在玻片标本和油镜之间填充折射率与玻璃近似的香柏油或石蜡油时（玻璃、香柏油和石蜡油的折射率分别为 1.52、1.51、1.46，空气为 1），可减少光线的折射，增加视野亮度，提高分辨率。物镜分辨率的大小取决于物镜的数值孔径（numerical aperture，N.A.），N.A.又称为镜口率，其数值越大，则表示分辨率越高。

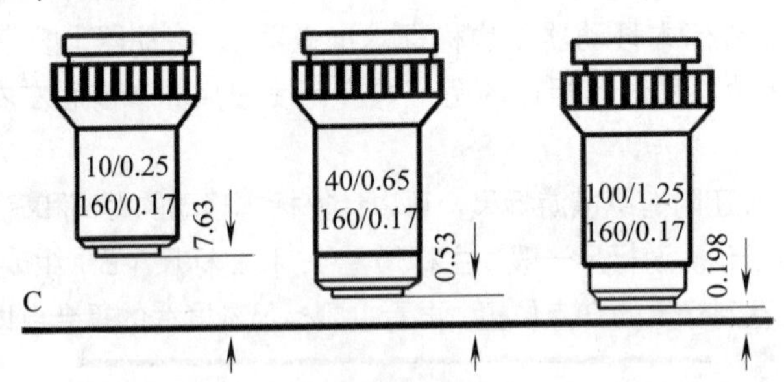

图 1–7　物镜的性能参数及工作距离

C 线为盖玻片的上表面，10×物镜的工作距离为 7.63mm；40×物镜的工作距离为 0.198mm；10/0.25、40/0.65、100/1.25 表示镜头的放大倍数和数值孔径。160/0.17 表示显微镜的机械镜筒长度（标本至目镜的距离）和盖玻片的厚度，即镜筒长度为 160mm，盖玻片厚度为 0.17mm。

不同的物镜有不同的工作距离。所谓工作距离是指显微镜处于工作状态（焦距调好、物像清晰）时，物镜最下端与盖玻片上表面之间的距离。物镜的放大倍数与其工作距离成反比。当低倍镜被调节到工作距离后，可直接转换高倍镜或油镜，只需要用细调螺旋稍加调节焦距便可见到清晰的物像，这种情况称为同高调焦。

不同放大倍数的物镜也可从外形上加以区别，一般来说，物镜的长度与放大倍数成正比，低倍镜最短，油镜最长，而高倍镜的长度介于两者之间。

标准的物镜参数见表 1-2。

表 1-2　标准物镜的参数

放大倍数	数值孔径/mm	工作距离/mm
10	0.20	6.5
20	0.50	2.0
40	0.65	0.6
100	1.25	0.2

（3）聚光器　位于载物台的通光孔的下方，由聚光镜和光圈构成，其主要功能是光线集中到所要观察的标本上。聚光镜由 2～3 个透镜组合而成，其作用相当于一个凸透镜，可将光线汇集成束。在聚光器的左下方有一调节螺旋可使其上升或下降，从而调节光线的强弱，升高聚光器可使光线增强，反之则光线变弱。

（4）光圈　光圈也称为彩虹阑或孔径光阑，位于聚光器的下端，是一种能控制进入聚光器的光束大小的可变光阑。它由十几张金属薄片组合排列而成，其外侧有一小柄，可使光圈的孔径开大或缩小，以调节光线的强弱。在光圈的下方常装有滤光片框，可放置不同颜色的滤光片。

（5）反光镜　位于聚光镜的下方，可向各方向转动，能将来自不同方向的光线反射到聚光器中。反光镜有两个面，一面为平面镜，另一面为凹面镜，凹面镜有聚光作用，适于较弱光和散射光下使用，光线较强时则选用平面镜（现在新型的光学显微镜都有自带光源，而没有反光镜；有的二者都配置）。

【实训过程】

一、材料准备

（1）培养基　营养琼脂培养基。

（2）器材　无菌平皿、酒精灯、培养箱、1mL 吸管、载玻片，玻璃纸，小刀，接种环，吸水纸，擦镜纸，酒精灯，香柏油，乙醚-乙醇混合液，显微镜。

（3）试剂　灭菌生理盐水，2%碘酒，75%酒精，革兰氏染色液等。

二、培养基的制备和器皿包扎

按配方要求配制营养琼脂培养基，包扎培养皿、刻度吸管和试管等器皿，做好标记，然后在 121℃灭菌 20min 备用。

三、皮肤微生物的分离

（1）标记　取 2 套营养琼脂平板，标记如下：1 号皿（消毒前），2 号皿（消毒后），摆放物品。

（2）取样　点燃酒精灯，左手持 1 号皿，在酒精灯附近，用左手的拇指及食指打开皿盖，用右手的食指在培养基表面划“Z”字，注意不要划破培养皿。然后用镊子夹取 2%碘酒或 75%酒精棉球，将此手指消毒，干后在“消毒后”区域内轻轻来回涂抹。

注意：要求无菌操作，用手指在平皿上划“Z”字，要掌握好力度。同法可用灭菌棉签蘸一下生理盐水，在实验台上擦两下，打开皿盖，在培养基表面涂抹来检测台面微生物。

四、头发微生物的分离

在揭开皿盖的琼脂平板的上方，用手将头发用力摇动数次，使细菌降落到琼脂平板表面，

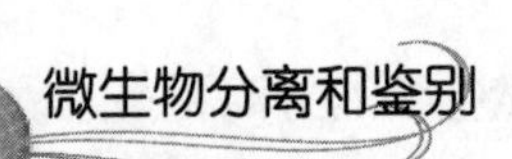

然后盖上皿盖。(或者用剪刀取自己的头发3～5根，打开皿盖，用镊子将头发放于培养基表面，注意头发要贴在培养基表面，然后盖上皿盖)。

五、咽喉部微生物的分离

(1)咳嗽法　点燃酒精灯，右手持培养皿，将去盖的琼脂平板放在离口约6～8cm处，对着琼脂表面用力咳嗽，然后盖上皿盖。

(2)涂抹法　点燃酒精灯，右手取无菌棉签一根，蘸取少许无菌生理盐水，在自己的咽喉部后壁轻轻擦拭，收取黏液，在酒精灯附近，打开培养皿，用棉签在培养基表面划线。

六、培养

将所有的琼脂平板翻转，使皿底在上，放入37℃培养箱，培养1～2天。

七、微生物菌落观察

观察微生物菌落的形态，大小，颜色等特征。

八、微生物细胞涂片染色

挑取1～2个典型微生物细胞进行染色观察。

(1)涂片　在洁净的载玻片中央滴1小滴无菌水，用无菌接种环(火焰灭菌)挑取少量菌落与无菌水充分混合，涂成极薄的菌膜;(注意:菌量不宜过多，否则菌体堆积成块不易看清个体形态)。

(2)固定　手执玻片一端，将有菌膜的一面朝上，通过微火3～4次，使水分蒸干(注意:可用手背接触涂片反面，以不烫手为宜。否则过分烘烤会导致菌体变形)。

(3)染色　将玻片置于玻片架上，待其冷却后，在涂片部位滴加适量(盖满菌膜)的草酸铵结晶紫染液，染色1min。

(4)水洗　倾去染液，用普通蒸馏水自玻片一端轻轻冲洗，至流下的水中无染液的颜色为止。

(5)干燥　用吸水纸吸去多余水分。(注意:勿擦去菌体!)

九、使用光学显微镜观察细菌细胞

1. 显微镜的安置

将显微镜小心地从镜箱中取出(移动显微镜时应以右手握住镜壁，左手托住镜座)，放置在实验台的偏左侧，以镜座的后端离实验台边缘约6～10cm为宜。首先检查显微镜的各个部件是否完整和正常。镜检者姿势要端正，镜臂正对着左肩，使用左眼观察，右眼绘图或记录，如为双筒显微镜，目镜间距可适当调节。

2. 低倍镜观察

(1)对光　打开实验台上的工作灯(如果是自带光源显微镜，这时应该打开显微镜上的电源开关)，转动粗调螺旋，使镜筒略升高(或使载物台下降)，调节物镜转换器，使低倍镜转到工作状态(即对准通光孔)，当镜头完全到位时，可听到轻微的扣碰声。

打开光圈并使聚光器上升到适当位置(以聚光镜上端透镜平面稍低于载物台平面的高度为宜)。然后用左眼向着目镜内观察(注意两眼应同时睁开)，同时调节反光镜的方向(自带光源显微镜，调节亮度旋钮)，使视野内的光线均匀、亮度适中。

（2）放置玻片标本　将玻片标本放置到载物台上用标本移动器上的弹簧夹固定好（注意：使有盖玻片或有标本的一面朝上），然后转动标本移动器的螺旋，使需要观察的标本部位对准通光孔的中央。

（3）调节焦距　用眼睛从侧面注视低倍镜，同时用粗调螺旋使镜头下降（或载物台上升），直至低倍镜头距玻片标本的距离小于 0.6cm（注意操作时必须从侧面注视镜头与玻片的距离，以避免镜头碰破玻片）。然后用左眼在目镜上观察，同时用左手慢慢转动粗调螺旋使镜筒上升（或使载物台下降）直至视野中出现物像为止，再转动细调螺旋，使视野中的物像最清晰。

如果需要观察的物像不在视野中央，甚至不在视野内，可用标本移动器前后、左右移动标本的位置，使物像进入视野并移至中央。在调焦时如果镜头与玻片标本的距离已超过了 1cm 还未见到物像时，应严格按上述步骤重新操作。

3. 高倍镜观察

（1）在使用高倍镜观察标本前，应先用低倍镜寻找到需观察的物像，并将其移至视野中央，同时调准焦距，使被观察的物像最清晰。

（2）转动物镜转换器，直接使高倍镜转到工作状态（对准通光孔），此时，视野中一般可见到不太清晰的物像，只需调节细调焦螺旋，一般都可使物像清晰。

【提示】

在从低倍镜准焦的状态下直接转换到高倍镜时，有时会发生高倍物镜碰擦玻片而不能转换到位的情况（这种情况，主要是高倍镜、低倍镜不配套，即不是同一型号的显微镜上的镜头），此时不能硬转，应检查玻片是否放反、低倍镜的焦距是否调好以及物镜是否松动等情况后重新操作。如果调整后仍不能转换，则应将镜筒升高（或使载物台下降）后再转换，然后在眼睛的注视下使高倍镜贴近盖玻片，再一边观察目镜视野，一边用粗调螺旋使镜头极其缓慢地上升（或载物台下降），看到物像后再用细调螺旋准焦。

4. 油镜观察

（1）用高倍镜找到所需观察的标本物像，并将需要进一步放大的部分移至视野中央。

（2）将聚光器升至最高位置并将光圈开至最大（因油镜所需光线较强）。

（3）转动物镜转换盘，移开高倍镜，往玻片标本上需观察的部位（载玻片的正面，相当于通光孔的位置）滴一滴香柏油（折光率 1.51）或石蜡油（折光率 1.47）作为介质，然后在眼睛的注视下，使油镜转至工作状态。此时油镜的下端镜面一般应正好浸在油滴中。

（4）左眼注视目镜中，同时小心而缓慢地转动细调螺旋（注意：这时只能使用微调节螺旋，千万不要使用粗调节螺旋）使镜头微微上升（或使载物台下降），直至视野中出现清晰的物像。操作时不要反方向转动细调节螺旋，以免镜头下降压碎标本或损坏镜头。

（5）油镜使用完后，必须及时将镜头上的油擦拭干净。操作时先将油镜升高 1cm，并将其转离通光孔，先用干擦镜纸揩擦一次，把大部分的油去掉，再用沾有少许清洁剂或二甲苯的擦镜纸擦一次，最后再用干擦镜纸揩擦一次。至于玻片标本上的油，如果是有盖玻片的永久制片，可直接用上述方法擦干净；如果是无盖玻片的标本，则盖玻片上的油可用拉纸法揩擦，即先把一小张擦镜纸盖在油滴上，再往纸上滴几滴清洁剂或二甲苯。趁湿将纸往外拉，如此反复几次即可干净。

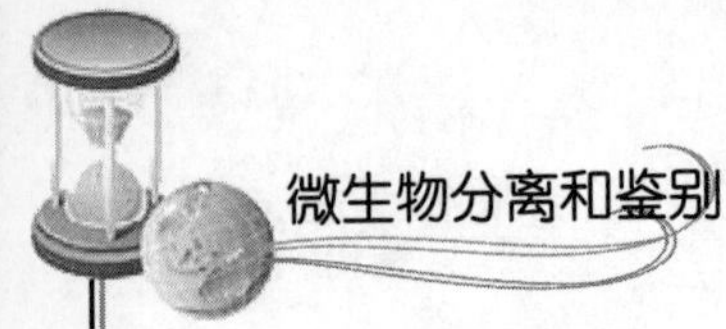

【提示注意】

（1）取用显微镜时，应一手紧握镜臂，一手托住镜座，不要用单手提拿，以避免目镜或其他零部件滑落。

（2）在使用镜筒直立式显微镜时，镜筒倾斜的角度不能超过 45°，以免重心后移使显微镜倾倒。在观察带有液体的临时装片时，不要使用倾斜关节，以避免由于载物台的倾斜而使液体流到显微镜上。

（3）不可随意拆卸显微镜上的零部件，以免发生丢失损坏或使灰尘落入镜内。

（4）显微镜的光学部件不可用纱布、手帕、普通纸张或手指揩擦，以免磨损镜面，需要时只能用擦镜纸轻轻擦拭。机械部分可用纱布等擦拭。

（5）在任何时候，特别是使用高倍镜或油镜时，都不要一边在目镜中观察，一边下降镜筒（或上升载物台），以避免镜头与玻片相撞，损坏镜头或玻片标本。

（6）显微镜使用完后应及时复原。先升高镜筒（或下降载物台），取下玻片标本，使物镜转离通光孔。如镜筒、载物台是倾斜的，应恢复直立或水平状态。然后下降镜（或上升载物台），使物镜与载物台相接近。垂直反光镜，下降聚光器，关小光圈，最后放回镜箱中锁好。

（7）在利用显微镜观察标本时，要养成两眼同时睁开，双手并用（左手操纵调焦螺旋，右手操纵标本移动器）的习惯，必要时应一边观察一边计数或绘图记录。

【实训报告】

工作任务：人体微生物的分离和鉴别			
样品来源		实训日期	
实训目的			
实训原理			
实训材料			
实训过程			
结果报告：将显微镜下观察到的菌体形态画于下表中			
思考与讨论： （1）将实验结果记录，实验结果说明了什么问题？ （2）比较各种不同来源的样品，哪一种样品的平板菌落数与菌落类型最多？ （3）消毒前后的手指培养基平板，菌落数有无区别？ （4）通过本次实训，在防止培养物的污染与防止微生物的扩散方面，你学到些什么？有什么体会？			

【知识拓展】 微生物的营养

一、微生物细胞的化学组成

微生物同其他生物一样，为了生存必须从环境中吸收营养物质，通过新陈代谢将其转化成自身的细胞物质或代谢物，并从中获取生命活动所需要的能量，同时将代谢活动产生的废物排出体外。那些能够满足机体生长、繁殖和完成各种生理活动所需要的物质称为营养物质。微生物获得和利用营养物质的过程称为营养。营养物质是微生物生存的物质基础，而营养是微生物维持和延续其生命形式的一种生理过程。

构成微生物细胞的物质基础是各种化学元素。根据微生物对各类化学元素需要量的大小，可将它们分为主要元素和微量元素，主要元素包括碳、氢、氧、氮、磷、硫、钾、镁、钙和铁等，碳、氢、氧、氮、磷、硫这六种主要元素可占细菌细胞干重的97%。微量元素包括锌、锰、氯、钼、硒、钴、铜、钨、镍和硼等。

组成微生物细胞的各类化学元素的比例常因微生物种类的不同而各异。不仅如此，微生物细胞的化学元素组成也常随菌龄及培养条件的不同而在一定范围内发生变化，幼龄的比老龄的含氮量高，在氮源丰富的培养基生长的细胞比在氮源相对贫乏的培养基上生长的细胞含量高。

各种化学元素主要以有机物、无机物和水的形式存在于细胞中。有机物主要包括蛋白质、糖、脂、核酸、维生素以及它们的降解产物和一些代谢产物等。水是细胞维持正常生命活动所不可少的，一般可占细胞质量的 70%～90%。细胞湿重与干重之差为细胞含水量，常以百分率表示。将细胞表面所吸附的水分除去后称量所得重量即为湿重，一般以单位培养液中所含细胞质量表示（g/L 或 mg/mL），但具体测量过程中，常由于细胞表面吸附水分除去程度的不同而导致测量结果有误差，聚集在一起的单细胞微生物表面吸附的水分难以除去，这些吸附的水分可占湿重的10%。采用高温（105℃）烘干、低温真空干燥和红外线快速烘干等方法将细胞干燥至恒重即为干重。值得注意的是：高温烘干会导致细胞物质分解，而利用后两种方法所得结果较为可靠。

二、微生物的营养物质

微生物生长所需要的元素主要以相应的有机物与无机物的形式提供的，也有小部分可以由分子态的气体物质提供。营养物质按照它们在机体中的生理作用不同，可以将它们区分成碳源、氮源、能源、生长因子、无机盐和水。

1. **碳源**　在微生物生长过程中能为微生物提供碳素来源的物质称为碳源。碳源物质在细胞内经过一系列复杂的化学变化后成为微生物自身的细胞物质，如糖类、脂类、蛋白质等和代谢产物，碳可占一般细菌细胞干重的一半。同时绝大部分碳源物质在细胞内生化反应过程中还能为机体提供维持生命活动所需的能源，因此碳源物质通常也是能源物质。但有些CO_2作为唯一或主要碳源的微生物生长所需的能源，则并非来自碳源物质。

微生物利用碳源物质具有选择性，糖类是一般微生物较容易利用的良好碳源和能源物质，但不同微生物对不同糖类物质的利用也有差别，例如在以葡萄糖和半乳糖为碳源的培养基中，大肠杆菌首先利用葡萄糖，然后利用半乳糖，前者称为大肠杆菌的速效碳源，后者称为迟效碳源。目前在微生物工业发酵中所利用的碳源物质主要是单糖、糖蜜、淀粉、麸皮、米糠等。为了节约粮食，人们已经开展了代粮发酵的科学研究，以自然界中广泛存在的纤维素作为碳源和能源物质来培养微生物。

不同种类微生物利用碳源物质的能力也有差别。有的微生物能广泛利用各种类型的碳源物质，而有些微生物可利用的碳源物质则比较少，例如假单胞菌属中的某些种可以利用多达90种以上的碳源物质，而一些甲基营养型微生物只能利用甲醇或甲烷等一碳化合物作为碳源物质。微生物利用的碳源物质主要有糖类、有机酸、醇、脂类、烃、CO_2及碳酸盐等。

对于为数众多的化能异养微生物来说，碳源是兼有能源功能营养物。

2. **氮源** 凡是能被用来构成菌体物质中或代谢产物中氮素来源的营养物质称为氮源。氮对微生物的生长发育有重要的作用，它们主要用来合成细胞中的含氮物质，一般不作为能量。只有少数细菌如硝化细菌能利用铵盐、硝酸盐作为氮源和能源。能被微生物利用的氮源物质包括蛋白质及其不同程度的降解产物（胨、肽、氨基酸等）、铵盐、硝酸盐、分子氮、嘌呤、嘧啶、脲、胺、酰胺和氰化物等。

常用的蛋白质类氮源包括蛋白胨、鱼粉、蚕蛹、黄豆饼粉、玉米浆、牛肉浸膏和酵母浸膏等。微生物对这类氮源的利用具有选择性。例如：土霉素产生菌利用玉米浆比利用黄豆饼粉和花生饼粉的速度快，这是因为玉米浆中的氮源物质主要以较易吸收的蛋白质降解产物形式存在，而降解产物特别是氨基酸可能通过转氨作用直接被机体利用，而黄豆饼粉和花生饼粉中的氮主要以大分子蛋白质形式存在，需进一步降解成小分子的肽和氨基酸后才能被微生物吸收利用，因而对其利用的速度较慢。因此玉米浆为速效氮源有利于菌体生长；而黄豆饼粉和花生饼粉为迟效氮源，有利于代谢产物的形成，在发酵生产土霉素的过程中，往往将两者按一定比例制成混合氮源，以控制菌体生长时期与代谢产物形成时期的协调，达到提高土霉素产量的目的。

微生物吸收利用铵盐和硝酸盐的能力较强，NH_4^+被细胞吸收后可直接利用，因而$(NH_4)_2SO_4$等铵盐一般被称速效氮源，它是微生物最常用的氮源，而NO_3^-被吸收后需进一步还原成NH_4^+后再被利用。能够利用铵盐或硝酸盐作为氮源的微生物很多，如大肠杆菌、产气肠杆菌、枯草芽孢杆菌、铜绿假单胞菌及放线菌等可以利用硝酸钾作为氮源，霉菌可以利用硝酸钠作为氮源。以$(NH_4)_2SO_4$等为氮源培养微生物时，由于NH_4^+被吸收后，会导致培养基pH下降，因而将其称为生理酸性盐；以硝酸盐为氮源培养微生物时，由于NO_3^-被吸收，会导致pH升高，因而称为生理碱性盐。为避免培养基pH变化对微生物生长造成影响，需要在培养基中加入缓冲物质。

3. **能源** 能为微生物的生命活动提供最初能量来源营养物或辐射能。化能异养微生物的能源就是碳源，葡萄糖便是常见的一种兼有碳源与能源功能的双功能营养物。所有真菌、放线菌和大部分细菌是化能异养型微生物。化能自养微生物的能源主要是无机物，这些微生物都是细菌、硝化细菌、硫细菌、氢细菌等。光能自养和异养微生物的能源主要是太阳能，如蓝细菌、紫色非硫细菌等。

4. **生长因子** 通常指那些微生物生长所必需而且需要量很小，但微生物自身不能合成的或合成量不足以满足机体生长需要的有机化合物。各种微生物需求的生长因子的种类和数

量是不同的（见表 1-3）。

表 1-3　各种微生物生长因子

微　生　物	生 长 因 子	需要量/mL^{-1}
III型肺炎链球菌（Streptococcus pneumoniae）	胆碱	6μg
金黄色葡萄球菌（StapHylococcus aureus）	硫胺素	0.5ng
白喉棒杆菌（Corynebacterium dipHtheriae）	B-丙氨酸	1.5μg
破伤风梭状芽孢杆菌（Clostridium tetani）	尿嘧啶	0～4μg
肠膜状串珠菌（Leuconostoc mesenteroides）	吡哆醛	0.025μg

自养微生物和某些异养微生物如大肠杆菌不需要外源生长因子也能生长。不仅如此，同种微生物对生长因子的需求也会随着环境条件的变化而改变，如鲁氏毛霉（Mucor roxianus）在厌氧条件下生长时需要维生素 B1 和生物素（维生素 H），而在好氧条件时自身能合成这两种物质，不需外加这两种生长因子。有时对某些微生物生长所需生长因子的本质还不了解，通常在培养时培养基中要加入酵母浸膏、牛肉浸膏及动物组织液等天然物质以满足需要。根据生长因子的化学结构与它们在机体内的生理功能不同，可以将生长因子分为维生素、氨基酸及和嘌呤及嘧啶碱基三大类。维生素首先发现的生长因子，它的主要作用是作为酶的辅基或辅酶参与新陈代谢；如 B1 它就是脱氧酶的辅酶。氨基酸也是许多微生物所需要的生长因子，这与它们缺乏合成氨基酸的能力有关，因此，必须在它们的生长培养基里补充这些氨基酸或者含有这些氨基酸的小肽物质，如肠膜状串珠菌（Leuconostoc mesenteroides）生长机需要 17 种氨基酸才能生长。嘌呤（或）嘧啶作为生长因子在微生物机体内的作用主要是作为酶的辅酶或辅基，以及用来合成核酸和辅酶。

5. **无机盐**　矿质元素也是微生物生长所不可缺少的营养物质，它们具有以下作用：①参加微生物中氨基酸和酶的组成。②调节微生物的原生质胶体状态，维持细胞的渗透与平衡。③酶的激活剂。根据微生物对矿质元素需要量大小可以把它分成大量元素和微量元素。大量元素：Na、K、Mg、Ca、S、P 等。微量元素是指那些在微生物生长过程中起重要作用，而机体对这些元素的需要量极其微小的元素，通常需要量在 10^{-6}～10^{-8}mol/L 的有：锌、锰、钠、氯、钼、硒、钴、铜、钨、镍和硼等，它们一般参与酶的组成或使酶活化（见表 1-4）。

表 1-4　微量元素在微生物体内的生理功能

元　　素	生 理 功 能
锌	存在于乙醇脱氢酶、乳酸脱氢酶、RNA 与 DNA 聚合酶中
硒	存在于甘氨酸还原酶、甲酸脱氢酶中
铜	存在于谷氨酸变位酶中
锰	存在于过氧化物歧化酶、柠檬酸合成酶中

6. **水**　是微生物生长所必不可少的，水在代谢过程中起着重要作用。微生物细胞中的水分由不易蒸发、不能流动的结合水和呈游离状态的自由水组成。

水在细胞中的生理功能主要有：①起到溶剂与运输介质的作用，营养物质的吸收与代谢产物的分泌必须以水为介质才能完成；②参与细胞内一系列化学反应；③维持蛋白质、核酸等生物大分子稳定的天然构象；④因为水的比热高，是热的良好导体，能有效地吸收代谢过程中产生的热并及时地将热迅速散发出体外，从而有效地控制细胞内温度的变化；⑤若微生物体内缺乏水分，将会影响整个机体的代谢。

水对微生物生命活动极其重要，培养微生物时应供给足够的水，一般用自来水、井水、河水就可满足微生物对水分的营养要求，但要注意水中的矿物质是否过多，否则应软化后再用。

三、微生物的营养类型

由于微生物种类繁多，其营养类型比较复杂。根据碳源、能源及电子供体性质的不同，可将绝大多数微生物分为光能无机自养型、光能有机异养型、化能无机自养型、化能有机自养型四种类型（表 1-5）。

表 1-5　微生物营养类型

营养类型	电子供体	碳源	能源	举例
光能无机自养型	H_2、H_2S、S、H_2O	CO_2	光能	蓝细菌、藻类
光能有机异养型	有机物	有机物	光能	红螺细菌
化能无机自养型	H_2、H_2S、NH_3、NO^{2-}、Fe^{2+}	CO_2	化学能（无机物氧化）	氢细菌、硫杆菌、硝化杆菌等
化能有机异养型	有机物	有机物	化学能（有机物氧化）	全部真核微生物、绝大多数细菌

1. 光能无机自养型

光能无机自养型，这是一类能以 CO_2 为唯一碳源或主要碳源并利用光能进行生长的微生物，它们能以无机物如水、硫化氢、硫代硫酸钠或其他无机化合物为电子供体，使 CO_2 固定还原成细胞物质，并且伴随元素氧（硫）的释放。藻类、蓝细菌和光合细菌属于这一类营养类型。藻类和蓝细菌，这与高等植物光合作用是一致的。反应式如下：

$$\text{蓝细菌}\ CO_2+2H_2O \xrightarrow[\text{叶绿素}]{\text{光}} [CH_2O]+H_2O+O_2\uparrow$$

$$\text{绿硫细菌}\ CO_2+2H_2S \xrightarrow[\text{菌绿素}]{\text{光}} [CH_2O]+H_2O+2S$$

2. 光能有机异养型

这类微生物不能以 CO_2 作为唯一碳源或主要碳源，需以有机物作为供氢体，利用光能将 CO_2 还原为细胞物质。红螺属的一些细菌就是这一营养类型的代表，它能利用异丙醇作为供氢体进行光合作用，使 CO_2 还原成细胞物质，同时积累丙酮。光能有机营养型细菌在生长时通常需要外源的生长因子，即

$$2\ (CH_3)_2CHOH+CO_2 \xrightarrow[\text{光合色素}]{\text{光}} 2CH_3COCH_3+[CH_2O]+H_2O$$

3. 化能无机自养型

这类微生物利用无机物氧化过程中放出的化学能作为它们生长所需的能量，以 CO_2 或碳酸盐作为的唯一或主要碳源进行生长，利用电子供体如氢气、硫化氢、二价铁离子或亚硝酸盐等使 CO_2 还原成细胞物质。属于这类微生物的类群有硫化细菌、硝化细菌、氢细菌与铁细菌等。例如铁细菌为

$$2FeCO_3+3H_2O+1/2O_2 \longrightarrow 2Fe(OH)_3+2CO_2+\text{能量}$$
$$CO_2+H_2O \longrightarrow [CH_2O]+O_2$$

这类细菌在产能时需要大量的氧气参加，故所有的化能自养菌均为好氧菌。

4．化能有机异养型

这类微生物生长所需的能量来自有机物氧化过程放出的化学能，生长所需要的碳源主要是一些有机化合物，如淀粉、糖类、纤维素、有机酸等，即化能有机营养型微生物里的有机物通常既是它们生长的碳源物质又是能源物质。该类型包括的微生物种类最多，自然界的绝大多数细菌、全部放线菌、真菌及原生动物均属于此类型。

化能异养型微生物根据所利用的有机物的特性，又可分为寄生微生物和腐生微生物两种类型。寄生是指一种生物寄居于另一种生物体内或体表，从而摄取宿主细胞的营养以维持生命的现象。腐生是指通过分解已死的生物或其他有机物，以维持自身正常生活的生活方式。除此之外，还存在既可以腐生又可寄生的中间类型，称为兼性寄生和兼性腐生。

必须明确，无论哪种分类方式，不同营养类型之间的界限并非绝对的，异养型微生物并非不能利用 CO_2，只是不能以 CO_2 为唯一或主要碳源进行生长，而且在有机物存在的情况下也可将 CO_2 同化为细胞物质。同样，自养型微生物也并非不能利用有机物进行生长。另外，有些微生物在不同生长条件下生长时，其营养类型也会发生改变，例如紫色非硫细菌在没有有机物时可以同化 CO_2，为自养型微生物；而当有机物存在时，它又可以利用有机物进行生长，此时它为异养型微生物。再如紫色非硫细菌在光照和厌氧条件下可利用光能生长，为光能营养型微生物；而在黑暗与好氧条件下，依靠有机物氧化产生的化学能生长，则为化能营养型微生物。微生物类型的可变性无疑有利于提高微生物对环境条件的适应能力。

四、营养物质进入细胞的方式

微生物没有专门摄取营养物质的器官，它们摄取营养是依靠整个细胞表面进行的。目前认为：各种营养物质的吸收是依靠于细胞质膜的作用，细胞质膜上面有许多小孔，各种营养物质是通过不同的吸收方式透过细胞膜的。营养物质能否进入细胞取决于三个方面的因素：①营养物质本身的性质（相对分子量、质量、溶解性、电负性等）；②微生物所处的环境（温度、pH 等）；③微生物细胞的透过屏障（原生质膜、细胞壁、荚膜等）。根据物质运输过程的特点，可将物质的运输方式分为自由扩散、促进扩散、主动运输、基团移位。营养物质运送入细胞的四种方式如图 1-8 所示。

表 1-6　微生物吸收营养物质的四种方式

比较项目	单纯扩散	促进扩散	主动运送	基团移位
特异载体蛋白	无	有	有	有
运送速度	慢	快	快	快
溶质运送方向	由浓至稀	由浓至稀	由稀至浓	由稀至浓
平衡时内外浓度	内外相等	内外相等	内部高	内部高
运送分子	无特异性	特异性	特异性	特异性
能量消耗	不需要	需要	需要	需要
运送前后溶质分子	不变	不变	不变	改变
运送对象举例	水、甘油乙醇、O_2、CO_2	糖、SO_4^{2-}、PO_4^{3-}	氨基酸、乳糖等糖类，少量无机离子	葡萄糖、果糖、嘌呤、嘧啶等

1．单纯扩散

单纯扩散也称自由扩散。原生质膜是一种半透性膜，营养物质通过原生质膜上的小孔，由高浓度的胞外环境向低浓度的胞内进行扩散。自由扩散是非特异性的，但原生质膜上的含水小孔的大小和形状对参与扩散的营养物质分子有一定的选择性。它有以下特点：①物质在扩散过程中没有发生任何反应；②不消耗能量；③不能逆浓度运输；④运输速率与膜内外物质的浓度差成正比。自由扩散不是微生物细胞吸收营养物的主要方式，水是唯一可以通过扩散自由通过原生质膜的分子，脂肪酸、乙醇、甘油、一些气体（O_2、CO_2）及某些氨基酸在一定程度上也可通过单纯扩散进出细胞。

2．**促进扩散**

与自由扩散一样，促进扩散也是一种被动的物质跨膜运输方式，在这个过程中①不消耗能量；②参与运输的物质本身的分子结构不发生变化；③不能进行逆浓度运输；④运输速率与膜内外物质的浓度差成正比；⑤需要载体参与。通过促进扩散进入细胞的营养物质主要有氨基酸、单糖、维生素及无机盐等。一般微生物通过专一的载体蛋白运输相应的物质，但也有微生物对同一物质的运输由一种以上的载体蛋白来完成。

3．**主动运送**

主动运送是广泛存在于微生物中的一种主要的物质运输方式。与上面两种运输相比它的一个重要特点是物质运输过程中需要消耗能量，而且可以进行逆浓度运输。在主动运输过程中，运输物质所需要的能量来源因微生物不同而不同，好氧型微生物与兼性厌氧微生物直接利用呼吸能，厌氧微生物利用化学能，光合微生物利用光能。主动运输与促进扩散类似之处在于物质运输过程中同样需要载体蛋白，载体蛋白通过构象变化而改变与被运输物质之间的亲和力大小，使两者之间发生可逆性结合与分离，从而完成相应物质的跨膜运输，区别在于主动运输过程中的载体蛋白构象变化需要消耗能量。

4．**基团移位**

基团移位是另一种类型的主动运输，它与主动运输方式的不同之处在于它有一个复杂的运输系统来完成物质的运输，而物质在运输过程中发生化学变化。基团转移主要存在于厌氧型和兼性厌氧型细胞中，主要用于糖的运输，脂肪酸、核苷、碱基等也可以通过这种方式运输。在研究大肠杆菌对葡萄糖和金黄色葡萄球糖对乳糖的吸收过程中，发现这些糖进入细胞后以磷酸糖的形式存在于细胞质中，表明这些糖在运输过程中发生了磷酸化作用，其中的磷酸基团来源于胞内的磷酸烯醇式丙酮酸（PEP），因此也将基团转位称为磷酸烯醇式丙酮酸--磷酸糖转移酶运输系统（PTS），PTS 通常由五种蛋白质组成，包括酶Ⅰ、酶Ⅱ和一种低相对分子量的热稳定蛋白质（HPr）。在糖的运输过程中，PEP 上的磷酸基团逐步通过酶Ⅰ、HPr 的磷酸化与去磷酸化作用，最终在酶Ⅱ的作用下转移到糖，生成磷酸糖放于细胞质中。

PEP–P +HPr→HPr–p+酶Ⅰ→酶Ⅰ+丙酮酸

酶Ⅰ–P+HPr→酶Ⅲ+酶Ⅰ

HPr–P+酶Ⅲ→酶Ⅲ–P+HPr

糖+酶Ⅲ–P→糖–P+酶Ⅲ

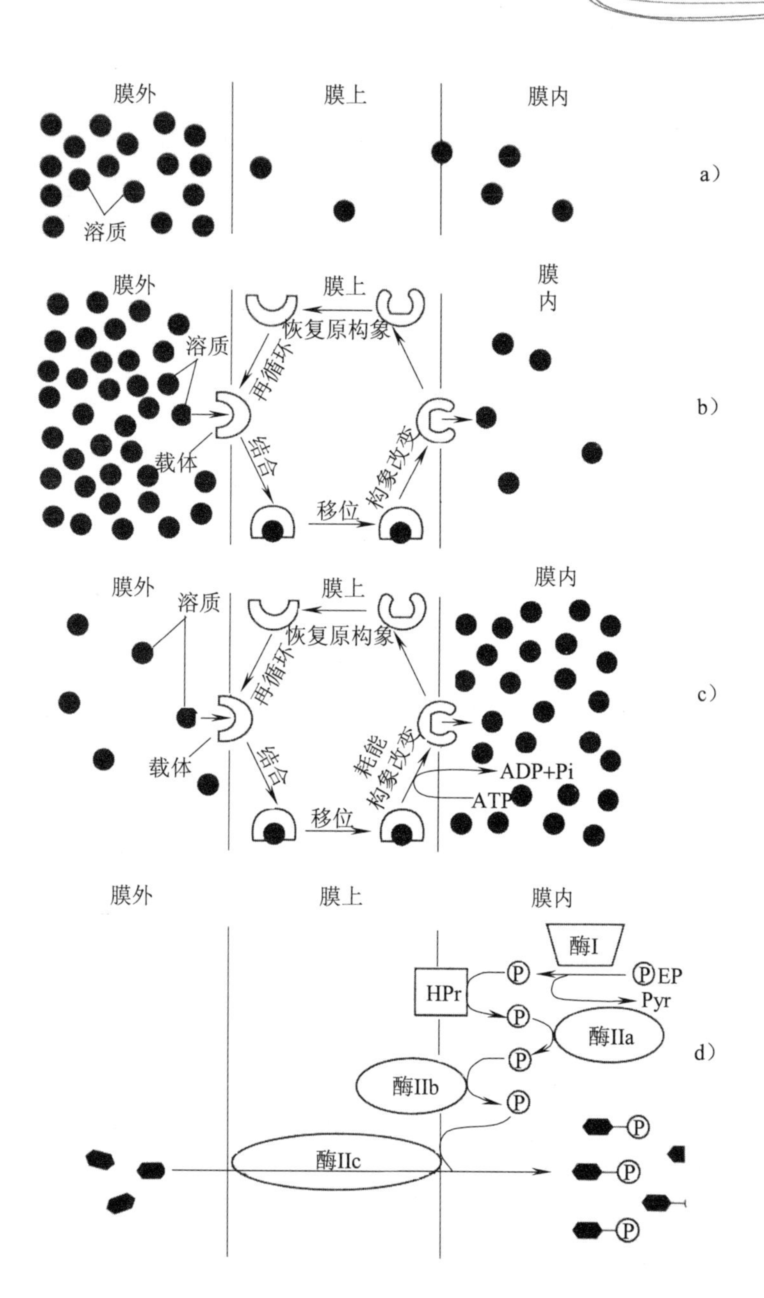

图 1-8　营养物质运送入细胞的四种方式

a）单纯扩散　b）促进扩散　c）主动运送　d）基团移位

自我提高

一、单项选择题

1. 微生物学的奠基人是（　　）。

A. 虎克　　B. Watson 和 Crick

C. 巴斯德　　D. 科赫

2. 下列哪项不是微生物特别适合作为遗传学研究对象的优点？（　　）

A. 繁殖周期短　　B. 培养条件简单　　C. 表型性状丰富　　D. 进化地位低

3. 显微镜选用目镜 10 倍，物镜 40 倍，总放大倍数为（　　）倍。

A. 50　　B. 60　　C. 40　　D. 400

4. 显微镜视野里有脏物，直接原因不可能是（　　）。

A. 目镜上有脏物　　B. 物镜有脏物

C. 玻片上有脏物　　D. 载物台上有脏物

5. 显微镜图象某一侧发暗，原因可能是（　　）。

A. 未用蓝色滤光片　　B. 孔径光栏开的太小

C. 聚光镜位置太低　　D. 转换器不在定位处。

6. 表示微生物大小的常用单位为（　　）。

A. mm　　B. μm　　C. cm　　D. nm

7. 下列关于自养微生物的叙述，哪项是错误的是？（　　）

A. 利用 CO2 作为唯一或主要碳源　　B. 能源来自光能或无机物的氧化

C. 能在完全无机的环境下生长　　D. 不能在有机的环境中生长

8. 下列哪种微生物属于光能异养型微生物？（　　）

A. 红螺细菌　　B. 硝化细菌　　C. 大肠杆菌　　D. 蓝细菌

9. 光能异养型微生物的主要碳源是（　　）。

A. CO_2　　B. 有机物　　C. CO_2或碳酸盐　　D. CO_2和有机物

10. 微生物四种营养类型是根据（　　）划分。

A. 碳源不同　　B. 氮源不同

C. 供氢体的不同　　D. 碳源和能源不同

11. 硝化细菌的营养类型属于（　　）。

A. 光能自养型　　B. 光能异养型　　C. 化能自养型　　D. 化能异养型

12. 营养物质进入微生物细胞的过程需要能量又需要载体，被运输物质在运输前后结构没有变化的方式是（　　）。

A. 自由扩散　　B. 促进扩散　　C. 主动运输　　D. 基团转移

13. 关于光学显微镜，下列叙述错误的是（　　）。

A. 是采用光线照明将微小物体形成放大影像的仪器

B. 光学显微镜的分辨率由物镜分辨力决定

C. 由光学系统和机械装置两部分组成

D. 可用于观察细胞器的显微结构

14. 关于光学显微镜的使用，下列叙述有误的是（　　）。

A. 按照从低倍镜到高倍镜再到油镜的顺序进行标本的观察

B. 使用油镜时，不可一边在目镜中观察，一边上升载物台

C. 使用油镜时，需在标本上滴上镜油

D. 使用油镜时，需将聚光器降至最低，光圈关至最小

15. 使用显微镜观察细菌的实验程序，正确的是（　　）。

 A. 安置—调光源—调目镜—调聚光器—低倍镜—油镜—高倍镜—擦镜—复原

 B. 安置—调光源—调目镜—调聚光器—低倍镜—高倍镜—油镜—擦镜—复原

 C. 安置—调光源—调目镜—调聚光器—高倍镜—低倍镜—油镜—擦镜—复原

 D. 安置—调光源—调物镜—调聚光器—低倍镜—高倍镜—油镜—擦镜—复原

16. 使用油镜时，通常在油镜与载玻片之间加入（　　）来增加显微镜的分辨力。

 A. 石蜡　　B. 香柏油　　C. 机油　　D. 果胶

二、简答题

1. 什么是微生物？它包括哪些类群？
2. 微生物的特点有哪些？
3. 微生物的用途表现在哪些方面？
4. 微生物需要哪些营养物？简单说明水有哪些生理功能。
5. 微生物学发展史可分为几期？各期划分的标准是什么？每一时期各有何主要成就？
6. 什么叫营养？什么是营养物质？营养物质有哪些生理功能？
7. 试列表比较单纯扩散、促进扩散、主动运送和基团转位四种不同的营养物质运送方式。
8. 简述光学显微镜的工作原理。
9. 简述光学显微镜的结构组成。

项目二 水体中细菌的分离和鉴别

水体中含有微生物所需的各种营养，因而也是微生物的天然生境。水体中微生物除天然栖息者外，还有来自土壤、空气、动植物残体、动物排泄物、各类工业废水和生活污水中的微生物，其中包括某些病原微生物。我国《生活饮用水卫生标准 GB5749—2006》共规定了 106 项标准，将所有项目分为四组：微生物指标、毒理指标、感官性状和一般化学指标、放射性指标。其中微生物指标中要求每 mL 水菌落总数不得超过 100cfu，每 100mL 水中不得检出总大肠菌群、耐热大肠菌群、大肠埃希菌。

微生物在实训条件下，从一个细胞或同种细胞群繁殖得到的后代称为纯培养。本项目运用平板划线法或涂布法从饮用水和生活污水中分离得到细菌菌落，并用革兰氏染色对细胞进行染色观察细胞形态进行鉴别。

【目标与要求】

（1）会样品的梯度稀释和菌落计数。

（2）能用划线分离法或涂布法从水体中分离细菌菌落。

（3）能鉴别细菌菌落并描述其特征。

（4）能进行细菌细胞革兰氏染色操作。

（5）会使用光学显微镜观察细菌并鉴别细菌细胞形态。

任务一 饮用水中细菌的分离和鉴别

【相关知识】 细菌的形态和大小

细菌是一类结构简单、种类繁多、主要以二分裂和水生性较强的单细胞原核微生物。在自然界分布广，与人类关系十分密切，是微生物的主要研究对象。

在我们周围，到处都有大量细菌存在着。凡在温暖、潮湿和富含有机物质的地方，都有大量的细菌在活动着。在它们大量集居处，常会散发出特殊的臭味或酸败味。如用手去抚摸长有细菌的物体表面时，就有粘、滑的感觉。在固体食物表面如果长出水珠状、鼻涕状、浆糊状、颜色多样的细菌菌落或菌苔时，用小棒去试挑一下，常会拉出丝状物来。长有大量细菌的液体，会呈现混浊、沉淀或飘浮一片片小“白花”，并伴有大量气泡冒出。

当人类还未研究和认识细菌时，细菌中的少数病原菌曾猖獗一时，夺走无数生命；不少腐败菌也常常引起食物和工农业产品腐烂变质。因此，细菌给人的最初印象常常是有害的，甚至是可怕的。实际上，随着微生物学的发展，当人们对它们的生命活动规律认识越来越清楚后，情况就有了根本的改变。目前，由细菌引起的传染病基本上都得到了控制。与此同时，还发掘和利用了大量的有益细菌到工、农、医、环保等生产实践中，给人类带来极其巨大的经济效益和社会效益。例如，在工业上各种氨基酸、核苷酸、酶制剂、乙醇、丙酮、丁醇、有机酸、抗生素等的发酵生产；农业上如杀虫菌剂、细菌肥料的生产和在沼气发酵、饲料青贮等方面的应用；医药上如各种菌苗、类毒素、代血浆和许多医用酶类的生产等；以及细菌在环保和国防上的应用等，都是利用有益细菌活动的例子。

细菌是单细胞的微生物，能够独立进行生活，它的种类繁多，但基本形状有三种：球状、杆状、螺旋状，分别被称为：球菌、杆菌、螺旋菌。细菌的基本形态见图 2–1 所示。

（1）球菌　细胞呈球形或椭圆形，根据它们相互联结的形式以可分为单球菌、双球菌、链球菌、四联球菌、八叠球菌、葡萄球菌等。在分类鉴定上有重要意义。

（2）杆菌　细胞呈杆状或圆柱形，各种杆菌的长宽比例上差异很大，有的粗短，有的细长。短杆菌近似球状，长的杆菌近似丝状。如大肠杆菌就比较细而短、枯草杆菌粗而长。有的菌体两端平齐，如炭疽芽孢杆菌，有的两端钝圆，如维氏固氮菌，还有的两端削尖，如梭杆菌属。杆菌细胞常沿一个平面分裂，大多数菌体分散存在，但有的杆菌呈长短不同的链状，有的则呈栅状或“八”字形排列。

杆状菌是细菌中种类最多的，工农业生产中所用的细菌大多是杆菌。例如用来生产淀粉酶与蛋白酶的枯草杆菌。生产谷氨酸的北京棒状杆菌。乳品工业中保加利亚乳杆菌等。

（3）螺旋菌　细胞呈弯曲杆状，螺旋菌细胞壁坚韧较硬，常以单细胞分散存在。根据其弯曲情况可分为弧菌、螺旋菌。弧菌只有一弯曲，而螺旋菌有 2 ～ 6 个弯曲。若菌体弯曲螺旋圈数较多者，无坚韧的细胞壁，比较柔软，能自由运动，通称为螺旋体。

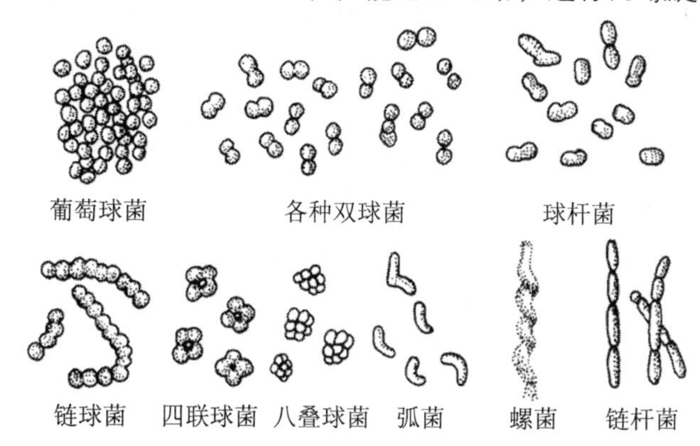

图 2–1　细菌的基本形态

球菌、杆菌和螺旋菌是细菌的三种基本形态，此外还有些具有其他形态的细菌。如柄杆菌属，细胞呈杆状或梭状，并具有一根特征性的细柄，可附着于基质上。

细菌的形态往往随年龄、环境条件的变化而改变。如培养温度、培养时间、培养基的组成与浓度等发生改变均可能引起细菌形态的改变。要根瘤菌在人工培养基条件下为杆状，与植物根系形成类菌体时呈“T”形或“Y”形。

细菌细胞一般都很小，必须借助光学显微镜才能观察到，因此测量细菌的大小通常要使用放在显微镜中的显微测微尺来测量。细菌的长度单位为微米（μm）。如用电子显微镜观察细胞构造或更小的微生物时，要用更小的单位纳米（nm），虽然细菌的大小差别很大，但一般都不超过几个微米，大多数球菌的直径为 0.20～1.25μm。杆菌一般为 0.20～1.25μm×0.30～8μm，产芽孢的杆菌比不产芽孢的杆菌要大，螺旋菌的为 0.30～1μm×1～5.0μm。细菌的大小见表

2-1 所示。

表 2-1　细菌的大小

菌　名	直径或宽/μm×长度/μm
乳链球菌（Streptococcus lactis）	0.5～1
金黄色葡萄球菌（StapHylococcus aureus ）	0.8～1
最大八叠球菌（Sarcina maxima）	4～4.5
大肠杆菌（Escherichia coli）	0.5×1～3
伤寒沙门氏菌（Salmonella typHi）	0.6～0.7×2～3
枯草芽孢杆菌（Bacillus subtilis）	0.8～1.2×1.2～3
炭疽芽孢杆菌（Bacillus anthracis）	1～1.5×4～8
德氏乳细菌（Lactobacterium delbruckii）	0.4～0.7×2.8～7
霍乱弧菌（Vibrio cholerae）	0.3～0.6×1～3
迂回螺菌（Spirillum volutans）	1.5～2×10～20

【实训过程】

一、材料准备

（1）仪器　高压蒸汽灭菌锅，托盘天平。

（2）器皿　培养皿（直径 9cm），三角瓶 100mL，吸管（1mL 分度 0.01，10mL 分度 0.1），试管；玻璃器皿用前应先用去污粉、肥皂或洗洁精等洗涤干净，吸管、量筒不挂水滴，无残留抗菌物质。吸管口上端距 0.5cm 处塞入与约 2cm 适宜疏松的棉花，置吸管筒内或牛皮纸袋中。锥形瓶、量筒、试管均应加硅胶塞或棉塞，若振荡器制备混悬液时，尚需用玻璃纸包裹瓶塞，以免振荡时供试液污染瓶塞，再用牛皮纸包扎。玻璃器皿，均于高压蒸汽 121℃灭菌 30min，烘干或 160℃干热灭菌 2h，备用。

（3）试液和试剂　营养琼脂培养基，NaCl。

（4）样品　饮用水或自来水。

二、包扎和灭菌

玻璃器皿清洗和包扎，营养琼脂培养基的配制（参考项目一操作），用高压蒸汽灭菌锅进行湿热灭菌，备用。

三、取样和梯度稀释

用 1mL 无菌吸管或微量移液器吸取饮用水原液 1mL，沿管壁缓慢注于装有 9mL 生理盐水的无菌试管中（注意吸管尖端不要触及稀释液），振摇试管或换用 1 支无菌吸管反复吹打使其混合均匀，制成 1:10 的样品匀液。另取 1mL 无菌吸管或微量移液器吸头，按上述操作顺序，做 10 倍递增样品匀液，每递增稀释一次，即换用 1 次 1mL 灭菌吸管或吸头，将饮用水稀释到 1:100。

四、涂布

参考项目一制备营养琼脂平板，待冷却后用移液管吸取 0.1mL 不同稀释度的饮用水加到相应编号的固体培养基上，每一梯度做两个重复，用灭菌的 L 型玻璃棒或不锈钢涂布器于不同的角度反复涂布，使被接种液均匀分布于琼脂表面，在适当的稀释度下，可产生相互分开的菌落。涂布分离法操作见图 2-2 所示。通常每个培养皿有 20 个以内的单菌落最为适合。

【提示】

涂布时沿着一个方向（顺时针或逆时针）涂布，不要两个方法来回涂布，另外涂布操作时要小心，不要用力过大以免刮破培养基。

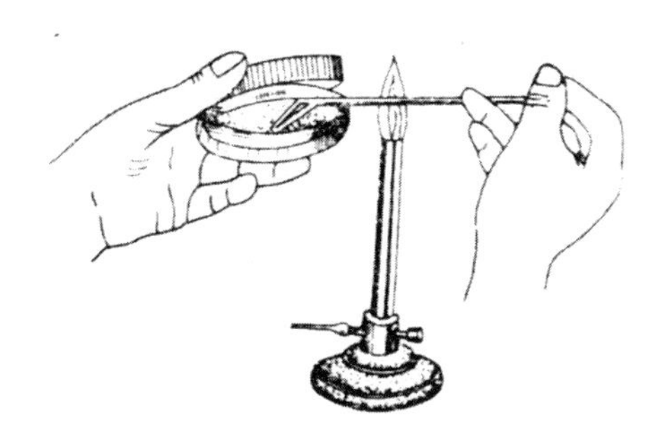

图 2-2 涂布分离法操作

五、培养和观察

平皿放入培养箱，30～35℃温箱倒置培养 24～48h 后，观察细菌菌落特征、菌落分散情况、有无单菌落形成、是否染菌等，并统计各皿菌落数。

六、进一步纯化

将培养长出的典型单菌落转接到营养琼脂斜面培养基上，培养保藏。斜面接种是从已生长好的菌种斜面上挑取少量菌种移植至另一支新鲜斜面培养基上的一种接种方法。斜面接种的无菌操作见图 2-3 所示。具体操作如下：

（1）操作前，先用 75%酒精擦手，待酒精挥发后才能点燃酒精灯。

（2）用斜面进行接种时，将菌种管和斜面握在左手的大拇指和其他四指之间，使斜面和有菌种的一面向上，并处于水平位置。

（3）先将菌种和斜面的棉塞旋转一下，以便接种时便于拔出。

（4）右手拿接种环的方式与日常拿笔一样。将要伸入试管部分的金属柄和金属丝在酒精灯火焰上灼烧灭菌。

（5）用右手小指、无名指和手掌将菌种管和斜面试管的棉塞同时拔出并把棉塞握住，不得任意放在桌上或与其他物品相接触，再以火焰烧管口。

（6）将上述在火焰上灭菌过的接种环伸入菌种管内，使接种环在接触菌种前先在试管内壁上或未长菌落的培养基面上接触一下，使接种环充分冷却，以免烫死菌种。然用接种环在菌落上轻轻地接触，刮去少许后将接种环自菌种管内抽出。抽出时勿与管壁相碰，也勿使在通过火焰。

（7）迅速将沾有菌种的接种环伸入斜面培养基试管口，在斜面上，自下而上曲折划线，使菌体沾附在培养基上，划线时勿用力，否则会使培养基表面划破。

（8）接种完毕后将接种环抽出，灼烧管口，塞上棉塞，塞棉塞时勿要用试管口去迎棉塞，以免试管在移动时纳入不洁空气。

（9）接种环在放回原位前，要经火焰灼烧灭菌。同时须将棉塞作进一步塞紧以免脱落。

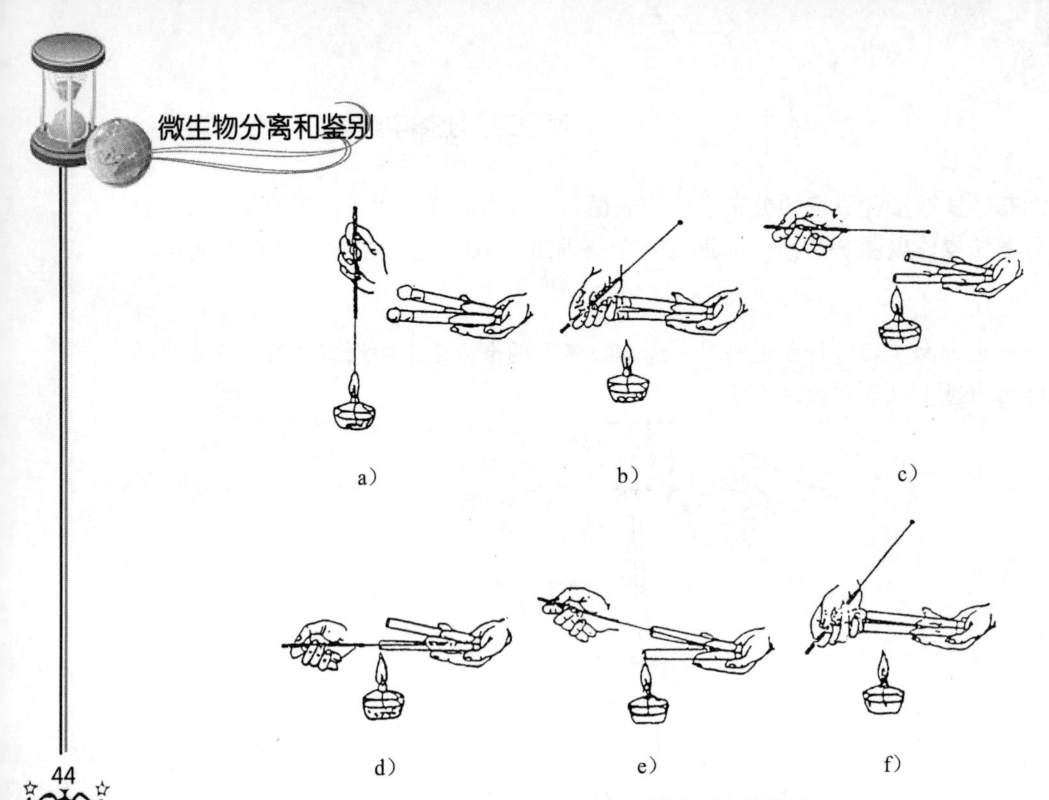

图 2-3　斜面接种的无菌操作

a）接种灭菌　b）开启棉塞　c）管口灭菌　d）挑起菌苔　e）接种　f）塞好棉塞

【实训报告】

<table>
<tr><td colspan="4">工作任务：饮用水中细菌的分离和鉴别</td></tr>
<tr><td>样品来源</td><td></td><td>实训日期</td><td></td></tr>
<tr><td>实训目的</td><td colspan="3"></td></tr>
<tr><td>实训原理</td><td colspan="3"></td></tr>
<tr><td>实训材料</td><td colspan="3"></td></tr>
<tr><td colspan="4">实训过程</td></tr>
<tr><td colspan="4"></td></tr>
<tr><td colspan="4">结果报告：1. 描述所分离得到的 3 株不同细菌纯培养物的菌落特征，填入下表</td></tr>
</table>

菌体和菌落特征	菌　株　1	菌　株　2	菌　株　3
菌落大小			
菌落颜色			
菌落形态			
边缘情况			
隆起情况			
透明情况			

2．将所测水样菌落总数结果填入下表

稀释度	10^0		10^{-1}		10^{-2}	
平皿号	1	2	1	2	1	2
菌落（cfu）数						
平均值						

思考与讨论：

（1）用涂布分离法分离细菌操作时有哪些注意事项？

（2）分析不同稀释度得到的细菌数各是多少？有何差别？

（3）报告检测结果，所测水样的菌落总数是否符合卫生要求？

【知识拓展】 细菌细胞的结构与功能

如果把细菌切开来观察，可以看到细菌的细胞结构。细菌细胞的结构主要可分为基本结构和特殊结构（图 2–4）。细菌细胞中其中细胞壁、细胞膜、细胞质、核质这些是各种细菌都有的结构，所以称它们为细菌的基本结构。而荚膜、芽孢、鞭毛、菌毛这些结构不是每种细菌都有的，仅仅是某些细菌具有，所以称为细菌的特殊结构。

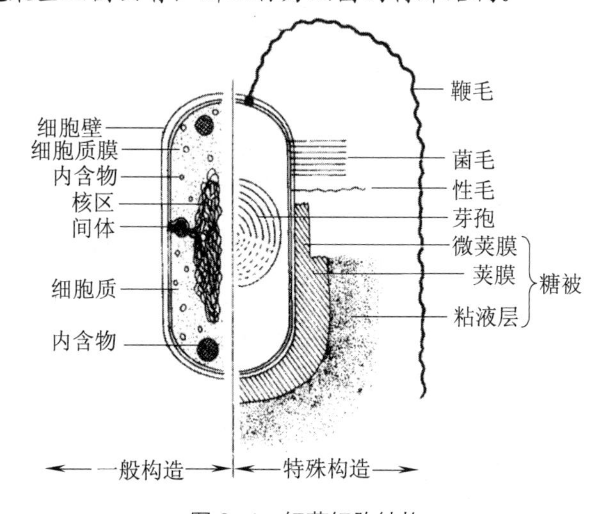

图 2–4　细菌细胞结构

一、细菌的基本结构

1．细胞壁

细胞壁在细菌菌体的最外层。为坚韧、略具有弹性的结构。细胞壁约占细胞干重的 10%～25%。各种细菌的细胞壁厚度不等，一般在 10～80nm 之间。

细胞壁具有保护细胞及维持细胞外形的功能。失去细胞壁的各种形态的菌体都将变成球形。细菌在一定范围的高渗溶液中细胞质收缩，但细胞仍然可保持原来的形状，在一定的低渗溶液中细胞则会膨大，但不致破裂。这些都与细胞壁具有一定坚韧性及弹性有关。细菌细胞壁的化学组成也与细菌的抗原性、致病性以及对噬菌体的敏感性有关。有鞭毛的细菌失去细胞壁后，可仍保持其鞭毛但不能运动，可见细胞壁的存在是鞭毛运动所必需的，可能是为鞭毛运动提供可靠的支点。此外细胞壁实际上是多孔性的，可允许水及一些化学物质通过，并对大分子物质有阻拦作用。

构成细胞壁的基本骨架是肽聚糖层，由氨基糖和氨基酸组成，它含有 N–乙酰葡萄糖胺（NAG）和 N–乙酰胞壁酸（NAM）两种氨基糖，这两种氨基糖或直接连接或通过甘氨酸间

桥交替相连形成长链。连接到 NAM 羧基的四肽链，含 D-谷氨酸、D-和 L-丙氨酸和二氨基庚二酸或赖氨酸。D 构型的氨基酸是细菌细胞壁（有时还有荚膜）所特有的。四肽链同其他氨基糖四肽依次连接形成坚韧的肽聚糖套层。有许多细菌在肽聚糖外面还有外膜。

2．**细胞膜**

细胞质膜，简称质膜，是围绕细胞质外面的双层膜结构，使细胞具有选择吸收性能，控制物质的吸收与排放，也是许多生化反应的重要部位。

质膜的基本结构是磷脂双层，含有高度疏水的脂肪酸和相对亲水的甘油两部分。磷脂的亲水和疏水双重性质使它具有方向性，由双层磷脂构成的质膜，其疏水的两层脂肪酸链相对排列在内，亲水的两层磷酸基则相背排列在外，类似于 G^- 细菌细胞壁外层的双层磷脂结构，称为单位膜，这种排列结构使质膜成为有效控制物质通透的屏障。

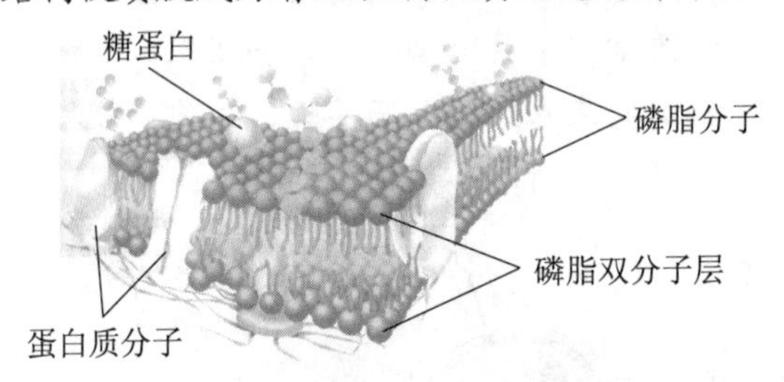

图 2-5　细胞膜的结构示意图

质膜很薄，约 5～10nm 厚。蛋白质镶嵌在双层磷脂中，并伸向膜内外两侧（图 2-5）。分为两类，边缘蛋白和整合蛋白。边缘蛋白的含量约为膜蛋白的 20%～30%，它们可溶于水溶液；整合蛋白含量为 70%～80%，不容易从质膜中抽提出来，也不溶于水溶液。同膜类脂一样，整合蛋白也有两亲性，它的疏水区段埋于类脂中，亲水区段伸向质膜外，可以侧向扩展，但不能在类脂层中翻转或旋转。蛋白质在双层磷脂中扩散的状况决定于脂肪酸链的饱和度与支链数以及温度条件。温度愈高，膜的流动性愈大。嗜冷细菌质膜的类脂是高度不饱和的，能在低温下流动，而嗜热细菌质膜类脂的饱和度和支链脂肪酸含量较高。

质膜的基本功能是选择性的渗透作用，对性质各异的物质具有不同的机制来运输，包括扩散和主动运输等方式。当质膜内外两侧溶质的浓度不同时，水分从低浓度溶质一侧通过质膜流向高浓度一侧，直到两侧的浓度达到平衡，或是由于压力而阻止水分子进一步流动时为止。由于溶质浓度差而使水分通过质膜的过程称为渗透作用，是被动扩散的一种方式，它对质膜造成一种压力，即渗透压。

质膜常与呼吸作用和磷酸化作用的细胞能量平衡相联系。在大多数细菌中，电子转移系统和呼吸酶类位于质膜中。

3．**细胞质及内含物**

细胞质是位于细胞膜内的无色透明粘稠状胶体，是细菌细胞的基础物质，其基本成分是水、蛋白质、核酸和脂类，也含有少量的糖和无机盐类。细菌细胞质与其他生物细胞质的主要区别是其核糖核酸含量高，核糖核酸的含量可达固形物的 15%～20%。据近代研究表明，细菌的细胞质可分为细胞质区和染色质区。细胞质区富于核糖核酸，染色质区含有脱氧核糖核酸。由于细菌细胞质中富有核糖核酸，因而嗜碱性强，易被碱性和中性染料所着色，尤其是幼龄菌。老龄菌细胞中核糖核酸常被作为氮和磷的来源而被利用，核酸含量减少，故着色力降低。

细胞质具有生命物质所有的各种特征，含有丰富的酶系，是营养物质合成、转化、代谢的场所，不断地更新细胞内的结构和成分，使细菌细胞与周围环境不断地进行新陈代谢。细胞质中含有核糖体、气泡和其他颗粒状内含物。

（1）核糖体　核糖体是细胞中核糖核蛋白的颗粒状结构，由核糖核酸（RNA）与蛋白质组成，其中 RNA 约占 60%，蛋白质占 40%。核糖体分散在细菌细胞质中，其沉降系数为 70S，是细胞合成蛋白质的场所，其数量多少与蛋白质合成直接相关，随菌体生长速度而异，当细菌生长旺盛时，每个菌体可有一万个，生长缓慢时只有 2 000 个。细胞内核糖体常成串联在一起，称为多聚核糖体。

（2）气泡　某些细菌如盐杆菌含有气泡，气泡吸收空气以其中氧气组分供代谢需要，并帮助细菌漂浮到盐水上层吸收较多的大气。紫色光合细菌合一些蓝细菌含有气泡，借以调节浮力。

（3）其他颗粒状内含物　细菌细胞内含有各种较大的颗粒，大多为细胞贮藏物，如异染颗粒、聚β-羟基丁酸颗粒、硫粒、肝糖粒、淀粉粒等，当营养缺乏时，这些颗粒又被分解利用。颗粒的多少随菌龄及培养条件的不同有很大变化。

4．核质体和质粒

细菌只具有比较原始形态的核或称拟核。它没有核膜、核仁，只有一个核质体或称染色质体。一般呈球状、棒状或亚铃状，由于细胞核分裂在细胞分裂之前进行，所以，在生长迅速的细菌细胞中有两个或四个核，生长速度低时只有一个或两个核。

由于细菌核质体比其周围的细胞质电子密度较低，所以在电子显微镜下观察呈现透明的核区域，用高分辨率的电镜可观察到细菌的核为丝状结构，实际上是一个巨大的、连续的环状双链 DNA 分子（其长度可达 1mm），比细菌本身长很多倍折叠缠绕形成的。细胞核在遗传性状的传递中起重要作用。

在很多细菌细胞中尚存有染色体外的遗传因子，为环状 DNA 分子，分散在细胞质中能自我复制，称为质粒。而附着在染色体上的质粒叫附加体。它们也是遗传信息储存、发出及遗传给后代的物质基础。质粒在基因工程的研究中有着重要的经济价值。

二、细菌的特殊结构

细菌的特殊结构是某些细菌在一定的条件下所特有的结构（不是所有细菌都有的，而且即使具有，也不是在所有情况下都有的）。特殊结构介绍如下。

1．荚膜

有些细菌在生命过程中在其表面分泌一层松散透明的粘液物质，这些粘液物质具有一定外形，相对稳定地附于细胞壁外面，则称为细菌荚膜（见图 2-6）。没有明显边缘，可以扩散到环境中的称为粘液层。荚膜一般围绕在每一个细菌细胞的外围，但也有多个细菌的荚膜连在一起，其中包含着许多细菌称为菌胶团。

荚膜折光率很低，不易着色，必须通过特殊的荚膜染色方法，一般用负染色法，即使背景和菌体着色，而荚膜不着色，使之衬托出来，可用光学显微镜观察到。

荚膜含有大量水分，约占 90%，还有多糖和多肽聚合物。荚膜的形成既由遗传特性所决定，又与环境条件有密切关系。生长在含糖量高的培养基上的菌容易形成荚膜，如肠膜明串珠细菌，只有在含糖量高、含氮量低的培养基中才能产生荚膜。某些病原菌如炭疽芽孢杆菌只在寄主体内才形成荚膜，在人工培养基上不形成荚膜，形成荚膜的细菌也不是整个生活期内都形成荚膜，如肺炎双球菌在生长缓慢时形成荚膜。某些链球菌在生长早期形成荚膜，后期则消失。

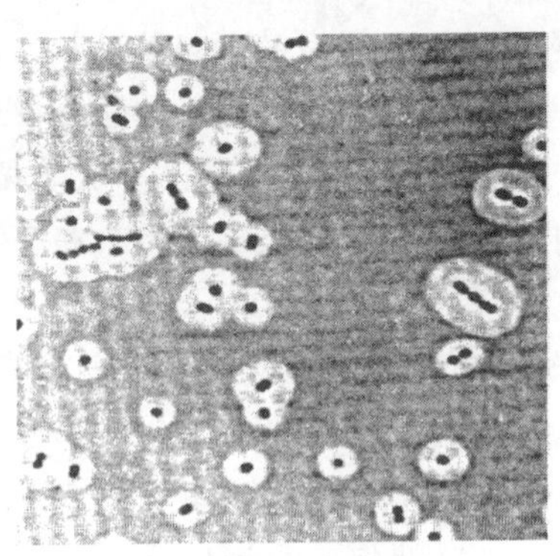

图 2-6　细菌荚膜

荚膜虽然不是细菌的主要结构，通过突变或用酶处理，失去荚膜的细菌仍然能生长正常，但荚膜也有其一定的生理功能。由于荚膜的存在可以保护细菌在机体内不易被白血球所吞噬，使细菌具有比较强的抗干燥作用。当营养物缺乏时可作为碳源及能源而被利用。某些细菌由于荚膜的存在而具有毒力，如具有荚膜的肺炎双球菌毒力很强，当失去荚膜时，则失去毒性。

在食品工业中，由于带有荚膜细菌的污染，可造成面包、牛奶、酒类和饮料等食品的黏性变质。肠膜明串珠菌是制糖工业的有害菌，常在糖液中繁殖，使糖液变得粘稠而难以过滤，因而降低了糖的产量，另一方面，可利用肠膜明串珠菌将蔗糖合成大量的荚膜物质—葡聚糖。再利用葡聚糖来生产右旋糖酐，作为代血浆的主要成分。

2. **芽孢**

有些细菌当生长到一定时期繁殖速度下降，菌体的细胞原生质浓缩，在细胞内形成一个圆形、椭圆形或圆柱形的孢子。对不良环境条件具有较强的抗逆性的休眠体称为芽孢或内生孢子。他们是由细菌的 DNA 和外部多层蛋白质及肽聚糖包围而构成。菌体在未形成芽孢之前称繁殖体或营养体。

能否形成芽孢是细菌种的特征，受其遗传性的制约，在杆菌中形成芽孢的种类较多，在球菌和螺旋菌中只有少数菌种可形成芽孢。

芽孢有较厚的壁和高度折光性，在显微镜下观察芽孢为透明体。芽孢难以着色，为了便于观察常常采用特殊的染色方法——芽孢染色法。

各种细菌芽孢形成的位置、形状与大小是一定的，是细菌鉴定的重要依据（图 2-7）。有的可位于细胞的中央，有的位于顶端或中央与顶端之间。芽孢在中央，如果其直径大于细菌的宽度时，细胞呈梭状，如丙酮丁醇梭菌。芽孢在细菌细胞顶端，如果芽孢直径大于细菌的宽度时，则细胞呈鼓槌状，如破伤风梭菌。芽孢直径如小于细菌细胞宽度则细胞不变形，如常见的枯草杆菌、蜡状芽孢杆菌等。

细菌形成芽孢包括一系列复杂过程。在电镜下观察芽孢形成的过程是：开始时细胞中核物质凝集向细胞一端移动，细胞质膜内陷延伸形成双层膜，构成芽孢的横隔壁，将核物质与一部分细胞质包围而形成芽孢。

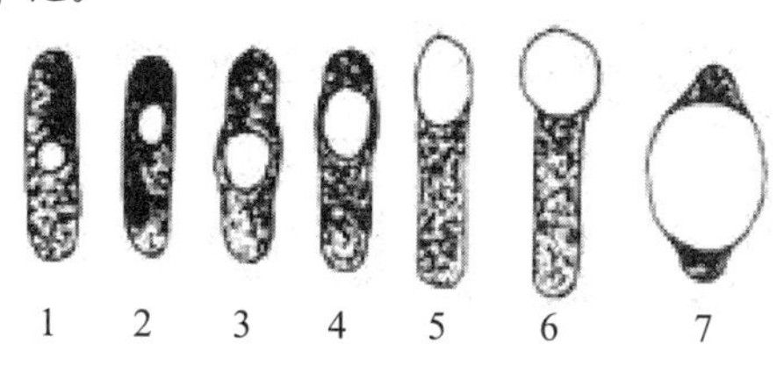

图 2-7 各种芽孢的形状、大小和位置

不论在什么条件下所形成的芽孢其对不良的环境都有很强的抵抗能力，有的芽孢在不良的条件下可保持活力数年、数十年，甚至更长的时间。有报道科学家近来在一个废墟里发现了一个细菌的芽孢，证明它已经存活了 2.5 亿年，科学家是在地底下 600m 处发现一枚象邮票一样大小的结晶盐，他们在结晶盐包裹的水珠内发现了细菌的孢子。对结晶盐结构进行化石和辐射测试，确认这枚结晶盐是 2.5 亿年前形成的，从而推断出这细菌的年龄。这说明这细菌开始睡觉时，比恐龙出现的时间还要早数千万年。而且目前科学家已经成功地唤醒了它，它已经有苏醒过来，并开始生长了。所以这个细菌成为迄今为止世界上最古老的生物了。

芽孢尤其耐高温，如破伤风梭菌在沸水中可存活 3h。经研究证明芽孢耐高温的原因是由于芽孢形成时可同时形成 2，6-吡啶二羧酸，简称 DPA，在细菌的营养细胞和其他生物的细胞中均未发现有 DPA 存在，芽孢的高度耐热性主要与它的含水量低，含有 DPA 以及致密的芽孢壁有关。

芽孢结构相当复杂最里面为核心，含核质、核糖体和一些酶类，由核心壁所包围；核心外面为皮层，由肽聚糖组成；皮层外面是由蛋白质所组成的芽孢衣；最外面是芽孢外壁，见图 2-8。一般含内生芽孢的细菌总称为孢子囊。芽孢的结构组成特点是含水量低，平均含水量为 40%。芽孢在合适的条件下开始萌发，如在营养、水分、温度等条件适宜时芽孢即可萌发。芽孢萌发开始吸收水分、盐类和其他营养物质而体积涨大，折光率降低，染色性增强，释放 DPA，耐热性消失，酶活性和呼吸力提高。孢子壁破裂而通过中部、顶端或斜上方伸出新菌体。最初新菌体的细胞质比较均匀，没有颗粒、液泡等，以后逐渐出现细胞内含物，菌体细胞亦恢复正常代谢。芽孢只是细菌生存方式的一种，而不是繁殖后代的方式。芽孢是细菌的休眠体，一个细胞内只形成一个芽孢，一个芽孢萌发也只产生一个营养体。

研究芽孢的意义在于：芽孢的有无在细菌鉴定中是一项重要的形态学指标；芽孢可以作为消毒灭菌指标的依据；芽孢的存在有利于对这类菌种的筛选和保藏。

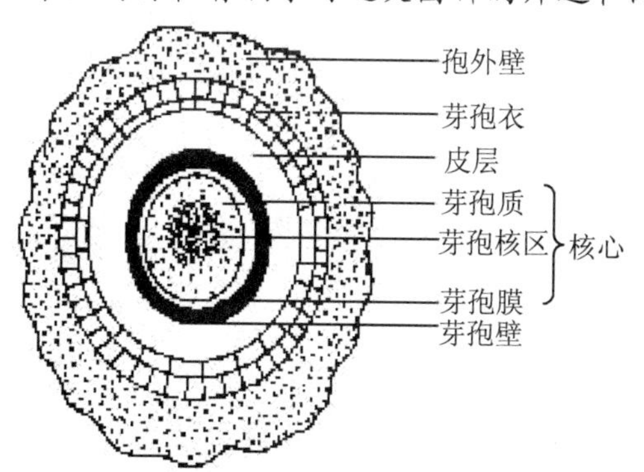

图 2-8 细菌芽孢构造的模式图

3．鞭毛和菌毛

某些细菌能从体内长出纤细呈波状的丝状物称为鞭毛，是细菌的“运动器官”。在电镜下观察能看到鞭毛起源于细胞质膜内侧，细胞质区内一个颗粒状小体，此小体称为基粒。鞭毛自基粒长出穿过细胞壁延伸到细胞外部。

鞭毛长度一般可超过菌体若干倍，而直径极微小约为 10～25nm，由于已超过普通光学显微镜的可视度，只有用电镜直接观察或经过特殊的染色方法（鞭毛染色），使染料堆积在鞭毛上因而鞭毛加粗，才可用光学显微镜观察到。另外用悬滴法及暗视野映光法观察细菌的运动状态以及有半固体琼脂穿刺培养，从菌体生长扩散情况也可以初步判断细菌是否具有鞭毛。

大多数球菌不生鞭毛，杆菌中有的生鞭毛有的不生鞭毛，弧菌与螺旋菌都生鞭毛。鞭毛着生的位置和数目是细菌菌种的特征，依鞭毛的数目与位置分下列几种类型，见图 2-9。

①偏端单生鞭毛菌：在菌体的一端长一根鞭毛如霍乱弧菌。②两端单生鞭毛菌：在菌体两端各生一根鞭毛，如鼠咬热螺旋体。③偏端丛生鞭毛菌：在菌体一端丛生鞭毛，如铜绿假单胞杆菌。④两端丛生鞭毛菌：在菌体两端各丛生鞭毛，如红色螺菌。⑤菌体周生鞭毛称周毛菌，如枯草杆菌、大肠杆菌等。

鞭毛主要的化学成分是鞭毛蛋白，它与角蛋白、肌球蛋白、纤维蛋白属于同类物质，所以鞭毛的运动可能与肌肉收缩相似。

鞭毛是细菌的运动器官，有鞭毛的细菌在液体中借鞭毛运动，其运动方式依鞭毛着生位置与数目不同而不同。单毛菌和丛毛菌多做直线运动，运动速度快，有时也可轻微摆动。周毛菌常呈不规则运动，而且常伴有活跃的滚动。鞭毛虽是某些细菌的特征，但在不良的环境条件如培养基成分的改变，培养时间过长，干燥、芽孢形成、防腐剂的加入等都会使细菌丧失生长鞭毛的能力。

菌毛是长在细菌体表的一种纤细（直径 7～9nm）、中空（直径 2～2.5nm）、短直、数量较多（250～300 根）的蛋白质附属物，在革兰氏阴性细菌中较为常见。它的结构较鞭毛简单，发生于质膜或紧贴质膜的细胞质中，是僵硬的蛋白质丝或细管，能使大量菌体缠结在一起。菌毛能使细胞吸附在固体表面或液体表面，形成菌膜和浮渣。还有的细菌（如大肠杆菌）具有类似于菌毛的毛状物称为性菌毛。性菌毛比菌毛稍长，数量比菌毛少，只有一根或几根。性菌毛在细菌接合交配时起作用。

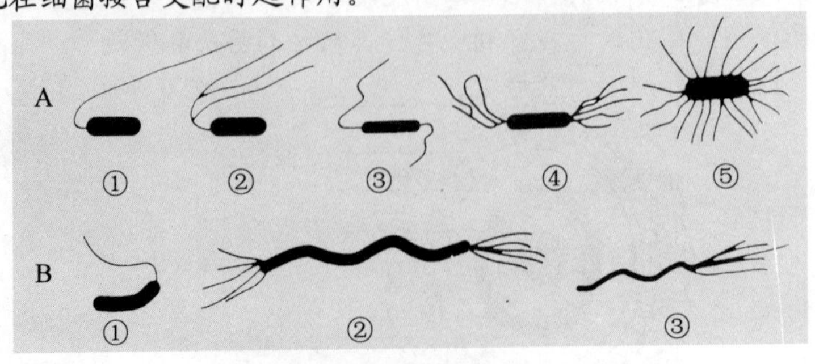

图 2-9　细菌鞭毛的类型

A 杆菌：①偏端单生；②偏端丛生；③两端单生；④两端丛生；⑤周生

B 弧菌：①偏端单生；②两端丛生；③偏端丛生

三、细菌的繁殖

细菌繁殖主要是简单的无性的二均裂殖。分裂时首先菌体伸长，核质体分裂，菌体中部的细胞膜从外向中心作环状推进，然后闭合而形成一个垂直于细胞长轴的细胞质隔膜，把菌体分开，细胞壁向内生长把横隔膜分为两层，形成子细胞壁，然后子细胞分离形成两个菌体（图 2-10）。球菌因分裂方向及分裂后子细胞的状态不同，可以形成各种形态的群体。如单球菌、双球菌、四联球菌、八叠球菌、葡萄球菌等。杆菌繁殖其分裂面都与长轴垂直，分裂后的排列形式也因菌种不同而其形态各异，有单生、双生、有的结成短链或长链，有的呈八字形，有的呈栅状排列。

除无性繁殖外，经电镜观察及遗传学研究证明细菌也存在有性结合，不过细菌的有性结合发生的频率极低。

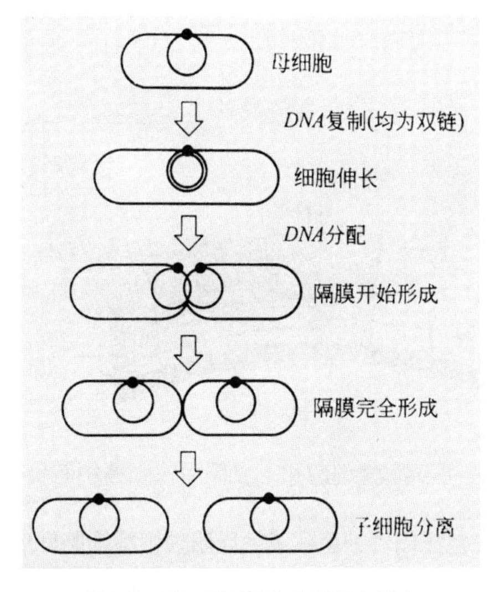

图 2-10　细菌二分裂的过程

任务二　生活污水中细菌的分离和鉴别

【相关知识】 革兰氏染色法

细菌细胞壁的化学成分很复杂，而且不同的细菌细胞壁的化学组成不同。1884 年，丹麦科学家革兰姆创造了一种复合染色法，也就是革兰氏染色。因为细胞壁成分不同，细菌革兰氏染色以后，观察发现有两情况，一种被染成红色，一种染成紫色，根据这个细菌又可以分为革兰化阴性菌和革兰氏阳性菌。这两类菌的细胞壁化学组成，既有相同又有不同，相同之处是：不管是 G^+还是 G^-它们的细胞壁中都含有肽聚糖，也可以说肽聚糖是细菌细胞壁的特有成分。另一方面，这两种菌的细胞壁组成成分也有不同之处。

革兰氏阳性菌细胞壁厚，结构简单，其化学组成以肽聚糖为主，这是原核微生物所特有的成分，占细胞壁物质总量的 40-90%。肽聚糖是一个大分子复合物，是由大量小分子单体聚合而成的，每一个肽聚糖单体含有三个组成部分：双糖单位，短肽尾以及肽桥。75%的肽聚糖亚单位纵横交错连接，形成编织紧密，质地坚硬和机械强度很大的多层重叠的三维空间网状结构。除了肽聚糖外，大多数还含有大量的磷壁酸和少量的脂肪。磷壁酸又称垣酸，也是大多数 G^+细菌所特有的成分。

革兰氏阴性菌细胞壁比较薄，但是它的结构较复杂，分为内壁层和外壁层，主要成分为：脂多糖（LPS）、磷脂、脂蛋白、肽聚糖。虽然 G^-有肽聚糖，但含量很少，仅占细胞壁干重的 5%～10%。由于它们只有 30%的肽聚糖亚单位彼此交织联结，故其网状结构不及 G^+细菌的坚固，显得比较疏松。外壁层又分为三层：最外层为脂多糖层，中间为磷脂层，内层为脂蛋白层。脂多糖是 G^-细菌细胞外壁层的主要成分，亦即病原菌内毒素的主要成分，它有保护细胞的作用。

细胞壁的构造和成分较复杂。图 2-11 表示革兰氏阳性细菌和革兰氏阴性细菌细胞壁构造的比较。革兰氏阳性细菌和阴性细菌细胞壁成分的主要差别可见表 2-2。

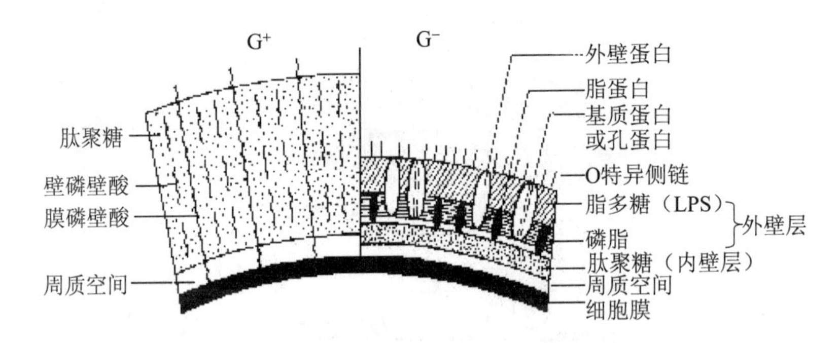

图 2-11　革兰氏阳性细菌和革兰氏阴性细菌细胞壁构造的比较

表 2-2　革兰氏阳性细菌和革兰氏阴性细菌细胞壁成分的比较

成　分	占细胞壁干重的%	
	革兰氏阳性细菌	革兰氏阴性细菌
肽聚糖	含量很高（30～95）	含量很低（5～20）
磷壁酸	含量较高（<50）	0
类脂质	一般无（<2）	含量较高（～20）
蛋白质	0	含量较高

又称粘肽（mucopeptide）或胞壁质（murein）

革兰氏染色是一个很重要的内容，它的染色步骤是：涂片→干燥→火焰固定→结晶紫初染→卢戈碘液媒染→酒精脱色→复红复染→镜检。结果是，G^+被染成紫色，G^-而被染成红色，为什么会出现这种结果呢？研究发现，革兰氏染色过程中，细胞内形成了深紫色的结晶紫-碘的复合物，革兰氏阴性菌因为细胞壁中脂类物质比较多，肽聚糖含量少，在染色过程中，脂溶剂乙醇，溶解了脂类物质，使革兰氏阴性菌细胞壁的通透性增加了，于是结晶紫-碘液的复合物被乙醇带出来了，这样革兰氏阴性菌被脱色，最后被复红染成了红色。而革兰氏阳性菌，细胞壁中肽聚糖含量高且网格结构紧密，脂类含量极低，结晶紫-碘液复合物很难被带出来，所以最后还是结晶紫的紫色。

意义：①通过该染色法可将所有的细菌分为革兰氏阳性菌（G^+）和革兰氏阴性菌（G^-）两大类，此法是细菌学上最常用的鉴别染色法；②革兰氏染色的差异，在某种程度上反映了细菌的某些生物学性状差异，如革兰氏阳性菌大多能分泌产生外毒素，而革兰氏阴性菌多数具有内毒素，这有助于了解细菌的致病性；③在实际生活中，医生常依据细菌的革兰氏染色法针对不同的病原菌来选用药物，诊治疾病。

【实训过程】

一、材料准备

（1）仪器　高压蒸汽灭菌锅，托盘天平，普通光学显微镜。

（2）器皿　培养皿（直径 9cm），三角瓶 150mL，刻度吸管，载玻片，试管等。

（3）试液和试剂　营养琼脂培养基，0.9%无菌氯化钠溶液，75%乙醇溶液。

（4）样品　生活污水。

（5）其他　无菌水，洗瓶，擦镜纸，吸水纸，二甲苯或无水乙醚：无水乙醇（3:1）混合液，制片标本（有各种细菌形态装片），香柏油及接种用具，阿拉伯树胶。

二、培养基的制备和器皿包扎

按配方要求配制营养琼脂培养基，包扎培养皿、三角瓶等器皿，做好标记，然后在121℃灭菌 20min 备用。

三、划线分离法分离水样

（1）取样　从自来水管，河流，湖泊等用无菌三角瓶收集水样 100mL。

（2）倒平板　在酒精灯周围将加热融化的营养琼脂倒平板，并标明培养基的名称。

（3）划线分离操作　用接种环蘸菌液后在含有固体培养基的培养皿平板上划线，在划线过程中菌液逐渐减少，细菌也逐渐减少。划线到最后，可使细菌间的距离加大。在培养 10～20h 后，可由一个细菌产生单菌落，菌落不会重叠。如果再将每个菌落分别接种至含有固体培养基的试管斜面上，在斜面上划线，则每个斜面的菌群就是由一个细菌产生的后代。

在近火焰处，左手拿皿底，右手拿接种环，挑取经水样悬液 1 环在平板上划线（图 2-12）。划线的方法很多，但无论哪种方法划线，其目的都是通过划线将样品在平板上进行稀释，使形成单个菌落。常用的划线方法有下列两种：

接种环以无菌操作挑取土壤悬液一环，先在平板培养基的一边作第一次平行划线 3-4 条，再转动培养皿约 70° 角，并将接种环上剩余物烧掉，待冷却后通过第一次划线部分作第二次平行划线，再用同法通过第二次平行划线部分作第三次平行划线以及通过第三次平行划线部分作第四次平行划线（图 2-13）。划线完毕后，盖上培养皿盖，30～35℃温箱倒置于温室培养 24～48h。

取菌种前灼烧接种环的目的是消灭接种环上的微生物；除第一次划线外，其余划线前都要灼烧接种环的目的是消灭接种环上残留菌种；取菌种和划线前都要求接种环冷却后进行，其目的是防止高温杀死菌种；最后灼烧接种环的目的是防止细菌污染环境和操作者。划线分离法，方法简单；涂布分离法，单菌落更易分开，但操作复杂些。细菌的两种分离法各有优点，都可采用。

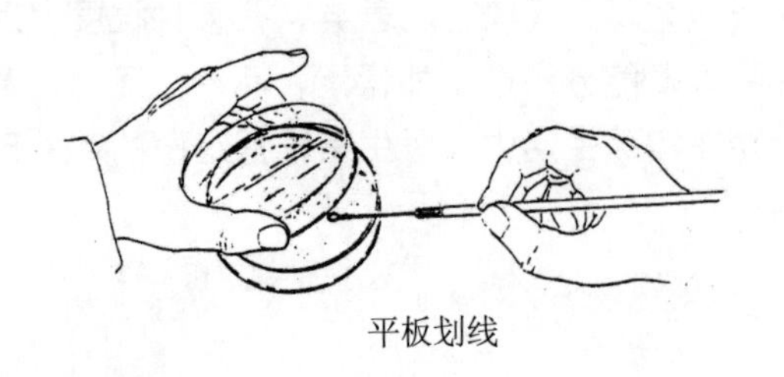

图 2-12　平板划线分离的方法

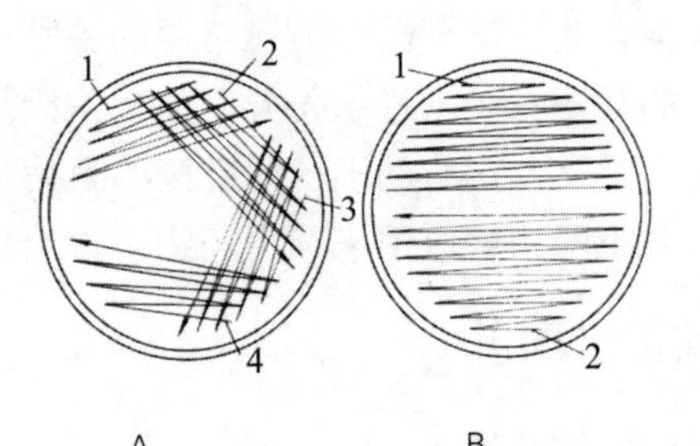

图 2-13　平板划线分离

A：交叉划线法（1，2，3，4 为依次划线的起点）

B：连续划线法（1，2 为依次划线的起点）

四、细菌菌落特征观察和描述

取出细菌培养平皿，观察单菌落的培养特征包括：菌落大小、颜色、形状、边缘、隆起、透明度等。

五、细菌革兰氏染色

细菌革兰氏染色过程如图 2-14 所示。

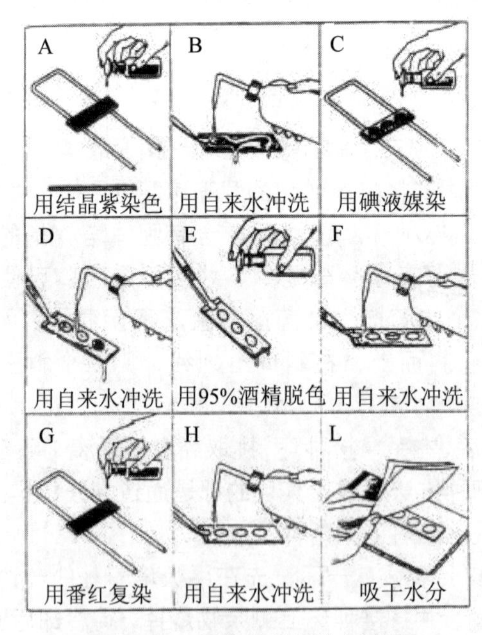

图 2-14　细菌革兰氏染色过程

（1）涂菌　用无菌操作方法从试管中沾取菌液一环，用接种环在洁净无脂的载玻片上做一薄而均匀、直径约 1cm 的菌膜。涂菌后将接种环火焰灭菌。

（2）干燥　于空气中自然干燥。亦可把玻片置于火焰上部略加温加速干燥。

（3）固定　目的是杀死细菌并使细菌粘附在玻片上，便于染料着色，常用加热法，即将细菌涂片膜向上，通过火焰 3 次，以热而不烫为宜，防止菌体烧焦、变形。此制片可用于染色。

固定的目的是：①杀死微生物，固定其细胞结构；②保证菌体能牢固地粘附在载玻片上，以免水洗时被水冲掉；③改变菌体对染料的通透性，一般死细胞原生质容易着色。

（4）初染　于制片上滴加结晶紫染液，染 lmin 后，用水洗去剩余染料。

（5）媒染　滴加卢戈氏碘液，1min 后水洗。

（6）脱色　滴加 95%乙醇脱色，摇动玻片至紫色不再为乙醇褪色为止（根据涂片之厚度需时 30s 至 lmin），水洗。

（7）复染　滴加石炭酸复红液复染 1min，水洗。

六、镜检

干燥后将玻片置油镜下观察。革兰氏阳性菌染成蓝紫色，革兰氏阴性菌染成淡红色。

七、清理

整理桌面，将显微镜恢复原样，将废片放入废片缸内。

【实训报告】

工作任务：生活污水中细菌的分离和鉴别			
样品来源		实训日期	
实训目的			
实训原理			
实训材料			
实训过程			

结果报告：描述所分离得到的 3 株不同细菌纯培养物的菌体和菌落特征。根据革兰氏染色观测结果，绘出两种细菌的形态图，填入下表

菌体和菌落特征	菌株 1	菌株 2	菌株 3
菌体形态（革兰氏染色）	○	○	○
菌落大小			
菌落颜色			
菌落形态			
边缘情况			
隆起情况			
透明情况			

思考与讨论：

（1）划线分离时，为什么每次都要将接种环上多余的菌体烧掉，划线为何不能重叠？

（2）制备细菌染色标本时，应该注意哪些环节？

（4）如果涂片未经热固定，将会出现什么问题？加热温度过高，时间太长，又会怎样？

（4）为什么要求制片完全干燥后才能用油镜观察？

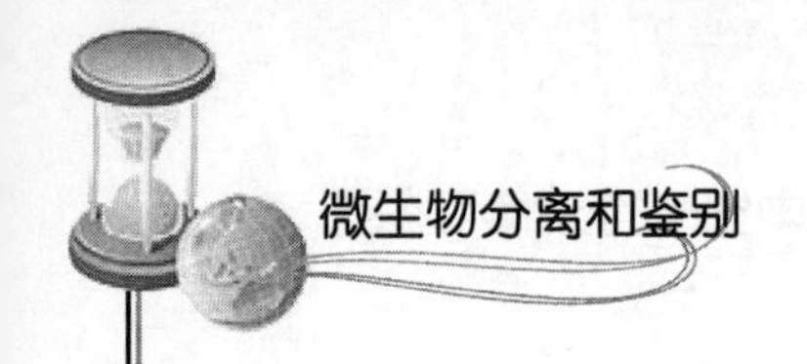

【知识拓展】 培养基

培养基是人工配制的，适合微生物生长繁殖或产生代谢产物的营养基质。无论是以微生物为材料的研究，还是利用微生物生产生物制品，都必须进行培养基配制，它是微生物学研究和微生物发酵生产的基础。

一、配制培养基的原则

1．选择适宜的营养物质

根据不同的微生物的营养要求配制针对性强的培养基。自养型微生物能从简单的无机物合成自身需要的糖类、脂类、蛋白质、核酸、维生素等复杂的有机物，因此培养自养型微生物的培养基完全可以由简单的无机物组成。例如培养化能自养型的氧化硫杆菌的培养基组成为：

S　10g　$MgSO_4 \cdot 7H_2O$　0.5g　$(NH_4)_2SO_4$　0.4g　$FeSO_4$　0.01g

KH_2PO_4　4g　$CaCl_2$　0.25g　H_2O　1000mL

由于异养微生物合成能力较弱，不能以 CO_2 作为唯一碳源，因此培养它们的培养基至少需要含有一种有机物质，例如培养大肠杆菌的一种培养基是由下列化学成分组成：

葡萄糖　5g　$NH_4H_2PO_4$　1g　NaCl　5g　$MgSO_4 \cdot 7H_2O$　0.2g

K_2HPO_4　1g　H_2O　1000mL

有的异养型微生物生长还需要一种以上的有机物，那么在培养基中就应该含用这些有机物质，以满足它的正常生长。另外就微生物的主要类群来说，又有细菌、放线菌、酵母菌和霉菌之分，它们所需要的培养成分也不同，现将培养它们的培养基成分分别介绍如下。

细菌（牛肉膏蛋白胨培养基）：

牛肉膏　3g　蛋白胨　10g　NaCl　5g　H_2O　1000mL

放线菌（高氏1号）：

淀粉　20g　K_2HPO_4　0.5g　NaCl　0.5g　$MgSO_4 \cdot 7H_2O$　0.5g　KNO_3　1g

$FeSO_4$　0.01g　H_2O　1000mL

酵母菌（麦芽汁培养基）：

干麦芽粉加四倍水，在50～60℃保温糖化3～4h，用碘液试验检查至糖化完全为止，调整糖液浓度为10°Bé（波美度），煮沸后，沙布过滤，调pH为6.0。

霉菌（查氏合成培养基）：

$NaNO_3$ 3g　K_2HPO_4 1g　KCl　0.5g　$MgSO_4 \cdot 7H_2O$ 0.5g

$FeSO_4$ 0.01g　蔗糖　30g　H_2O　1000mL

如果要分离或培养某种特殊类型的微生物，还需要采用特殊的培养基，对于某些需要另外添加生长因子才能生长的微生物，还需要在培养基内添加它们所需要的生长因子。

2．营养协调

注意各种营养物质的浓度与配比。培养基中营养物质浓度合适时微生物才能生长良好，营养物质浓度过低时不能满足微生物正常生长所需，浓度过高时则可能对微生物生长起抑制作用，例如：高浓度糖物质、无机盐、重金属离子等不仅不能维持和促进微生物的生长，反而起到抑制或杀菌作用。另外培养基中各营养物质之间的浓度配比也直接影响微生物的生长繁殖和代谢产物的形成和积累，其中碳氮比（C/N）的影响较大。碳氮比是指培养基中碳元素与氮元素的物质的量比值，有时也指培养基中还原糖与粗蛋白之比。例如，在利用微生物发酵生产谷氨酸的过程中，培养基碳氮比为 4/1 时，菌体量繁殖，谷氨酸积累少；当培养基碳氮比为 3/1 时，菌体繁殖受到抑制，谷氨酸产量则大量增加。再如，在抗生素发酵生产过程中，可以通过控制培养基中速效氮（或碳）源与迟效氮（或碳）源之间的比例来控制菌体生长与抗生素的合成协调。

3．物理化学条件适宜

培养基的 pH 必须控制在一定的范围内，以满足不同类型微生物的生长繁殖或产生代谢产物。各类微生物生长繁殖或产生代谢产物的最适 pH 条件各不相同，一般来讲，细菌生长的最适 pH 范围在 pH7.0～pH8.0 之间，放线菌在 7.5～8.5 之间，酵母菌在 3.8～6.0 之间，而霉菌则在 4.0～5.8 之间。具体的某种微生物还有其特定的最适生长 pH 范围，但是对于某种极端环境中的微生物，往往可以大大突破所属类群微生物 pH 范围的上限和下限。在微生物生长繁殖和代谢过程中，由于营养物质被分解利用和代谢产物的形成与积累，会导致培养基 pH 发生变化，若不对培养基 pH 条件进行控制，往往导致微生物生长速度下降或代谢产物产量下降。因此为了维持培养基 pH 的相对恒定，通常在培养基中加入 pH 缓冲剂，常用的缓冲剂是 K_2HPO_4/KH_2PO_4 组成的混合物。但 K_2HPO_4/KH_2PO_4 缓冲系统只能在一定的 pH 范围（pH6.4～pH7.2）内起调节作用。有些微生物，如乳酸菌能大量产酸，此时只需在培养基加入难溶的碳酸盐（$CaCO_3$）来进行调节，$CaCO_3$ 难溶于水，不会使培养基 pH 过度升高，但它可以不断中和微生物产生的酸，同时释放出 CO_2，将培养基 pH 控制在一定范围内。

绝大多数微生物适宜在等渗溶液中生长，一般培养基的渗透压都是适合的，但培养嗜盐微生物（如嗜盐细菌）和嗜渗压微生物（如高渗酵母）时就要提高培养基的渗透压。培养嗜盐微生物常加适量 NaCl，海洋微生物的最适生长盐度约为 3.5%。培养嗜渗透微生物时要加接近饱和量的蔗糖。

4．控制培养基中原料的来源

在配制培养基时应尽量利用廉价且易于获得的原料为培养基成分，特别在发酵工业中，培养基用量很大，利用低成本的原料更体现出其经济价值。例如，在微生物单细胞蛋白的工业生产过程中，常常利用糖蜜（制糖工业中含有蔗糖的废液）、乳清（乳制品工业中含有乳糖的废液）、豆制品工业废液及黑废液（造纸工业中含有戊糖和己糖的亚硫酸纸浆）等都可作为培养基的原料。再如，工业上的甲烷发酵主要利用废水、废渣作原料，而在我国农村，已推广利用人畜粪便及禾草为原料发酵生产甲烷作为燃料。另外，大量的农副产品或制品，如麸皮、米糠、玉米浆、酵母浸膏、酒糟、豆饼、花生饼、蛋白胨等都是常用

的发酵工业原料。

二、培养基的类型及应用

培养基种类繁多，根据其成分、物理状态和用途可将培养基分成多种类型。

1．按成分不同划分

（1）天然培养基　含有化学成分还不清楚或化学成分不恒定的天然有机物。牛肉膏蛋白胨培养基和麦芽汁培养基就属于此类。常用的天然有机营养物质包括牛肉膏、蛋白胨、酵母浸膏、豆芽汁、玉米粉、牛奶等。天然培养基成本较低，除在实验室经常使用外，也适于用来进行工业大规模的微生物发酵生产。

（2）合成培养基　是化学成分完全了解的物质配制而成的培养基。高氏 1 号培养基和查氏培养基就属于此种类型。配制合成培养基时重复性强但与天然培养基相比其成本较高，微生物在其中生长速度较慢，一般适用于在实验室用来进行有关微生物营养需求、代谢、分类鉴定、生物量测定、菌种选育及遗传分析等方面的研究工作。

2．根据物理状态划分

（1）固体培养基　在液体培养基中加入一定量凝固剂，使其成为固体状态即为固体培养基。培养基中的琼脂含量一般为 1.5%～2.0%理想的凝固剂应具有下列条件：①不被所培养的微生物分解利用；②在微生物生长的温度范围内保持固体状态；③凝固剂凝固温度不能太低，否则不利于微生物的生长；④凝固剂对所培养的微生物无毒害作用；⑤凝固剂在灭菌过程中不会被破坏；⑥透明度好，粘着力强。常用的凝固剂有琼脂（agar）、明胶和硅胶等。对绝大多数微生物而言，琼脂是最理想的凝固剂，琼脂是藻类（石花菜）中提取的一种高度分支的复杂多糖。

除在液体培养基中加入凝固剂制备的固体培养外，一些由天然固体基质制成的培养基也属于固体培养基。如马铃薯块、胡萝卜条、米糠等制成的固体状态的培养基就属于此类。又如生产酒的酒曲，生产食用菌的棉子壳培养基。

在实验室中，固体培养基一般加入平皿或试管中，制成培养微生物的平板或斜面。固体培养基为微生物提供一个营养表面，单个微生物细胞在这个营养表面进行生长繁殖，可以形成单个菌落。固体培养基常用来进行微生物的分离、鉴定、活菌计数及菌种保藏。

（2）半固体培养基　半固体培养基中凝固剂的含量比固体培养基少，培养基中琼脂含量一般为 0.2%～0.7%。半固体培养基常用来观察微生物的运动特征、分类鉴定及噬菌体效价滴定等。

（3）液体培养基　液体培养基中未加任何凝固剂。在用液体培养基培养微生物时，通过振荡或搅拌可以增加培养基的通气量，同时使营养物质分布均匀。液体培养基常用于大规模工业生产及在实验室进行微生物的基础理论和应用方面的研究。

3．按用途划分

（1）基础培养基　尽管不同微生物的营养需求不同，但大多数微生物所需的基本营养物质是相同的。基础培养基是含有一般微生物生长繁殖所需的基本营养物质的培养基。牛肉膏

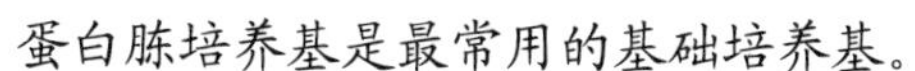

蛋白胨培养基是最常用的基础培养基。

（2）加富培养基　也称为营养培养基，即在基础培养基中加入某些特殊营养物质制成的一类营养丰富的培养基。这些特殊营养物质包括血液、血清、酵母浸膏、动植物组织液等。加富培养基一般用来培养营养要求比较苛刻的异养微生物，如培养百日咳博德氏菌需要含有血液的加富培养基。加富培养基还用来富集和分离某种微生物，这是因为加富培养基含有某种微生物所需的特殊营养物质，该种微生物在这种培养基中较其他微生物生长速度快，并逐渐富集而占优势，逐步淘汰其他微生物，从而容易达到分离该种微生物的目的。

（3）鉴别培养基　用于鉴别不同类型微生物的培养基。在培养基加入某种特殊化学物质，某种微生物在培养基中生长后能产生某种代谢产物，而这种代谢产物可以与培养基中的特殊化学物质发生特定的化学反应，产生明显的特征变化。根据这种特征性变化，可将该种微生物与其他微生物区别开来。鉴别培养基主要用于微生物的快速分类鉴定，以及分离和筛选产生某种代谢产物的微生物菌种。

培养基名称	加入化学物质	代 谢 产 物	培养基特征性变化	主 要 用 途
酪素培养基	酪素	胞外蛋白酶	蛋白水解圈	鉴别蛋白酶菌株
H2S 试验培养基	醋酸铅	H2S	产生黑色沉淀	鉴别产 H_2S 的菌株
伊红美蓝培养基	伊红、美蓝	酸	带金属光泽紫色菌落	鉴别大肠杆菌

（4）选择培养基　用来将某种或某类微生物从混杂的微生物群体中分离出来的培养基。根据不同种类微生物的特殊营养需求或对某种化学物质的敏感不同，在培养基中加入相应的特殊营养物质或化学物质，抑制不需要的微生物的生长，促进所需微生物的生长。

一种类型选择培养基是依据某些微生物的特殊营养需求设计的，例如，利用以纤维素或石蜡作为唯一碳源的选择培养基，可以从混杂的微生物群体中分离出分解纤维素或石蜡油的微生物；缺乏氮源的选择培养基可用来分离固氮微生物。另一类选择培养基是在培养基中加入某种化学物质，这种化学物质没有营养作用，对所需分离的微生物无害，但可以抑制或杀死其他微生物，例如分离真菌的马丁氏选择培养基：

葡萄糖　10g；　蛋白胨　5g；　K_2HPO_4　1g；　$MgSO_4 \cdot 7H_2O$　0.5g；　琼脂　20g；　H_2O　1000mL　另外加有抑制细菌生长的孟加拉红（1/30000），链霉素（30 单位/mL）和金霉素（2 单位//mL）。

现代基因克隆技术中也常用选择培养，在筛选含重组质粒的基因工程菌株过程中，利用质粒上具有的对某种抗生素的抗性选择标记，在培养基中加入相应抗生素，就能比较方便地淘汰非重组菌株，以减少筛选目标菌株的工作量。

在实际应用中，有时需要配制既有选择作用又有鉴别作用的培养基。如当要分离金黄色葡萄球菌时，在培养基中加入 7.5%NaCl、甘露糖醇和酸碱批示剂，金黄色葡萄球菌可耐高浓度 NaCl，且能利用甘露糖醇产酸。因此能在上述培养基生长，而且菌落周围颜色发生变化，则该菌落有可能是金黄色葡萄球菌，再通过进一步鉴定加以确定。

尽管如此，有些病毒和立克次氏体及某些螺旋体等专性活细胞寄生的微生物，目前还不

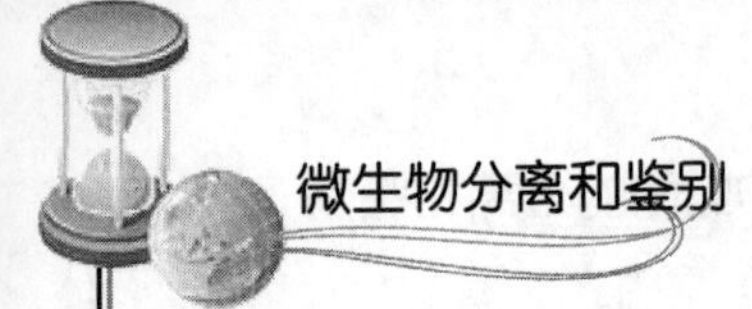

能利用人工培养基来培养，需要接种在动植物体内或动植物组织中才能增殖。常用的培养病毒及立克次氏体的动物有小白鼠、家鼠、豚鼠和鸡胚。

【技能拓展】 细菌的芽孢染色

一、实训目的

会细菌芽孢染色鉴定。

二、原理

芽孢染色法是利用细菌的芽孢和菌体对染色剂亲和力不同的原理，用不同的染料进行着色，使芽孢和菌体呈现不同的颜色而加以区别。芽孢通常具有厚而致密的壁，透性低，不易着色和脱色，当用着色力强的弱碱性染色剂孔雀绿在加热条件下染色时，芽孢和菌体同时着色，进入菌体的染色剂可经水洗脱色，而进入芽孢的染料则难以透出。经对比度大的复染液番红染色后，芽孢仍保留初染剂的颜色，呈绿色；而菌体被复染剂染成红色，易于区别。进行芽孢染色的菌株应控制其培养时间，如菌株培养时间过长，芽孢则从菌体脱落出来。因此，如果需要观察芽孢在菌体内着生的位置，一定要根据各菌的特点来确定培养时间。

三、材料准备

1. 菌种　枯草芽孢杆菌（Bacillus subtilis），26℃–28℃培养 2～3 天。
   巨大芽孢杆菌（Bacillus megaterium），26℃–28℃培养 2 天。
2. 染色剂　孔雀绿染液，番红染液
3. 其他　载玻片，无菌水，洗瓶，香柏油，二甲苯，擦镜纸，吸水纸，接种用具

四、方法和步骤

1. **孔雀绿染色法**

（1）制片：将枯草芽孢杆菌和巨大芽孢杆菌分别涂片、干燥固定。

（2）染色：用吸水纸盖住涂片处，然后在吸水纸上滴加孔雀绿染液至饱和。加热使染液微冒蒸汽后，保持 5min。注意：加热时应不断添加染液，不要使吸水纸干燥。

（3）水洗：待玻片冷却后，用镊子除去吸水纸，再用水瓶轻轻冲洗至孔雀绿不再褪色为止

（4）复染：用番红染液染色 1～2min，水洗。

（5）镜检：涂片干燥后，置油镜下观察；芽孢被染成绿色，营养体呈红色。

（6）清理：清理显微镜、废玻片及桌面。

2. **石炭酸复红染色法**

在一支小试管（10mm×100mm）中，滴入 3～4 滴蒸馏水，用接种环取枯草芽孢杆菌于水中，充分搅匀，使菌体分散，制成较浓的菌悬液。然后滴加等体积的（3～4 滴）石炭酸复红液摇匀。将此试管放入沸水浴中煮 10～15min，使芽孢及菌体着色。取此菌液 2–3 环在洁净的载片上做成涂片，自然干燥通过火焰固定后，在自来水下缓缓冲洗，使菌体脱色，再用吕氏美蓝液复染 1～2min。用水洗去多余染液，轻轻用吸水纸吸去水分，干后镜检，结果可见芽孢被染成红色，菌体呈现蓝色。

五、思考题

1. 为什么在孔雀绿加热染色时，要待玻片冷却后才能冲洗？
2. 分别从菌龄、制片等方面，简述细菌芽孢染色需要注意的技术要领。
3. 观察染色结果，绘图。（注意芽孢在菌体内的位置、大小和形状）

自我提高

一、单项选择题

1. 细菌在生物学分类上属于（　　）。
   A. 真核生物类　B. 原核生物类　C. 单核生物类　D. 多核生物类
2. 革兰氏阴性菌细胞壁外壁层的主要化学组成是（　　）。
   A. 肽聚糖和垣酸　B. 脂多糖和脂蛋白
   C. 多糖和脂蛋白　D. 肽聚糖和脂蛋白
3. 下列哪种物质是革兰氏阳性菌细胞壁的特有成分（　　）。
   A. 肽聚糖　B. 脂蛋白　C. 磷壁酸　D. 胞壁酸
4. 下列哪项与革兰氏染色密切相关？（　　）
   A. 细胞膜的通透性　B. 脂蛋白的有无
   C. 肽聚糖和脂类的含量　D. 垣酸有无
5. 革兰氏染色的成败关键是（　　）。
   A. 乙醇脱色时间长短　B. 碘液媒染时间长短
   C. 结晶紫染色时间长短　D. 番红复染时间长短
6. 下列关于细菌菌落特征的描述，哪项是错误的？（　　）
   A. 较小　B. 干燥多皱
   C. 不与培养基结合　D. 易挑取
7. 下列关于芽孢的叙述，哪项是错误的？（　　）
   A. 具有厚而致密的壁　B. 繁殖体
   C. 含有2，6吡啶二羧酸　D. 含水量底
8. 细菌形态通常有球状、杆状、螺旋菌三类。自然界中最常见的是（　　）。
   A. 螺旋菌　B. 杆菌　C. 球菌
9. 牛肉膏蛋白胨培养基属于（　　）。
   A. 天然培养基　B. 合成培养基　C. 选择培养基　D. 鉴别培养基
10. 伊红美蓝培养基属于（　　）。
    A. 基本培养基　B. 加富培养基　C. 选择培养基　D. 鉴别培养基
11. 下列哪种培养基属于选择培养基？（　　）
    A. 伊红美蓝培养基　B. 麦康基琼脂培养基
    C. 以纤维素为唯一碳源的培养基　D. 加入石蜡的培养基
12. 使用选择培养基是为了（　　）。

A. 使所需要的微生物大量增殖

B. 抑制其他微生物的生长

C. 显现某微生物的特征以区别其他微生物

D. 适宜野生型微生物的生长

13. 半固体培养基中，琼脂使用浓度为（　　）。

A. 0　　B. 0.2%～0.7%　　C. 1.5%～2.0%　　D. 5%

14. 属于细菌细胞基本结构的为（　　）。

A. 荚膜　　B. 细胞壁　　C. 芽孢　　D. 鞭毛

15. 鞭毛是细菌的（　　）器官。

A. 捕食　　B. 运动　　C. 性　　D. 呼吸

16. 细菌的芽孢是（　　）。

A. 一种繁殖方式　　B. 细菌生长发育的一个阶段

C. 一种运动器官　　D. 一种细菌接合的通道

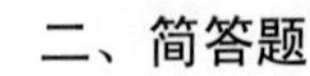

二、简答题

1. 简述革兰氏染色步骤、结果，并指出染色成败的技术关键。
2. 试比较革兰氏阳性菌和革兰氏阴性菌的主要区别。
3. 什么是天然培养基、合成培养基和半合成培养基?
4. 何谓固体培养基、半固体培养基? 它们各有何应用?
5. 什么叫鉴别性培养基? 它有何重要性?

项目三　食品中益生菌的分离和鉴别

益生菌，源于希腊语“对生命有益”，它们是定植于人体肠道内，能产生确切健康功效的活的有益微生物的总称，是指改善宿主微生态平衡而发挥有益作用，达到提高宿主健康水平和健康状态的活菌制剂及其代谢产物。益生菌存在于地球上的各个角落里面，目前应用于人体的益生菌有双歧杆菌、乳杆菌、肠球菌、大肠杆菌、枯草杆菌、蜡样芽孢杆菌、地衣芽孢杆菌、醋酸菌和酵母菌等。本项目采用稀释涂布法和倾注平皿法分离乳酸菌和醋酸菌，并采用革兰氏染色法对其进行形态鉴别。

【目标与要求】

（1）能用稀释涂布法分离酸乳中乳酸菌。

（2）会酸乳中乳酸菌菌数的检测方法。

（3）会革兰氏染色鉴别乳酸菌和醋酸菌。

（4）会用倾注平皿法分离醋酸菌。

任务一　酸奶中乳酸菌的分离和鉴别

【相关知识】 乳酸菌的特点和用途

在人体肠道内栖息着数百种的细菌，其数量超过百万亿个。其中对人体健康有益的叫益生菌，以乳酸菌、双歧杆菌等为代表，对人体健康有害的叫有害菌，以大肠杆菌、产气荚膜梭状芽胞杆菌等为代表。益生菌是一个庞大的菌群，有害菌也是一个不小的菌群，当益生菌占优势时（占总数的 80%以上），人体则保持健康状态，否则处于亚健康或非健康状态。长期科学研究结果表明，以乳酸菌为代表的益生菌是人体必不可少的且具有重要生理功能的有益菌，它们数量的多和少，直接影响着人的健康与否，直接影响到人的寿命长短。科学家长期研究的结果证明，乳酸菌对人的健康与长寿非常重要。

乳酸菌指发酵糖类主要产物为乳酸的一类无芽孢、革兰氏染色阳性细菌的总称。凡是能从葡萄糖或乳糖的发酵过程中产生乳酸的细菌统称为乳酸菌。这是一群相当庞杂的细菌，目前至少可分为 18 个属，共有 200 多种。除极少数外，其中绝大部分都是人体内必不可少的且具有重要生理功能的菌群，其广泛存在于人体的肠道中。

由于乳酸菌对营养有复杂的要求，生长需要碳水化合物、氨基酸、肽类、脂肪酸、酯类、核酸衍生物、维生素和矿物质等，一般的肉汤培养基难以满足其要求。测定乳酸菌时必须尽量将试样中所有活的乳酸菌检测出来。要提高检出率，关键是选用特定良好的培养基。采用稀释平板菌落计数法，检测酸奶中的各种乳酸菌可获得满意的结果。在乳酸发酵工业中常用的有德氏乳酸杆菌和乳链球菌。

德氏乳酸杆菌（图 3–1），杆状，（0.5～0.8）μm（2～9）μm，圆端，单个或成短链，用次甲基蓝染色可显示胞内颗粒；不运动，菌落通常是粗糙的，并且不产生色素，不形成芽孢；随菌龄和培养基酸度的增加，菌体由革兰氏染色阳性变成阴性；发酵葡萄糖和其他糖类，产酸不产气，不发酵其他乳酸盐；同型发酵产生 D–乳酸；不液化明胶，不分解酪素，不产生吲哚和硫化氢，接触酶和氧化酶属阴性；营养要求复杂，需要氨基酸、肽、核酸衍生物等，不要求硫胺素、维生素 B_6、叶酸和 B_{12}；厌氧，有 5%～10%CO_2 常可促进其在琼脂表面的生长；在 15℃时不生长，常在 50～52℃生长，最适生长温度在 40～44℃。耐酸，最适 pH 值通常是 5.5～5.8 或更低些，在 pH 值低于 5 的情况下生长，在中性或微碱性时，其延滞期可能延长。此菌常存在于高于 41℃时发酵的土豆醪、谷物和蔬菜醪的发酵物中。

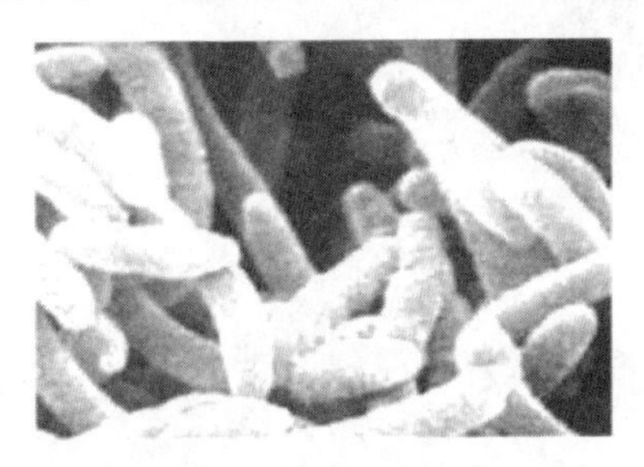

图 3–1　德氏乳酸杆菌

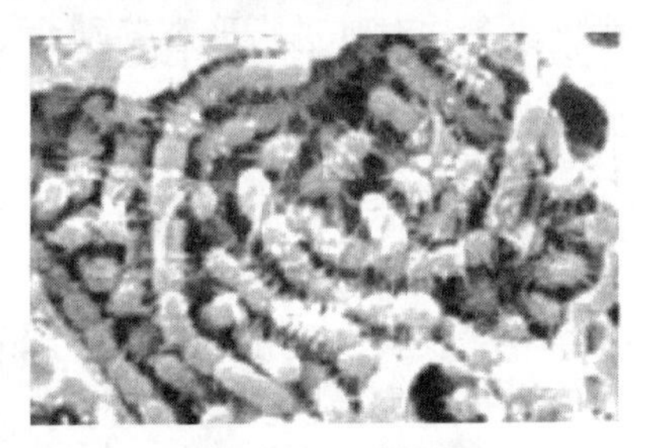

图 3–2　乳链球菌

乳链球菌（图 3–2），细胞呈卵球形，略向链的方向延长，大小为 0.5～1.0μm，大都成对或成短链，有的成长链；革兰氏阴性；发酵多种糖类，在葡萄糖肉汤培养基中能使 pH 值下降到 4.5～5.0；不水解淀粉，不水解明胶使石蕊牛奶产酸，并在凝固前迅速还原石蕊；生长温度为 10～40℃，45℃不生长，最适生长温度一般为 37℃；在 4%NaCl 培养基中生长，在 6.5%NaCl 培养基中则不生长。在 pH 为 9.2 时生长，但在 pH 为 9.6 时则不生长。此菌使葡萄糖发酵的最终产物是右旋乳糖（同型发酵），常用于乳制品工业及我国传统食品工业中。

【实训过程】

一、材料准备

1. 样品

市售酸奶一瓶。

2. 培养基

（1）脱脂乳试管　脱脂乳粉与 5%蔗糖水为 1:10 的比例配制，装量以试管的 1/3 为宜，115℃灭菌 15min。

（2）MRS 培养基组成　蛋白胨 10g、牛肉粉 5g、酵母粉 4g、葡萄糖 20g、吐温–80 1.0mL、醋酸钠 5g、柠檬酸三铵 2g、硫酸镁 0.2g、硫酸锰 0.05g、蒸溜水 1 000mL，琼脂粉 15g。

备注：用高压锅在 121℃灭菌 15min，调节 pH6.2～6.4。

3. 器皿

无菌移液管（10mL，1mL），无菌水（225mL 带玻璃珠三角瓶，9mL 试管），无菌培养

皿，旋涡均匀器，恒温培养箱，高压蒸汽灭菌锅。

二、样品匀液的制备

样品的全部制备过程均应遵循无菌操作程序。

（1）冷冻样品可先使其在 2～5℃条件下解冻，时间不超过 18h，也可在温度不超过 45℃的条件，解冻时间不超过 15min。

（2）固体和半固体食品：以无菌操作称取 25g 样品，置于装有 225mL 生理盐水的无菌均质杯内，于 8000～10000r/min 均质 1～2min，制成 1:10 样品匀液；或置于 225mL 生理盐水的无菌均质袋中，用拍击式均质器拍打 1～2min 制成 1:10 的样品匀液。

（3）液体样品：液体样品应先将其充分摇匀后以无菌吸管吸取样品 25mL 放入装有 225mL 生理盐水的无菌锥形瓶（瓶内预置适当数量的无菌玻璃珠）中，充分振摇，制成 1:10 的样品匀液。

三、乳酸菌计数操作

样品匀液用 1mL 无菌吸管或微量移液器吸取 1:10 样品匀液 1mL，沿管壁缓慢注入装有 9mL 生理盐水的无菌试管中（注意吸管尖端不要触及稀释液），振摇试管或换用 1 支无菌吸管反复吹打使其混合均匀，制成 1:100 的样品匀液。

另取 1mL 无菌吸管或微量移液器吸头，按上述操作顺序，做 10 倍递增样品匀液，每递增稀释一次，即换用 1 次 1mL 灭菌吸管或吸头。根据待检样品活菌总数的估计，选择 2～3 个连续的适宜稀释度，每个稀释度吸取 0.1mL 样品匀液分别置于 2 个 MRS 琼脂平板，使用 L 形棒进行表面涂布。（36±1）℃厌氧培养（48±2）h 后计数平板上的所有菌落数。从样品稀释到平板涂布要求在 15min 内完成。

四、乳酸菌菌落计数

1. 可用肉眼观察

必要时用放大镜或菌落计数器，记录稀释倍数和相应的菌落数量。菌落计数以菌落形成单位（colony-forming units，CFU）表示。

（1）选取菌落数在 30～300CFU 之间、无蔓延菌落生长的平板计数菌落总数。低于 30CFU 的平板记录具体菌落数，大于 300CFU 的可记录为多不可计。每个稀释度的菌落数应采用两个平板的平均数。

（2）其中一个平板有较大片状菌落生长时，则不宜采用，而应以无片状菌落生长的平板作为该稀释度的菌落数；若片状菌落不到平板的一半，而其余一半中菌落分布又很均匀，即可计算半个平板后乘以 2，代表一个平板菌落数。

（3）当平板上出现菌落间无明显界线的链状生长时，则将每条单链作为一个菌落计数。

2. 结果的表述

（1）若只有一个稀释度平板上的菌落数在适宜计数范围内，计算两个平板菌落数的平均值，再将平均值乘以相应稀释倍数，作为每 g/mL 中菌落总数结果。

（2）若有两个连续稀释度的平板菌落数在适宜计数范围内时，按式（3-1）计算：

$$N = \sum C / (n_1 + 0.1 n_2) d \qquad (3\text{-}1)$$

式中　N——样品中菌落数；
C——平板（含适宜范围菌落数的平板）菌落数之和；
n_1——第一稀释度（低稀释倍数）平板个数；
n_2——第二稀释度（高稀释倍数）平板个数；
d——稀释因子（第一稀释度）。

（3）若所有稀释度的平板上菌落数均大于 300CFU，则对稀释度最高的平板进行计数，其他平板可记录为多不可计，结果按平均菌落数乘以最高稀释倍数计算。

（4）若所有稀释度的平板菌落数均小于 30CFU，则应按稀释度最低的平均菌落数乘以稀释倍数计算。

（5）若所有稀释度（包括液体样品原液）平板均无菌落生长，则以小于 1 乘以最低稀释倍数计算。

（6）若所有稀释度的平板菌落数均不在 30～300CFU 之间，其中一部分小于 30CFU 大于 300CFU 时，则以最接近 30CFU 或 300CFU 的平均菌落数乘以稀释倍数计算。

3. 菌落数的报告

（1）菌落数小于 100CFU 时，按“四舍五入”原则修约，以整数报告。

（2）菌落数大于或等于 100CFU 时，第 3 位数字采用“四舍五入”原则修约后，取前 2 位数字，后面用 0 代替位数；也可用 10 的指数形式来表示，按“四舍五入”原则修约后，采用两位有效数字。

（3）称重取样以 CFU/g 为单位报告，体积取样以 CFU/mL 为单位报告。

4. 结果与报告

根据菌落计数结果出具报告，报告单位以 CFU/g（mL）表示。

五、乳酸菌的鉴定

1. 纯培养

挑取 3 个或以上单个菌落，嗜热链球菌接种于 MC 琼脂平板，乳杆菌属接种于 MRS 琼脂平板，置 36℃±1℃厌氧培养 48h。

2. 涂片镜检

乳杆菌属菌体形态多样，呈长杆状、弯曲杆状或短杆状。无芽孢，革兰氏染色阳性。嗜热链球菌菌体呈球形或球杆状，直径为 0.5～2.0μm，成对或成链排列，无芽孢，革兰氏染色阳性。

六、乳酸菌饮料的制作*（此部分为选做）

（1）将脱脂乳和水以 1:7～10（W/V）的比例，同时加入 5%～6%蔗糖，充分混合，于 80～85℃灭菌 5～10min，然后冷却至 35～40℃，作为制作饮料的培养基质。

（2）将纯种嗜热乳酸链球菌、保加利亚乳酸杆菌及两种菌的等量混合菌液作为发酵剂，均以 2%～5%的接种量分别接入以上培养基质中即为饮料发酵液，亦可以市售鲜酸乳为发酵剂。接种后摇匀，分装到已灭菌的酸乳瓶中，每一种菌的饮料发酵液重复分装 3～5 瓶，随后将瓶盖拧紧密封。

（3）把接种后的酸乳瓶置于 40～42℃恒温箱中培养 3～4h。培养时注意观察，在出现凝乳后停止培养。然后转入 4～5℃的低温下冷藏 24h 以上。经此后熟阶段，达到酸乳酸度适中（pH4～pH4.5），凝块均匀致密，无乳清析出，无气泡，获得较好的口感和特有风味。

（4）以品尝为标准评定酸乳质量采用乳酸球菌和乳酸杆菌等量混合发酵的酸乳与单菌株发酵的酸乳相比较，前者的香味和口感更佳。品尝时若出现异味，表明酸乳污染了杂菌。

【实训报告】

工作任务：酸奶中乳酸菌的分离和鉴别			
样品来源		实训日期	
实训目的			
实训原理			
实训材料			
实训过程			
结果报告：绘制所分离的乳酸菌形态图，并记录结果			

菌体和菌落特征	乳杆菌属	双歧杆菌	嗜热链球菌
菌体形态 （革兰氏染色）	○	○	○
菌落大小			
菌落颜色			
菌落形态			
边缘情况			
隆起情况			
透明情况			

思考与讨论：

（1）为什么采用乳酸菌混合发酵的酸乳比单菌发酵的酸乳口感和风味更佳？

（2）试设计一个从市售酸乳中分离纯化乳酸菌的制作乳酸菌饮料的程序。

【知识拓展】 微生物生长繁殖的控制

微生物的生存与外界环境有着密切的关系。在适宜条件下，对数生长期的微生物能以最大的比生长速率进行生长繁殖，产生大量的新个体，例如每个大肠杆菌细胞的重量虽然大约

只有 10^{-12}g，但是，如果一个大肠杆菌在肉汤培养基和在适宜条件下，培养 48h 产生的新个体的总重量可超过地球重量的 4 000 倍！实际上生长是微生物与环境相互作用的结果。在自然界电离辐射、太阳、温度、湿度、营养物质消耗和代谢产物积累等环境影响下，大肠杆菌不可能以最大比生长速率无限制地生长下去，再加上大肠杆菌噬菌体作用，一些大肠杆菌也会被裂解而死亡，使细菌数量不会无限增加。另一方面微生物中有不少是动物、植物和人类的病原菌，也必须对这类病原菌进行控制。因此，如何控制微生物的生长速率或消灭不需要的微生物，在实际应用中具有重要的意义。

有关的术语介绍如下。

死亡：死亡是在致死剂量因子或在亚致死剂量因子长时间作用下，导致微生物生长能力不可逆丧失，即使这种因子移去后生长仍不能恢复的生物学现象。

防腐：防腐是在某些化学物质或物理因子作用下，能防止或抑制微生物生长的一种措施，它能防止食物腐败或防止其他物质霉变。例如日常生活中以干燥、低温、盐腌或糖渍等防腐方法是保藏食品（物）的主要方式。具有防腐作用的化学物质称为防腐剂。

消毒：消毒是利用某种方法杀死或灭活物质或物体中所有病原微生物的一种措施，它可以起到防止感染或传播的作用：具有消毒作用的化学物质称为消毒剂（disinfectant），一般消毒剂在常用浓度下只能杀死微生物的营养体，对芽孢则无杀灭作用。

灭菌：灭菌是指利用某种方法杀死物体中包括芽孢在内的所有微生物的一种措施。灭菌后的物体不再有可存活的微生物。

化疗：化疗是指利用具有选择毒性的化学物质如磺胺、抗生素等，对生物体内部被微生物感染的组织或病变细胞进行治疗，以杀死组织内的病原微生物或病变细胞，但对机体本身无毒害作用的治疗措施。

理化因子对微生物生长是起抑菌作用还是杀菌作用并不是很严格分开的。因为理化因子的强度或浓度不同作用效果也不同，例如有些化学物质低浓度有抑菌作用，高浓度则起杀菌作用，就是同一浓度作用时间长短不同，效果也不一样；不同微生物对理化因子作用的敏感性不同，就是同一种微生物，所处的生长时期不同，对理化因子作用的敏感性也不同。

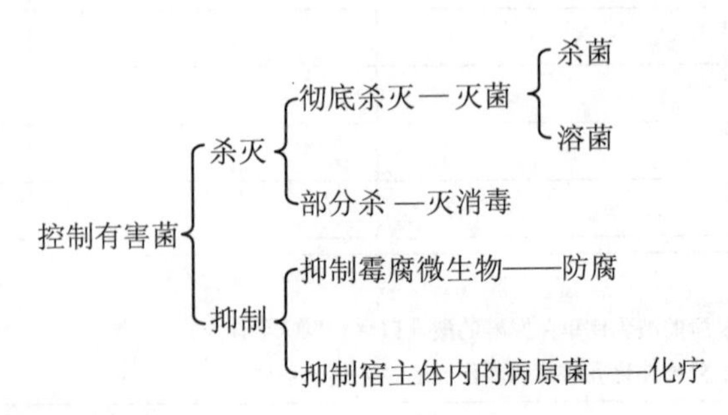

一、控制微生物的化学物质

许多化学药剂能抑制或杀死微生物，根据它们的效应，可分为三类：消毒剂、防腐剂和灭菌剂。但这三者之间，没有严格的界限，因用量而异。用量少时，可以防腐，称防腐剂；用量多时，可以消毒，称为消毒剂；更多一些，就可以起到灭菌作用称为灭菌剂。表 3-1 中列出了与健康有关的一些常用的防腐剂和消毒剂。

常用的控制微生物化学物质可以有以下几类：

1．有机化合物

（1）酚类　主要是损伤微生物细胞壁和细胞质膜，使酶钝化和蛋白质变性。是医学上普遍使用的一种消毒剂。如：苯酚（俗称石碳酸）等，0.5%可消毒皮肤，2%～5%可消毒粪便与器皿。

（2）醇类　70%～75%乙醇，纯的或高浓度的乙醇因能和菌体表面蛋白质凝固，不易渗透进入细胞，所以杀菌效果极小。对细菌芽孢和无包膜病毒的杀菌效果较差，所以长期使用的酒精溶液（包括70%～75%的消毒酒精）中可能含有细菌芽孢，需经细菌过滤器或蒸馏除去。

（3）醛类　能与蛋白质中氨基酸的多种基团（$-NH_2$、-OH、-COOH和-SH等）共价结合而使其变性，达到杀菌的目的。其中福尔马林（37%～40%的甲醛水溶液）和戊二醛有较强的杀菌作用。

表3-1　常用的防腐剂和消毒剂

抗微生物剂	作用范围	作用机理
防腐剂：		
有机汞	皮肤	与蛋白质的巯基结合
0.1%～1%硝酸银	眼睛发炎	蛋白质沉淀
碘液	皮肤	与酪氨酸结合，氧化剂
70%乙醇	皮肤	脂溶剂和蛋白质变性
肥皂、洗液、除臭剂	玻璃器皿	破坏细胞质膜
3%过氧化氢溶液	皮肤	氧化剂
消毒剂：		
$HgCl_2$	桌子、地板等	与巯基结合
$CuSO_4$	游泳池、供水池	蛋白质沉淀
碘液	医用器械用具	与蛋白质酪氨酸结合
氯气	供水池	氧化剂
乙烯氧化物、甲醛剂	温度敏感的实验材料	
臭氧	如塑料制品等	烷化剂、交联剂
	食用水	强氧化剂

（4）酸类　有机酸能抑制微生物（尤其是霉菌）的酶和代谢活性，常加在食品和饮料中以抑制霉菌等微生物的生长。山梨酸和苯甲酸常用作食品和饮料的防腐剂。

（5）表面活性剂　具有杀菌作用，是由于它能吸附在微生物细胞的表面，改变了细胞的稳定性和透性，使细胞内的物质逸出膜外，导致微生物停滞或死亡。常用的具有表面活性剂性质的是新洁尔灭、杜灭芬等。

2．无机化合物

（1）卤化物　杀菌效力：F>Cl>Br>I。其中碘和氯最常用。碘的杀菌机制可能是通过与细胞中酶和蛋白质中的酪氨酸结合而发挥作用，对细菌、真菌、病毒和芽孢均有较好的杀菌效果。

（2）重金属及化合物　均具有很强的杀菌力，其中尤以 Hg^{+}、Ag^{+}、和 Cu^{2+}最强。0.2%的 $HgCl_2$溶液是实验室常用表面菌剂。稀有重金属进入细胞后主要与酶和蛋白质上的–SH 基结合而使之失活或变性达到杀菌目的。

（3）氧化剂　通过对细胞成分的氧化作用产生杀菌效果。最常用的是高锰酸钾和过氧化氢。臭氧是很强的氧化剂，但目前存在的问题是成本太高和有效期太短。

3．染色剂

带有阳离子电荷的碱基染色剂如结晶紫、亚甲基蓝、孔雀绿等都有抑制细菌生长的作用。其阳离子基团能与细胞蛋白质氨基酸上的羧基结合或核酸上的磷酸基结合，因而阻断了正常的细胞代谢过程。G^{+}细菌一般对碱性染料敏感。结晶紫常用于抑制 G^{+}芽孢杆菌的生长。

4．抗代谢物

在微生物生长过程中常常需要一些生长因子才能正常生长，那么可以利用生长因子的结构类似物干扰机体的正常代谢，以达到抑制微生物生长的目的。例如磺胺类药物是叶酸组成部分对氨基苯甲酸的结构类似物，磺胺类药物被微生物吸收后取代对氨基苯甲酸，干扰叶酸的合成，抑制了转甲基反应，导致代谢的紊乱，从而抑制生长。同样，对氟苯丙氨酸、5–氟尿嘧啶和5–溴胸腺嘧啶，分别是苯丙氨酸、尿嘧啶和胸腺嘧啶的结构类似物，由这些结构类似物取代正常成分之后造成代谢紊乱，以抑制机体的生长。因此生长因子等的结构类似物又称为抗代谢物，它在治疗由病毒和微生物引起的疾病上起着重要作用。

5．抗生素

抗生素是由某些生物合成或半合成的一类次级代谢产物或衍生物，它们是能抑制其他微生物生长或杀死它们的化合物，它们主要是通过抑制细菌细胞壁合成、破坏细胞质膜、作用于呼吸链以干扰氧化磷酸化、抑制蛋白质和核酸合成等方式来抑制微生物的生长或杀死它们。

抗生素与其他一些抗代谢药物如磺胺类药物通常是临床上广泛使用的化学治疗剂，但多次重复使用，使一些微生物变得对它们不敏感，作用效果也越来越差。根据对某些抗生素不敏感的抗性菌株的研究表明，抗性菌株具有以下特点：①细胞质膜透性改变，如抗四环素的委内瑞拉链霉菌的细胞质膜透性改变，阻止四环素进入细胞；②药物作用靶改变，二氢叶酸合成酶是磺胺类药物作用的靶，抗磺胺药物的菌株改变了二氢叶酸合成酶基因的性质，合成了一种对磺胺药物不敏感的二氢叶酸合成酶；③合成了修饰抗生素的酶，这些酶有转乙酰酶，转磷酸酶或腺苷酸转移酶等，在这些酶的作用下，分别使氯霉素乙酰化，链霉素与卡那霉素磷酸化或链霉素腺苷酸化，这些被修饰的抗生素也失去了抗菌活性；④抗性菌株发生遗传变异，发生变异的菌株导致合成新的多聚体，以取代或部分取代原来的多聚体，如有些抗青霉素的菌株细胞壁中肽聚糖含量降低，但合成了另外的细胞壁多聚体等。抗性菌株所具特征，表明了它们耐药性的机理。

抗生素在临床上用来治疗由细菌引起的疾病时，为了避免出现细菌的耐药性，使用时一定要注意：①第一次使用的药物剂量要足；②避免在一个时期或长期多次使用同种抗生素；③不同的抗生素（或与其他药物）混合使用；④对现有抗生素进行改造；⑤筛选新的更有效的抗生素，这样既可以提高治疗效果，又不会使细菌产生抗药性。

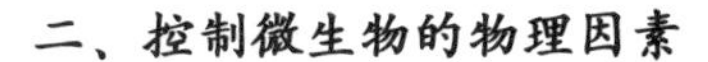

二、控制微生物的物理因素

控制微生物的物理因素主要有高温、辐射、过滤、渗透压、干燥和超声波等，它们对微生物生长能起抑制作用或杀灭作用。

1．高温灭菌

当温度超过微生物生长的最高温度或低于生长的最低温度时，都会对微生物产生杀灭作用或抑制作用。

（1）高压蒸汽灭菌法　这是一种应用最为广泛、最有效的灭菌方法。其原理是：将待灭菌的物件放置在盛有适量水的加压蒸汽灭菌锅（或家用压力锅）内。把锅内的水加热煮沸，并把其中原有的空气彻底驱尽后将锅密闭。再继续加热就会使锅内的蒸气压逐渐上升，从而温度也上升到 100℃以上。为达到良好的灭菌效果，一般要求温度应达到 121℃（压力为 $1kg/cm^2$ 或 15 磅/英寸 ^{2}），时间维持 15～20min，也可采用在较低的温度（115℃，即 $0.7kg/cm^2$ 或 10 磅/英寸 ^{2}）下维持 30min 的方法。此法适合于一切微生物学实验室、医疗保健机构或发酵工厂中对培养基及多种器材、物料的灭菌。

（2）干热灭菌法　将金属制品或清洁玻璃器皿放入电热烘箱内，在 150～170℃下维持 1～2h 后，即可达到彻底灭菌的目的。在这种条件下，可使细胞膜破坏、蛋白质变性、原生质干燥，以及各种细胞成分发生氧化。一般营养体在 100℃，维持 1h 即会死亡，而芽孢在 160℃维持 2h 才会全部死亡，操作时应注意烘箱内温度不要超过 180℃，以防棉塞和包装纸等烤焦而燃烧。这种方法所需时间较长，且不适用于液体样品和培养基的灭菌。

（3）煮沸消毒　将待消毒物品如注射器、金属用具、解剖用具等在水中煮沸 15min 或更长时间，以杀死细菌或其他微生物的营养体和少部分的芽孢或孢子。如果在水中适当加 1% 碳酸钠或 2%～5%的石炭酸则杀菌效果更好。煮沸法方便易行，常用于家庭中消毒餐具、衣物和饮用水。

（4）间隙灭菌法　对于某些不耐高温的培养基、药液、血清、酶制剂等的灭菌，由于高压蒸汽灭菌会破坏某些营养成分，可用间隙灭菌法灭菌，即流通蒸汽（或蒸煮）反复灭菌几次，例如第一次蒸煮后杀死微生物营养体，冷却，培养过夜，孢子萌发，又第二次蒸煮，杀死营养体。这样反复 2～3 次就可以完全杀死营养体和芽孢，也可保持某些营养物质不被破坏。这种方法可以在较低的灭菌温度下达到彻底灭菌的良好效果。

（5）巴氏消毒法　用于牛奶、啤酒、果酒和酱油等不能进行高温灭菌的液体的一种消毒方法，其主要目的是杀死其中无芽孢的病原菌（如牛奶中的结核杆菌或沙门氏菌），而又不影响它们的营养和风味。巴氏消毒法是一种低温消毒法，具体的处理温度和时间各有不同，一般在 60～85℃下处理 15s～30min。具体的方法可分两类，第一类是经典的低温维持法（LTH），例如在 63℃下保持 30min 可进行牛奶消毒；另一类是较新式的称为高温瞬时法（HTST），用于牛奶消毒时只要在 72℃下保持 15s 即可。

2．辐射作用

辐射灭菌是利用电磁辐射产生的电磁波杀死大多数物质上的微生物的一种有效方法。用于灭菌的电磁波有微波、紫外线（UV）、X 射线和 γ 射线等，它们都能通过特定的方式控制微生物生长或杀死它们。例如微波可以通过热产生杀死微生物的作用；紫外线（UV）使 DNA

分子中相邻的嘧啶形成嘧啶二聚体，抑制DNA复制与转录等功能，杀死微生物；X射线和γ射线能使其他物质氧化或产生自由基（OH·、H·）再作用于生物分子，或者直接作用于生物分子，打断氢键、使双键氧化、破坏环状结构或使某些分子聚合等方式，破坏和改变生物大分子的结构，以抑制或杀死微生物。

紫外线是日光的一部分，波长在100～400nm，其中在265nm波长的紫外光对微生物最具杀伤力，紫外线的穿透力很弱，易被固形物吸收，不能透过普通玻璃和纸张，因此只适用于表面消毒和空气、水的消毒，因此紫外消毒广泛应用于微生物化验室、医院、公共场所的空气消毒。

3. **过滤作用**

高压蒸汽灭菌可以除去液体培养基中的微生物，但对于空气和不耐热的液体培养基的灭菌是不适宜的，为此设计了一种过滤除菌的方法。过滤除菌有三种类型。一种最早使用的是在一个容器的两层滤板中间填充棉花、玻璃纤维或石棉，灭菌后空气通过它就可以达到除菌的目的。为了缩小这种滤器的体积，后来改进为在两层滤板之间放入多层滤纸，灭菌后使用也可以达到除菌的作用，这种除菌方式主要用于发酵工业。第二种是膜滤器，它是由醋酸纤维素或硝酸纤维素制成的比较坚韧的具有微孔（0.22～0.45um）的膜，灭菌后使用，液体培养基通过它就可将细菌除去。由于这种滤器处理量比较少，故主要用于科研。第三种是核孔滤器，它是由核辐射处理的很薄的聚碳酸胶片（厚10um）再经化学蚀刻而制成。辐射使胶片局部破坏，化学蚀刻使被破坏的部位成孔，而孔的大小则由蚀刻溶液的强度和蚀刻的时间来控制。溶液通过这种滤器就可以将微生物除去，这种滤器也主要用于科学研究。

4. **渗透压**

细胞质膜是一种半透膜，它将细胞内的原生质与环境中的溶液（培养基等）分开，如果溶液中水的浓度高于细胞原生质中水的浓度，那么水就会从溶液中通过细胞质膜进入原生质，使原生质和溶液中水的浓度达到平衡，这种现象为渗透作用，即水或其他溶剂经过半透性膜而进行扩散的现象称为渗透；在渗透时溶剂通过半透膜时受到的阻力称为渗透压。

在等渗溶液中，即细胞内溶质浓度与胞外溶液的溶质浓度相等时，微生物保持原形，生命活动最好。常用的生理盐水（0.85%NaCl溶液）即为等渗溶液。

细菌接种到培养基里以后，细胞通过渗透作用使细胞质与培养基的渗透压力达到平衡。如果培养基的渗透压力高，原生质中的水向培养基扩散，这样会导致细胞发生质壁分离使生长受到抑制，甚至死亡。因此提高环境的渗透压，就可以达到控制微生物生长的目的。例如用盐（浓度通常为10%～15%）腌制的鱼、肉、食品就是通过加盐使新鲜鱼肉脱水，降低它们的水活性，使微生物不能在它们上面生长；新鲜水果通过加糖（浓度一般为50%～70%）制成果脯、蜜饯也是降低水果的水活性值，抑制微生物生长与繁殖，起到防止腐败变质的效果。

5. **干燥**

水是微生物细胞的重要成分，占生活细胞的90%以上，它参与细胞内的各种生理活动，因此说没有水就没有生命。干燥环境条件下，多数微生物代谢停止，处于休眠状态，严重时细胞脱水、蛋白质变性，引起死亡。故降低物质的含水量直至干燥，就可以抑制微生物生长，防止食品、衣物等物质的腐败与霉变。生产科研中用来保藏细菌、病毒等的真空冷冻干燥法及日常生活保藏食品的烘干、晒干、熏干等方法，都是依据这一原理进行的。

6. **超声波**

超声波处理微生物悬液可以达到消灭它们的目的。超声波处理微生物悬液时，由于超声波探头的高频率振动，可引起探头周围水溶液的高频率振动。当探头和水溶液两者的高频率振动不同步时，就会在溶液内产生空当即空穴，空穴内处于真空状态。只要悬液中的细菌接近或进入空穴区，由于细胞内外压力差导致细胞裂解，达到灭菌的目的，超声波的这种作用称为空穴作用。另一方面，由于超声波振动，机械能转变成热能，导致溶液温度升高，使细胞产生热变性以抑制或杀死微生物。目前超声波处理技术广泛用于实验室研究中的破细胞和灭菌。

任务二　米醋中醋酸菌的分离和鉴别

【相关知识】 常用细菌及其分类

一、发酵工业中常用的细菌

1. 醋酸菌（Acetobacter）

醋酸菌分布广泛，在果园的土壤中、葡萄或其他浆果或酸败食物表面，以及未灭菌的醋、果酒、啤酒、黄酒中都有生长。是重要的工业用菌之一，醋酸工业、维生素 C 和葡萄糖酸的生产都离不开醋酸菌。

细胞呈椭圆状或杆状，直或稍弯，(0.6～0.8) μm×(1.0～2.0) μm，单个、成对或成链（图 3-3）。革兰氏染色阴性，周毛运动或不动，不形成芽孢。在中性和酸性（pH4.5）反应时可氧化乙醇为乙酸，也可氧化乙酸盐和乳酸盐氧化得到 CO_2 和水。在固体培养基上醋酸菌的菌落特征为：隆起、平滑、呈灰白色；在液体培养基中，成淡青色的极薄平滑菌膜，液体不太浑浊。

大多数菌株不需要维生素，在简单和复杂的培养基上可生长。严格好氧。生长温度范围为 5～42℃，最适生长温度约 30℃，最适 pH 为 3.5～6.5；对热抵抗力较弱，在 60℃，10min 左右便可死亡。

2. 枯草芽孢杆菌（Bacillus Subtilis）

这是一种直的或近乎直的 (0.3～2.2) μm×(1.2～7.0) μm 的杆菌（图 3-4），很少成链，染色均匀，鞭毛周生或端生。在细胞中央部位形成芽孢，芽孢 (0.5×1.5) μm～1.8μm，游离芽孢的表面能淡染色，萌发时芽孢壳在中间破裂。营养细胞脱出之后，芽孢壳的溶解是缓慢的。

在琼脂平皿上，菌落是圆形的或不规则的，表面灰色粗糙，较厚和不透明；在水分多的培养基上，菌落易扩散，可能较光滑，薄而透明。它能液化明胶、胨化牛奶，还原硝酸盐，水解淀粉。它的一些亚种（变种）主要用于生产蛋白酶和淀粉酶。该菌可以产生一些对革兰氏阳性菌有效的抗生素如杆菌肽。杆菌肽主要对革兰氏阳性菌如溶血性链球菌、肺炎球菌、白喉杆菌、破伤风芽孢梭菌等有强大的抑制作用。

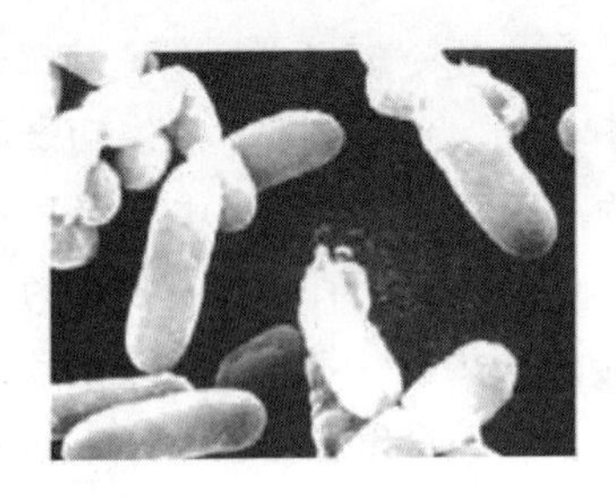

图 3-3　醋酸菌

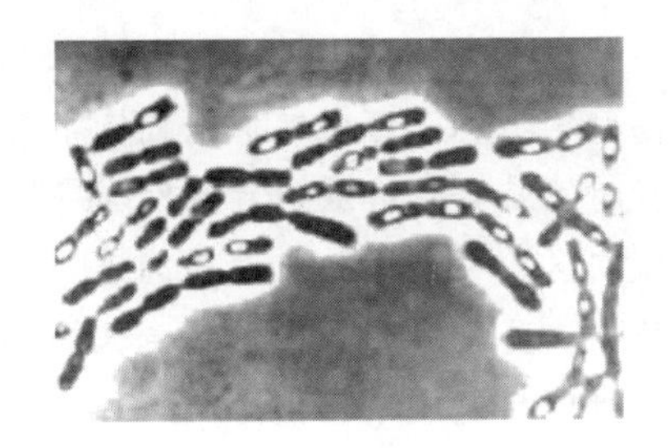

图 3-4　枯草芽孢杆菌

3. 大肠埃希氏菌（Escherichia Coli）

大肠埃希氏菌，俗称大肠杆菌。细胞呈杆状（图 3-5），大小为 0.4～0.7×1.0～4.0μm，通常单个出现，可运动或不运动，能运动者周身鞭毛，革兰氏阴性菌。好氧或兼性厌氧，化能有机型。存在于人类及牲畜的肠道中，在水和土壤中也极为常见。在普通琼脂培养基上生长良好，最适生长温度为 37℃，最适 pH 值 7.2～7.4。在普通琼脂（营养琼脂）生长 24h 后，形成的菌落为圆形、直径约 2～3mm、白色或黄色、隆起、光滑、半透明、湿润、边缘整齐的菌落。在麦康凯琼脂培养基上培养 18～24h 后，形成红色菌落；伊红美兰琼脂培养成为黑色带有金属光泽菌落。

大肠杆菌可用于生产谷氨酸脱羧酶、天冬氨酸、苏氨酸和缬氨酸等。它亦是食品微生物检验的指示菌。在分子生物学的研究中，大肠杆菌是常用的外源基因的受体菌。

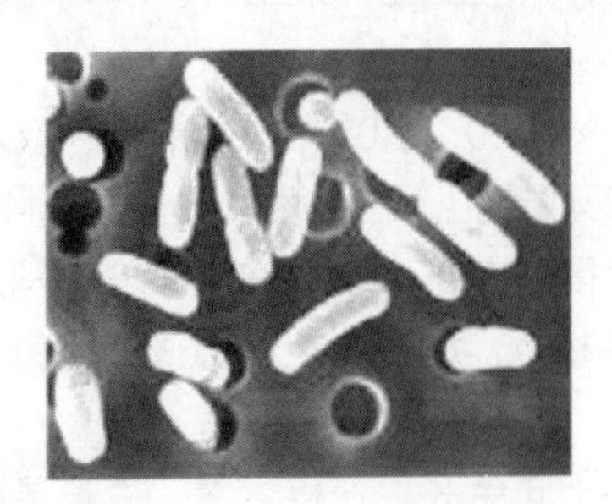

图 3-5　大肠埃希氏菌

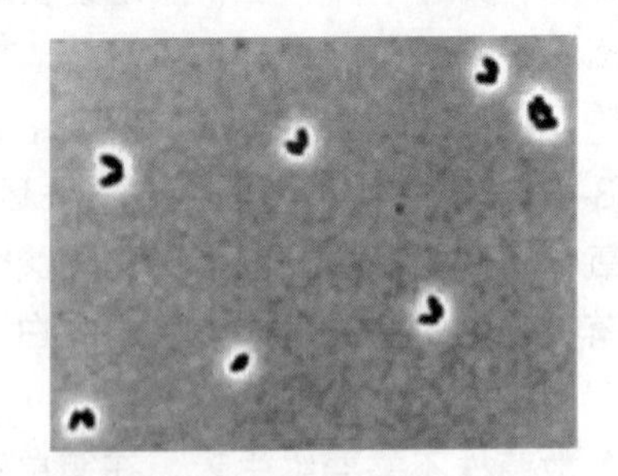

图 3-6　北京棒杆菌

4. 丙酮丁醇梭菌（Clostridium Acetobutylicum）

细菌呈杆状，圆端，（0.6～0.7）μm×（2.6～4.7）μm，芽孢囊（1.3～1.6）μm×（4.7～5.5）μm，单生或成对，但不成链。芽孢卵圆，中生或次端生，使芽孢囊膨大成梭状或鼓槌状。无荚膜，以周毛运动，有淀粉粒，革兰氏染色阳性，可能变为阴性。专性厌氧菌。在葡萄糖琼脂上形成圆形紧密隆起的菌落，乳脂色，不透明，液化明胶。能使石蕊牛奶强烈产酸凝固，凝块被气体冲碎，但不胨化。能发酵多种糖类，包括淀粉、糊精等。发酵适温 30～32℃，生长适温 37℃，最适 pH 为 6.0～7.0。能分解蛋白质和糖类；以生物素和对氨基苯甲酸作生长因子。在玉米粉培养液中生长旺盛，可产生大量的丙酮、丁醇和乙醇（3:6:1，W/W）等溶剂，故是重要的工业发酵菌种。广泛分布于土壤和谷物等种子表面。

5. 北京棒杆菌（Corynebacterium Pekinese）

细胞为短杆或小棒状，有时微弯曲，两端钝圆，不分枝，单个或呈“八”字排列（图 3-6）。革兰氏阳性，有异染粒，细胞内有明显的横隔。无芽孢，不运动。在普通肉汁琼脂平皿上菌落为圆形，24h 后菌落呈白色，直径为 1mm，一周后可达 4.5～6.5mm，呈淡黄色，中间隆起，表面湿润、光滑、有光泽，边缘整齐并半透明，无黏性，无水溶性色素。它不液化明胶，也不使石蕊牛奶发生变化，7 天后呈微碱性；不同化酪蛋白，不水解淀粉，不分解油脂；能使葡萄糖、麦芽糖、蔗糖迅速产酸；在海藻糖及肌醇中缓慢生长；能使糊精、半乳糖及木糖产弱酸，但均不产气。其生长需生物素，硫胺素能促进其生长。过氧化氢酶阳性。好氧、兼性厌氧。26～27℃生长良好，41℃生长弱，致死温度 55℃。此菌为谷氨酸生产菌。

二、发酵工业常用细菌的分类纲要

1. 细菌分类的依据

细菌的分类需以形态特征和生化特征相结合，而又重于生理生化特征。发酵工业常用细菌的分类纲要见图 3-7 所示。

（1）形态特征　形态特征包括个体形态、大小及排列情况，革兰氏染色反应，有无运动，鞭毛着生位置和数目，有无芽孢及芽孢着生的部位和形状，细胞内含物，个体发育过程中形态变化的规律性，荚膜，菌胶团是否存在等。

（2）培养特征

1）琼脂平皿培养特征。主要观察表面菌落的形态、大小、色素、黏稠度、透明度、边缘情况及隆起情况、光泽、质地、表面性质等。

2）普通斜面划线培养特征，包括生长好坏、形态、光泽等。

3）琼脂穿刺培养特征。包括生长发育情况、色素形成情况。

4）明胶穿刺培养特征。观察其能否水解明胶及水解后的状况。

5）液体培养特征。观察液体是否混浊及混浊程度，液面有无菌膜，管底有无沉淀及沉淀量。

2. 生理特征及生化反应

（1）营养源，主要指碳源、氮源和能源。细菌能否利用某些含碳化合物作为唯一碳源，反映该细菌能否产生代谢这种碳化合物的有关的酶，因而可作为分类鉴定的特征。常用的碳源很多，包括单糖类、双糖类、糖醇类、脂肪酸类、双羧酸类、羟基酸类、各种有机酸类、醇类、碳氢化合物和二氧化碳等。氮源有蛋白质、蛋白胨、氨基酸、铵盐、硝酸盐和氮气等。

（2）代谢特征表现为能否形成有机酸、乙醇、碳氢化合物、气体等；能否分解色氨酸形成吲哚；能否分解糖产生甲基乙酰甲醇；能否使硝酸盐还原而生成亚硝酸盐和氨；能否产生色素或其他物质等。

（3）能否凝固牛乳，胨化牛乳蛋白质，产酸还是产碱。

（4）生长发育的温度、需氧的程度等。

此外还参考细菌适应的 pH 值，寄生性、共生性和致病性，血清反应，对某些抗生素和噬菌体的敏感性和抗性，在自然界的分布等。

3．简捷的分类

鉴定细菌有一个基本的程序，一般先根据 3～5 项简单性质，如要求的培养条件、要求的培养基、是否产生色素、革兰氏染色反应、菌体形态和是否产芽孢等，判断所鉴定的菌属于哪一大类，然后全面考察这一大群内各属间的异同，选择合适的鉴别特征，制定一个鉴定方案。鉴别到属后，再根据各种间的异同，进一步鉴定到种。在实际工作中，常常要进行的菌种判别的要求并不高，而只希望快速而简单。主要进行下列四项实验，就可判断常用的细菌的属。

（1）用显微镜观察细菌，以判断其是球菌还是杆菌。

（2）用革兰氏染色反应，鉴别其是阳性菌还是阴性菌。

（3）进行产芽孢试验，以观察其是否产芽孢。

（4）进行 V-P 试验（即甲基乙酰甲醇试验），以鉴别其是阴性还是阳性。

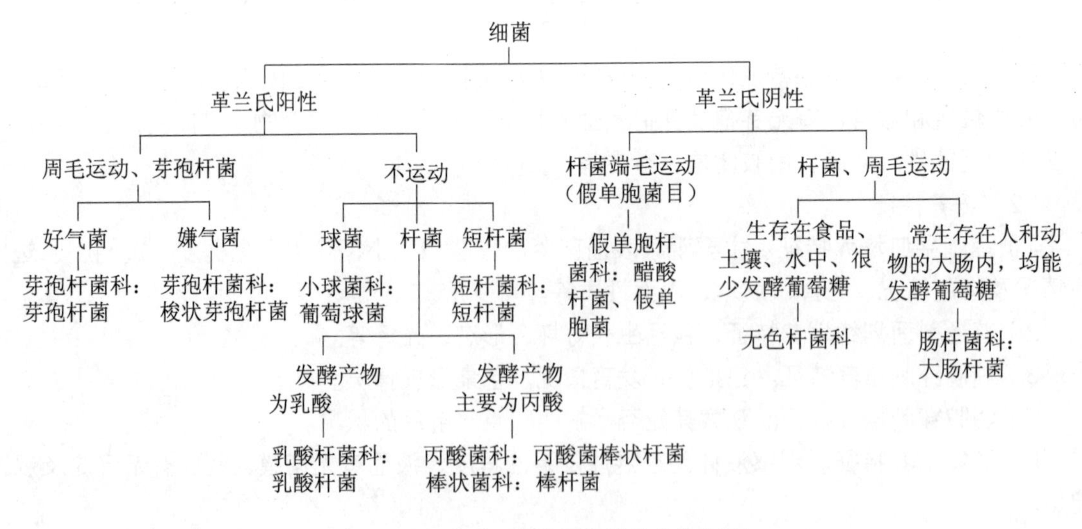

图 3-7　发酵工业常用细菌的分类纲要

【实训过程】

一、材料准备

1．样品

发酵成熟的固体醋醅 30g。

2. 培养基

（1）米曲酒碳酸钙乙醇培养基：米曲酒（10～12Bx）100mL，$CaCO_3$1g，琼脂 2g，95%乙醇 3～4mL。自然 pH。配制时，不加入乙醇，灭菌后，再加入乙醇。

（2）葡萄糖碳酸钙培养基：葡萄糖 1.5%，酵母膏 1%，$CaCO_3$1g，琼脂 2g，自然 pH。

3. 试剂

1%三氯化铁，革兰氏染色液，0.1mol/lNaOH 标准溶液，1%酚酞指示剂，无菌水等。

4. 器皿

平皿，三角瓶，吸管，试管，玻璃珠。

二、玻璃器皿清洗和包扎

培养基的配制（参考项目一操作），用高压蒸汽灭菌锅进行湿热灭菌，备用。

三、醋酸菌的分离

1. 富集培养

灭菌后，取 500mL 三角瓶装入 30mL 米曲酒液体培养基（其中含有 0.0002%结晶紫和 3%～5%的乙醇），加入 1～2g 样品经 30℃振荡培养 24h，若测定增殖液的 pH 明显下降，有醋味，镜检细胞革兰氏染色阴性，形态与醋酸菌符合即可。

2. 倾注法分离

（1）取增殖液 1mL 于装有 9mL 无菌水三角瓶中（内含玻璃珠数粒），摇匀后，以 10 倍稀释法依次稀释至 10^{-7}，然后分别取 10^{-5}、10^{-6}、10^{-7}三个稀释度的稀释液各 1mL 置于无菌平皿中，每个稀释度平行两个平皿。

（2）融化米曲酒碳酸钙培养基，稍冷后加入 3%的乙醇，摇匀，待冷至 45～50℃，迅速倾入上述各皿，轻轻摇匀，待凝固后置于 30℃保温培养 2－3 天，观察小菌落的出现，醋酸菌因产生醋酸溶解了培养基中的碳酸钙，而使菌落周围产生透明圈，圈的大小因菌而异。

（3）挑取透明圈不同的菌落于米曲酒乙醇斜面培养基上，30℃培养 24～48h。

3. 性能测定

将上述各分离株分别接入米曲汁液体培养基中（300mL 三角瓶中装有 20mL 培养基），加无水乙醇至终浓度 5%，30℃培养 24h。

（1）镜检　细胞呈整齐的椭圆或短杆状，革兰氏染色阴性。

（2）醋酸的定性分析　取发酵液 5mL 于洁净的试管中，用 10%NaOH 液中和，加 1%三氯化铁溶液 2～3 滴，摇匀，加热至沸，如有红褐色沉淀产生而原发酵液已变得无色，即可证明是醋酸。

（3）生酸量的测定　取发酵液 1mL 于 250mL 三角瓶中，加中性蒸馏水 20mL，酚酞指示剂 2 滴，用 0.1mol/LNaOH 溶液滴定至微红色，计算产酸量，即

$$醋酸（g/100mL）=0.1\times V\times 60.06\times 10^{-3*}\times 100/样品的体积\ mL$$

式中　V—— 滴定时耗用的氢氧化钠体积/mL；

60.06——醋酸的摩尔质量/g。

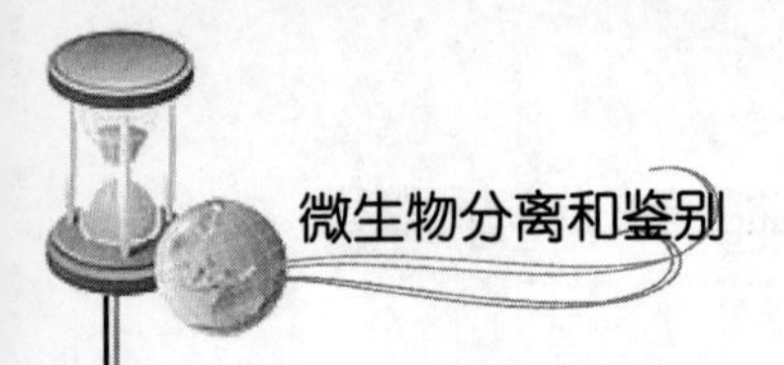

【实训报告】

工作任务：米醋中醋酸菌的分离和鉴别			
样品来源		实训日期	
实训目的			
实训原理			
实训材料			
实训过程			

结果报告：1．绘制醋酸菌的形态图并记录菌落特征

菌体和菌落特征	醋酸菌 1	醋酸菌 2
菌体形态 （革兰氏染色）		
菌落大小		
菌落颜色		
菌落形态		
边缘情况		
隆起情况		
透明情况		

2．醋酸的定性分析

3．产酸量的测定

思考与讨论：

（1）做革兰氏染色涂片为什么不能过于浓厚？其染色成败的关键一步是什么？

（2）当你对一株未知菌进行革兰氏染色时，怎样能确保你的染色技术操作正确，结果可靠？

【知识拓展】 微生物代谢

生物体与外界环境之间的物质和能量交换以及生物体内物质和能量的转变过程叫做新陈代谢，简称代谢。微生物同其他生物一样都是具有生命的，新陈代谢作用贯穿于它们生命活动的始终。

微生物代谢是微生物细胞与外界环境不断进行物质交换的过程，即微生物细胞不停地从外界环境中吸收适当的营养物质，在细胞内合成新的物质并储存能量，同时它又把衰老的细胞和不能利用的废物排出体外。代谢活动的正常进行，保证了微生物的生长繁殖，代谢作用一旦停止，微生物的生命活动也就停止。因此代谢作用与微生物细胞的生存和发酵产物的形成紧密相关。

微生物体内新陈代谢各个方面的相互关系如图 3–8 所示。

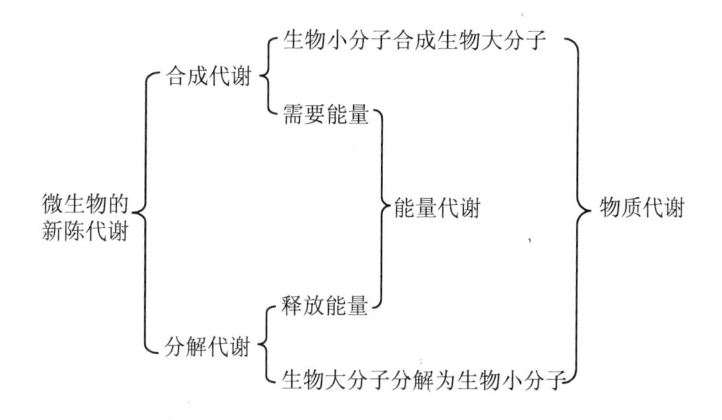

图 3–8　微生物新陈代谢关系图

一、微生物代谢概述

微生物的代谢包括能量代谢和物质代谢两部分。能量代谢包括产能代谢和耗能代谢；物质代谢则包括分解代谢（异化作用）和合成代谢（同化作用）。分解代谢和合成代谢相辅相成，物质代谢和能量代谢有机地联系在一起，构成新陈代谢的统一整体。

微生物代谢包含两个显著地特点：一是活跃，微生物由于个体微小，表面积大，因此，代谢活动十分活跃；二是类型多，为了适应复杂的外界环境，不同的微生物其营养要求、能量来源、酶系统、代谢产物等等各不相同，因此形成了多种多样的代谢类型。

1．微生物的能量代谢

任何生物体在进行生命活动时都不能缺少能量的参与，生命体能够利用的能源仅有光能或化学能，而光能也必须在特定的生物体（如光合生物）内进行转化，然后才能被利用。微生物在生命活动中需要能量，它主要是通过生物氧化而获得能量。ATP（腺嘌呤核苷三磷酸）是生物体内能量主要传递者和细胞内能量的载体，同时也是细胞内的通用能源。不同类型的微生物，通过不同的机制，将光能或化学能转化为 ATP。

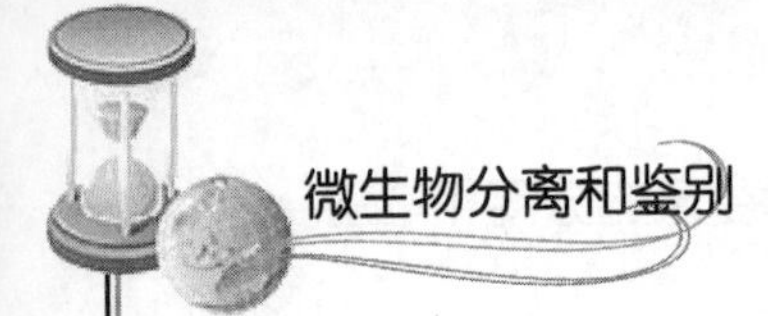

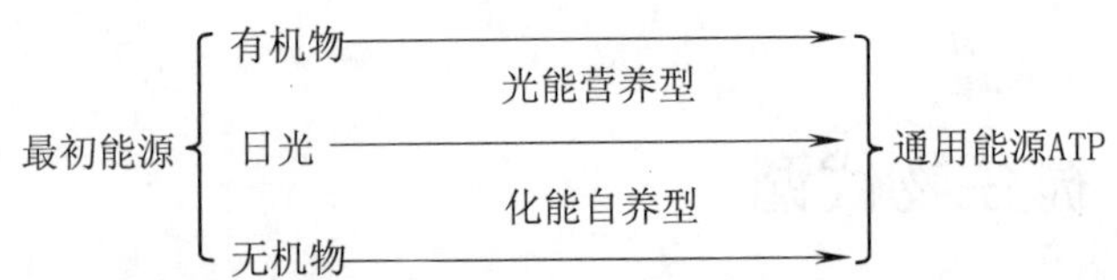

光能营养型微生物利用光能产生 ATP，这种转变称为光合磷酸化作用；绝大多数化能营养型微生物（包括化能自养型和化能异养型）其代谢所需要的能量主要通过生物氧化作用获得，即发生在细胞内的一系列产能性的氧化还原反应总和，这种转变过程被称为氧化磷酸化作用。

微生物产生的 ATP 主要用于合成代谢所需要的能量，比如合成细胞的主要组成物质；此外，微生物细胞吸收营养物质、鞭毛的运动、发光细菌的发光等所需要消耗的能量也由 ATP 供给。

2．微生物的物质代谢

微生物的物质代谢包括碳水化合物、蛋白质、脂肪等大分子物质的分解和合成的过程。由于微生物的细胞通常由蛋白质、核酸、类脂和碳水化合物等组成，合成这些物质所需的能量主要来自营养物质的分解。合成代谢通常为分解代谢的逆过程。

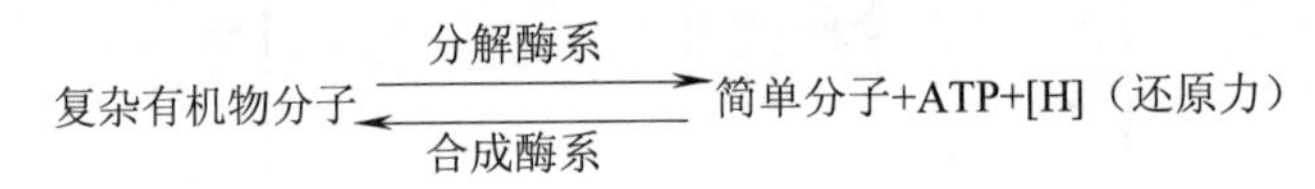

（1）碳水化合物的代谢　碳水化合物包括多糖、双糖和单糖，种类繁多。大分子多糖，如淀粉、纤维素等代谢必须在纤维素酶、淀粉酶、糖化酶等作用下分解为小分子物质，才能被吸收利用；双糖、单糖由于结构相对简单，能够迅速进入分解途径，被降解为简单的含碳化合物，同时释放能量。

（2）蛋白质的代谢　蛋白质是由氨基酸组成的结构复杂的大分子的化合物，它们不能直接进入细胞。蛋白质的代谢主要依靠分解蛋白质的酶类，包括蛋白酶和肽酶两类。首先蛋白酶在细胞外将蛋白质分解为多肽、二肽等小分子化合物，进入细胞，然后在肽酶的作用下继续分解为游离的氨基酸，供微生物利用。微生物对氨基酸的分解，主要是脱氨作用和脱羧基作用。

（3）脂肪的代谢　脂肪酶水解脂肪后的产物为甘油和脂肪酸。这两类物质能够进入微生物细胞内，进行进一步的代谢。脂肪酸主要是通过β-氧化途径。β-氧化是由于脂肪酸氧化断裂发生在β-碳原子上而得名。在氧化过程中，能产生大量的能量，最终产物是乙酰辅酶A。而乙酰辅酶 A 是进入三羧酸循环的基本分子单元。

二、微生物的分解代谢

微生物的分解代谢一般可分为三个阶段。第一阶段：将蛋白质、多糖及脂类等大分子营养物质降解成为氨基酸、单糖及脂肪酸等小分子物质；第二阶段：将第一阶段产物进一步降解成更为简单的乙酰辅酶 A、丙酮酸以及能进入三羧酸循环的某些中间产物，在这个阶段会产生一些 ATP、NADH 及 $FADH_2$；第三阶段：通过三羧酸循环将第二阶段产物完全降解生成 CO_2，并产生 ATP、NADH 及 $FADH_2$。第二和第三阶段产生的 ATP、NADH 及 $FADH_2$ 通过电子传递链被氧化，可产生大量的 ATP。

地球上最丰富的有机物是纤维素、半纤维素、淀粉等糖类物质，自然界中微生物赖以生存的主要也是糖类物质，人们培养微生物，进行食品加工和工业发酵等也是以糖类物质为主要的碳源和能源物质。因此，微生物的糖代谢是微生物代谢的一个重要方面。

1．糖酵解途径（EMP **途径**）

糖酵解途径简称 EMP 途径也称己糖双磷酸降解途径（图 3-9）。这个途径的特点是当葡萄糖转化成 1.6-二磷酸果糖后，在果糖二磷酸醛缩酶作用下，裂解为磷酸二羟丙酮和 3-磷酸甘油醛，再由此转化为 2 分子丙酮酸。总反应式为

$$C_6H_{12}O_6 + 2NAD+2(ADP+Pi) \rightarrow 2CH_3COCOOH+2ATP+2NADH_2$$

EMP 途径的关键酶是磷酸己糖激酶和果糖二磷酸醛缩酶，它开始时消耗 ATP，后来又产生 ATP，总计起来，每分子葡萄糖通过 EMP 途径净合成 2 分子 ATP，产能水平较低。

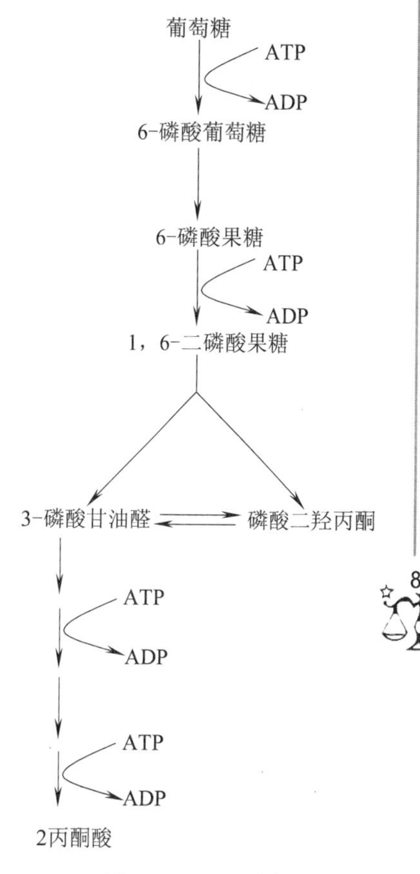

图 3-9　EMP 途径

EMP 途径是生物体内 6－磷酸葡萄糖转变为丙酮酸的最普遍的反应过程，许多微生物都具有 EMP 途径。但 EMP 途径往往是和 HMP 途径同时存在于同一种微生物中。EMP 途径的生理作用主要是为微生物代谢提供能量（即 ATP），还原剂（即 $NADH_2$）及代谢的中间产物如丙酮酸等。

2．三羧酸循环（TCA **循环**）

好氧型微生物和在有氧条件下的兼性厌氧微生物经 EMP 途径产生的丙酮酸进一步通过三羧酸循环，被彻底氧化，生成 CO_2，氧化过程中脱下的氢和电子经电子传递链生成 H_2O 和大量 ATP。三羧酸循环（图 3–10）是在细胞的线粒体中进行的，它是由一连串的反应组成，TCA 循环的总反应式为

$$CH_3COSCoA+2O_2+12(ADP+Pi) \rightarrow 2CO_2+H_2O+12ATP+CoA$$

TCA 循环产生能量的水平是很高的，每氧化一分子乙酰 CoA，可产生 12 分子 ATP。

葡萄糖经 EMP 途径和 TCA 循环彻底氧化成 CO_2 和 H_2O 的全部过程为

（1）$C_6H_{12}O_6 + 2NAD+2(ADP+Pi) \rightarrow 2CH_3COCOOH+2ATP+2NADH_2$

$$2NADH_2+O_2+6(ADP+Pi) \rightarrow 2NAD+2H_2O+6ATP$$

（2）$2CH_3COCOOH + 2NAD+2CoA \rightarrow 2CH_3COSCoA+2CO_2+2NADH_2$

$$2NADH_2+O_2+6(ADP+Pi) \rightarrow 2NAD+2H_2O+6ATP$$

（3）$2\ H_3COSCoA + 4O_2 + 24\ (ADP+Pi) \rightarrow 4\ CO_2 + 2\ H_2O + 24ATP + 2\ CoA$

总反应式　$C_6H_{12}O_6 + 6O_2 + 38\ (ADP+Pi) \rightarrow 6CO_2 + 6\ H_2O + 38ATP$

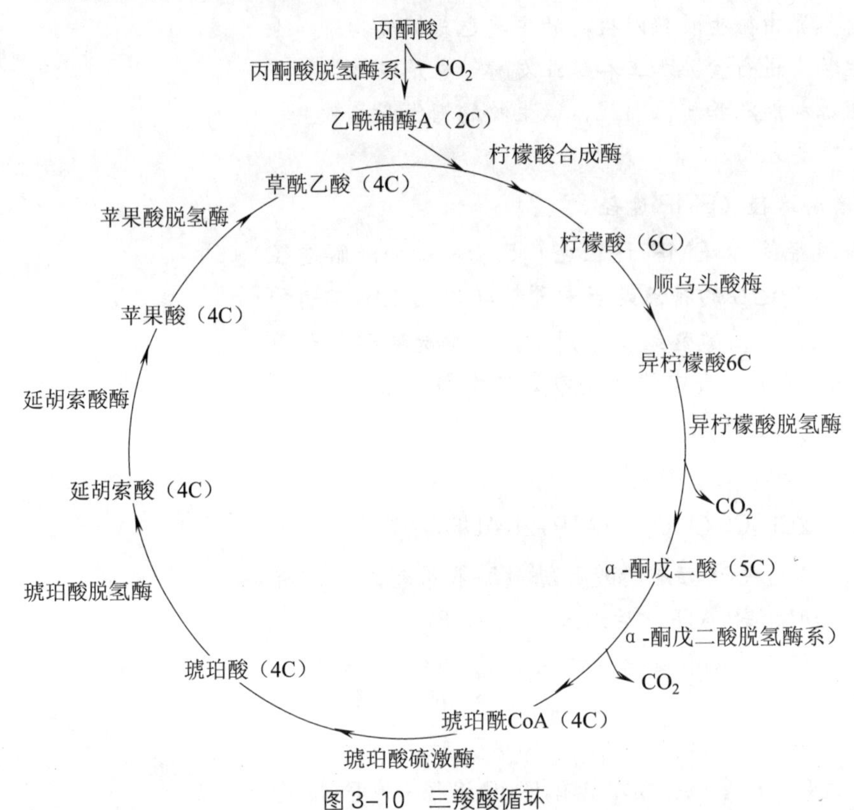

图 3-10　三羧酸循环

TCA 循环的关键酶是柠檬酸合成酶，它催化草酰乙酰与乙酰 CoA 合成柠檬酸的反应。很多微生物中都存在这条循环途径，它除了产生大量能量，作为微生物生命活动的主要能量来源以外，还有许多生理功能。特别是循环中的某些中间代谢产物是一些重要的细胞物质，如各种氨基酸、嘌呤、嘧啶及脂类等生物合成前体物，例如乙酰 CoA 是脂肪酸合成的起始物质；α-酮戊二酸可转化为谷氨酸，草酰乙酸可转化为天冬氨酸，而且上述这些氨基酸还可转变为其他氨基酸，并参与蛋白质的生物合成。另外，TCA 循环不仅是糖有氧降解的主要途径，也是脂、蛋白质降解的必经途径，例如脂肪酸经β-氧化途径，变成乙酰 CoA 可进入 TCA 循环彻底氧化成 CO_2 和 H_2O；又如丙氨酸，天冬氨酸，谷氨酸等经脱氨基作用后，可分别形成丙酮酸，草酰乙酸，α-酮戊二酸等，它们都可进入 TCA 循环被彻底氧化。因此，TCA 循环实际上是微生物细胞内各类物质的合成和分解代谢的中心枢纽。

3．HMP **途径**

也称己糖单磷降解途径或磷酸戊糖循环。这个途径的特点是当葡萄糖经一次磷酸化脱氢生成 6-磷酸葡萄糖酸后，在 6-磷酸葡萄糖酸脱酶作用下，再次脱氢降解为 1 分子 CO_2 和 1 分子磷酸戊糖。磷酸戊糖的进一步代谢较复杂，由 3 分子磷酸己糖经脱氢脱羧生成的 3 分子磷酸戊糖，3 分子磷酸戊糖之间，在转酮酶和转醛酶的作用下，又生成 2 分子磷酸己糖和一分子磷酸丙糖，磷酸丙糖再经 EMP 途径的后半部反应转为丙酮酸，这个反应过程称为 HMP 途径。完全 HMP 途径的总反应式为

$$6\text{-磷酸葡萄糖}+7H_2O+12NADP \rightarrow 6CO_2+12NADPH_2+H_3PO_4$$

HMP 途径的关键酶系是 6–磷酸葡萄糖酸脱氢酶和转酮－转醛酶系，其中 6－磷酸葡萄糖酸脱氢酶催化磷酸己糖酸的脱氢脱羧，而转酮－转醛酶系则作用于三碳糖、四碳糖、五碳糖、六碳糖及七碳糖的相互转化。

HMP 途径的另一特点是只有 NADP 参与反应。在有氧条件下，HMP 途径所产生的 $NADPH_2$ 在转氢酶的作用下，可将氢转给 NAD，形成 $NADH_2$，经呼吸链，将电子和氢交给分子态氧形成水，并由电子传递磷酸化作用形成 ATP。但是一般认为 HMP 途径不是主要的产能途径，而是为细胞的生物合成提供供氢体（$NADPH_2$）。另外，HMP 途径还为细胞生物合成提供大量的 C_3、C_4、C_5、C_6 和 C_7 等前体物质，特别是磷酸戊糖，它是合成核酸，某些辅酶以及合成组氨酸，芳香族氨酸，对氨基苯甲酸等化合物的重要底物。此外，HMP 途径与化能自养菌和光合细菌的碳代谢有密切联系。因此，HMP 途径的生理功能是多方面的，在微生物代谢中占有重要的地位。

4．ED 途径

也称 2–酮–3–脱氧–6–磷酸葡萄糖酸途径，在醛缩酶的作用下，裂解为丙酮酸和 3–磷酸甘油醛，3–磷酸甘油醛再经 EMP 途径的后半部反应转化为丙酮酸（图 3–11）。

ED 途径是糖类的一个厌氧降解途径，它在细菌中，特别是革兰氏阴性细菌中分布很广，在好氧菌中分布不普遍。例如嗜糖假单胞杆菌，发酵假单胞菌以及铜绿色假单胞杆菌等中都具有 ED 途径。这个途径多数情况下是与 HMP 途径同时存在于一种微生物中，但也可以独立存在于某些细菌中。总反应式为 $C_6H_{12}O_6$ + ADP+Pi+NADP+NAD→2 $CH_3COCOOH$ +ATP+ $NADPH_2$+$NADH_2$。

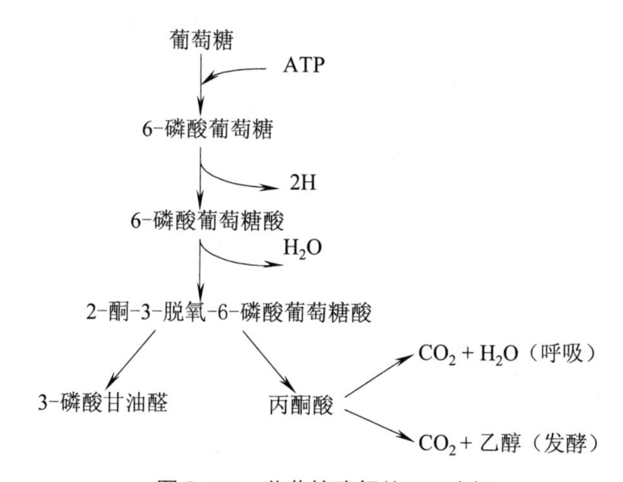

图 3–11　葡萄糖降解的 ED 途径

三、微生物的合成代谢

微生物利用能量代谢所产生的能量、中间产物以及从外界吸收的小分子物质合成复杂的

细胞物质的过程称为合成代谢。但微生物在合成代谢时，必须具备代谢能量、小分子前体物质和还原基三个基本条件，合成代谢才能正常进行。微生物的合成代谢，有其独特的代谢途径，但多数代谢过程与高等生物相同或类似，如蛋白质的合成、核酸的合成。自养型微生物的合成代谢能力较强，它们利用无机物能够合成完全的自身物质。在工业上涉及较多的是异养型微生物，这些微生物所需的代谢能量、小分子前体物质和还原基都是从复杂的有机物中获得，这同时也是微生物对营养物质的降解过程。

四、微生物的代谢产物

微生物在代谢过程中，会产生多种代谢产物，可分为初级代谢产物和次级代谢产物两类。初级代谢产物是指微生物从外界吸收各种营养物质，通过物质代谢所产生的，其生长和繁殖所必需的物质。如多糖、氨基酸、脂肪酸、核苷酸、维生素等。不同种类的微生物，其初级代谢产物的种类基本相同。次级代谢产物是指微生物生长到一定时期，且以初级代谢产物为前体物质，合成一些对微生物的生命活动无明显功能的物质，比如色素、抗生素、毒素、激素等。不同种类的微生物所产生的次级代谢产物不相同，可能积累在细胞内，也可能分泌到细胞外。次级代谢产物与人类的生产生活关系密切。

1. **抗生素**

天然抗生素是微生物在生命活动过程中产生的具有抗病原体或其它活性的一类次级代谢产物。这类物质能够在细胞内积累或释放到环境中，对其他种类的微生物或细胞具有干扰或致死的作用。自 1943 年以来，青霉素应用于临床，现抗生素的种类已达几千种。目前抗生素被广泛应用于疾病防治、植物病虫害等领域。在临床上常用抗生素的亦有几百种。

2. **毒素**

微生物产生的毒素，通常对人和动植物细胞有毒杀作用。细菌产生的毒素包括内毒素和外毒素。

（1）内毒素　内毒素多存在于革兰氏阴性菌的细胞壁中，当细菌细胞死亡或菌体崩解后才会释放出来。内毒素是一种脂多糖，而非蛋白质，因此其性质较稳定，耐热，毒性较低。人体对细菌内毒素极为敏感，极微量的内毒素就能引起体温上升，发热反应持续约 4h 后逐渐消退。自然感染时，因革兰氏阴性菌不断生长繁殖，同时伴有陆续死亡、释出内毒素，故发热反应将持续至体内病原菌完全消灭为止。

（2）外毒素　外毒素是指某些病原菌生长繁殖过程中分泌到菌体外的一种次级代谢产物。许多革兰氏阳性菌及小部分革兰氏阴性菌等均能产生外毒素。外毒素的主要成分为可溶性蛋白质，不耐热、不稳定、抗原性强，可刺激机体产生抗毒素，可中和外毒素，用作治疗。外毒素毒性很强，比如肉毒毒素 1mg 纯品能杀死 2 亿只小鼠，其毒性比化学毒剂氰化钾还要大 1 万倍。在人类疾病中，如破伤风、白喉和肉毒素中毒等均是由于外毒素而引起。不同种细菌产生的外毒素对机体的毒性作用有明显不同，可选择性地作用于某些组织器官，引起特殊病变。如白喉棒状杆菌产生的白喉毒素，特别喜欢结合在外周神经末梢、心肌等处，使那些容易受感染的细胞中蛋白质的合成受到影响，从而导致外周神经麻痹和心肌炎等。

表 3-2　细菌外毒素与内毒素的区别

区别要点	外毒素	内毒素
产生菌	多数革兰氏阳性菌，少数革兰氏阴性菌	多数革兰氏阴性菌，少数为革兰氏阳性（如苏云金芽孢杆菌）
存在部位	多数活菌分泌出，少数菌裂解后释出。	细胞壁组分，菌裂解后释出
化学成份	蛋白质	脂多糖
毒性作用	强，对组织细胞有选择性毒害效应，引起特殊临床表现	较弱，各种类的毒性效应相似，引起发热、白细胞增多、微循环障碍、休克等
免疫抗原性	强，刺激宿主产生抗毒素	较弱，甲醛液处理后不形成类毒素
稳定性	60℃半小时被破坏	160℃2～4h 被破坏
处理方式	特定抗生素治疗为主	消炎药物、抗氧化剂治疗为主

3．色素

许多微生物在代谢过程中能够产生不同颜色的色素，可在细胞内积累，也可分泌至细胞外，如绿脓杆菌产生的绿脓色素、荧光菌产生的荧光素，均是在培养基中扩散，使培养基呈色。产生色素的微生物数量众多，色素种类全，远远超出了植物色素的数量。但目前在食品工业中普遍使用的微生物色素仅有少数几种，如类胡萝卜素等。这主要是由于微生物在产生色素的同时，往往也产生毒素，从而增加了提纯的难度。

4．维生素

维生素是微生物正常生命活动所必需的，微生物可以自身合成也可以从外界吸收。有些微生物能够在特定条件下合成大量的维生素，因此可作为生产菌种。如酵母菌含有大量的硫胺素、核黄素、泛酸等；某些醋酸细菌能够过量合成维生素 C。目前从微生物中提取的各类维生素被广泛应用于医药行业中。

【技能拓展】 细菌的鞭毛染色及其运动性观察

一、实训目标

（1）学习并掌握细菌的鞭毛染色法。

（2）学习并掌握悬滴法观察细菌运动。

二、原理

鞭毛是细菌的运动器官，它着生于细胞膜上。其直径通常为 10～20nm，只能用电子显微镜进行观察。只有采用特殊染色方法时，才可在普通光学显微镜下看到。本实验采用银染法，即先利用媒染剂促进银离子在鞭毛上的沉积，加粗其直径，这样就能在显微镜下看到深褐色的菌体及褐色的鞭毛。媒染剂是一种可以和染色剂形成不溶性化合物并能增强染色剂和细胞亲和力的化学物质，它与细胞和染色剂都有很强的结合力，可在染色前使用，也可在加入染色剂的同时使用。按其化学性质可将媒染剂划分为碱性媒染剂和酸性媒染剂两种，前者如明矾、硫酸亚铁和酒石酸锑钾等，后者如鞣酸和苦味酸等，本实验使用的媒染剂为鞣酸（也称单宁酸）。

鞭毛是细菌分类鉴定的重要特征之一：如大多数球菌不生鞭毛，杆菌中有些长鞭毛有些则不长，弧菌和螺菌都具有鞭毛。采用鞭毛染色法虽可观察到鞭毛的形态、着生位置和数目。若只需了解供试菌株是否具有鞭毛，则采用悬滴法较简便。该法可直接在显微镜下通过观察细菌的运动状况，来推断鞭毛是否存在。有鞭毛的细菌在幼龄时具有较强的运动力，而衰老的细菌鞭毛易脱落。因此，观察时应选用幼龄细菌。

三、材料准备

（1）菌种　普通变形杆菌（Proteus Vulgaris），大肠杆菌（E.coli）。

（2）染料　鞭毛染液 A 液，鞭毛染液 B 液（需现用现配）。

（3）其他　干净载玻片，凹玻片，盖玻片，无菌水，装蒸馏水的洗瓶，香柏油，二甲苯，擦镜纸，吸水纸，接种用具。

四、方法和步骤

1．菌株准备

将供试菌株在细菌培养基斜面上连续转接三次，每隔 12h 一次，提供做鞭毛染色的菌株，菌龄应为 12～16h。

2．鞭毛染色

（1）制备菌液　用无菌长滴管取 3～5mL 无菌水，沿试管壁轻轻加入普通变形杆菌及大肠杆菌斜面上，将该试管置于 37℃温箱中静置 10min（放置时间不宜太长，否则鞭毛会脱落）；使菌株的鞭毛逐渐在水中舒展开。

（2）制片　取一经洗液浸泡过的干净玻片，分别滴 1 滴菌悬液于玻片的一端，然后轻抬此端使菌悬液缓慢流向另一端，并在空气中自然干燥固定。（注意：千万不要用火烤！）

（3）染色

1）在涂片处滴加鞭毛染液 A 液染色 5min。

2）用蒸馏水充分洗净 A 液。（注意：一定要充分洗净 A 液后再加 B 液，否则背景很脏，不易观察！）

3）用鞭毛染液 B 液冲去残水，再加 B 液于涂片处，静置 1min。

4）用蒸馏水洗净 B 液，自然风干。

（4）镜检　在油镜下观察鞭毛的形态。

3．悬滴法观察细菌的运动

（1）制备菌悬液　用无菌长滴管分别向普通变形杆菌、大肠杆菌斜面滴加 5mL 无菌水，制成轻度混浊的菌悬液。

（2）涂凡士林　取一干净无油的盖玻片，在其四周涂少许凡士林。

（3）滴菌悬液　用无菌长滴管分别向盖玻片中央滴 1 滴菌悬液。

（4）盖凹玻片　将凹玻片的凹槽对准盖玻片中央的菌悬液，并轻轻盖在盖玻片上，使两者粘在一起，然后反转凹玻片，使菌液恰好悬在凹槽中央。

（5）镜检　由于菌体透明，镜检时可适当缩小光圈或降低聚光器，以增大反差，便于观察。可先在低倍镜下找好视野，再转换至油镜下仔细观察。注意区分细菌运动与布朗运动的区别。

（6）清理　清理显微镜、废玻片及桌面。

五、思考题

1. 为什么在染色前必须将供试菌株连续传接几代？

2. 你在显微镜下看到的鞭毛是否为原来的大小和形状，为什么？

3. 在不经固定和染色的情况下观察细菌，应如何调节显微镜？观察细菌运动时，如何区分细菌的运动、布朗运动和菌液的流动？

4. 油镜下观察普通变形杆菌的鞭毛形态，绘图并描述染色结果。

5. 将悬滴法观察结果记录于表 3-3。

表 3-3　细菌的鞭毛染色

细菌名称		运动方式		鞭毛着生位置
普通变形杆菌				
大肠杆菌				

自我提高

一、单项选择题

1. 灭菌的标准是（　　）。
   A. 杀死所有病原微生物　　B. 杀死所有芽孢
   C. 病原菌不生长　　D. 破坏鞭毛蛋白

2. 消毒的标准是（　　）。
   A. 杀死所有病原微生物　　B. 杀死所有微生物
   C. 病原菌不生长　　D. 抑制所有微生物的生长

3. 下列哪种方法适用于不耐高温的药品、营养物等的彻底杀菌？（　　）
   A. 煮沸　　B. 间歇灭菌
   C. 巴斯德消毒法　　D. 高压蒸汽灭菌

4. 高压蒸汽灭菌时使用的蒸汽压是（　　）。
   A. $1.05kg/in^2$　　B. $1.05kg/cm^2$
   C. $15b/cm^2$　　D. $15b/in^2$

5. 下列哪种环境条件最适宜放线菌的生长？（　　）
   A. pH 4～pH 5　　B. pH 5～pH 6
   C. pH 6～pH 7　　D. pH 7～pH 8

6. 巴斯德消毒法是采用（　　）。

A. 62～63℃，30min　　B. 100℃，15min
C. 160℃，1～2h　　D. 121℃，30min

7. 乙醇杀菌的最适浓度是（　　）。
A. 30%　　B. 70%
C. 90%　　D. 100%

8. 下列哪种物质不是重金属杀菌剂？（　　）
A. NaCl　　B. $HgCl_2$
C. $AgNO_3$　　D. $CuSO_4$

9. 青霉素的杀菌机理是（　　）。
A. 抑制肽聚糖的合成　　B. 分解破坏肽聚糖
C. 抑制垣酸的合成　　D. 分解破坏垣酸

10. 干热灭菌法要求的温度和时间为（　　）。
A. 105℃，2h　　B. 121℃，30min
C. 160℃，2h　　D. 160℃，4h

11. 下列哪项代谢途径是微生物细胞内各类物质的合成和分解代谢的中心枢纽（　　）。
A. EMP 途径　　B. TCA 循环
C. HMP 途径　　D. ED 途径

12. 脂肪酸主要是通过哪项途径进行分解氧化的？（　　）
A. α-氧化途径　　B. β-氧化途径
C. γ-氧化途径　　D. ED 途径

13. 下面所有特征适合于三羧酸循环，除了（　　）之外。
A. CO_2分子以废物释放　　B. 循环时形成柠檬酸
C. 所有的反应都要酶催化　　D. 反应导致葡萄糖合成

14. 进入三羧酸循环进一步代谢的化学底物是（　　）。
A. 乙醇　　B. 丙酮酸
C. 乙酰 CoA　　D. 三磷酸腺苷

15. 用 30%～80%糖加工果品能长期保存，是因微生物处于（　　）环境中，引起质壁分离而死亡。
A. 高渗压　　B. 低渗压
C. 等渗压　　D. 中渗压

16. 新洁尔灭用于皮肤表面消毒的常用浓度是（　　）。
A. 0.01%～0.05%　　B. 0.05%～0.1%
C. 1%～5%　　D. 10%

17. 关于紫外线，下述哪项不正确？（　　）
A. 能干扰 DNA 合成
B. 穿透力强
C. 常用于空气，物品表面消毒

D. 对眼和皮肤有刺激作用

18. 下列关于加热灭菌说法不正确的是（　　）。

A. 高压蒸汽灭菌是目前应用最广、最有效的灭菌手段

B. 100℃15min 煮沸法能杀死全部的细菌和真菌

C. 玻璃器皿可采用烘箱干热灭菌

D. 灼烧法常用于接种工具、试管口的灭菌

二、简答题

1. 湿热灭菌比干热灭菌效率高的原因是什么?
2. 试分析高温灭菌的原理，说明干燥灭菌和高压蒸汽灭菌的方法及适用范围。
3. 利用热力进行消毒及灭菌的方法有哪些? 试列表并简要地加以说明。
4. 简述微生物物质代谢的过程。
5. 何谓新陈代谢? 试用图示分解代谢和合成代谢间的差别与联系。

项目四　土壤中放线菌的分离和鉴别

迄今为止，已发现的抗生素有80%皆来自于放线菌。放线菌主要存在于土壤中，并在土壤中占有相当大的比例。一般地，放线菌在比较干燥、偏碱性、含有机质丰富的土壤中数量居多。通常，随着地理分布、植被及土壤性质的不同，放线菌的种类、数量和拮抗性也各不相同。由土壤中分离放线菌的方法很多，其中包括稀释法、弹土法、混土法和喷土法等。

稀释法常用于分离土壤、各种水域及基物表面的微生物。其原理是：先将土壤样品进行一系列倍比稀释，然后将几个适当浓度的稀释液均匀涂布于分离培养基表面。经培养后，土壤中的单个微生物细胞或孢子即可在培养基表面形成肉眼可见的菌落。再将所需菌落转入试管斜面，然后经平板划线再次取得单菌落后，即可得到所需菌种的纯菌株。因此，本方法的最大特点是可以对土壤样品进行活菌计数，同时，如果采用选择性培养基，可以分离到目的菌株。

本项目用土壤稀释倒平皿法和涂布分离法分离得到放线菌，观察菌落并对其细胞进行染色鉴别。分离土壤微生物具有一定的局限性。首先，由于采用平板培养，绝对厌氧的微生物不宜在平板上生长，如果需要分离厌氧微生物，还需要厌氧操作装置。其次，采用的几种培养基不一定能适于土壤中所有的微生物生长，特别是那些目前尚不能在人工培养基上生长的微生物。本实训选择放线菌的最适培养基，对放线菌进行分离和活菌计数。

【目标与要求】

（1）会分离放线菌菌落和放线菌的制片方法。

（2）会鉴别放线菌菌体形态特征和繁殖方式。

（3）掌握观察放线菌染色的基本方法。

（4）掌握平皿菌落计数法的原理和方法。

任务一　一般放线菌的分离和鉴别

【相关知识】 放线菌生物学特性

放线菌是一类呈菌丝状生长、主要以孢子繁殖和陆生性强的原核微生物，因菌落呈放射状而得名。放线菌一般分布在含水量较低、有机物丰富和呈微碱性的土壤环境中。泥土所特有的“泥腥味”，主要是由放线菌产生的。据研究，在每克土壤中，放线菌的孢子数一般在10^7个左右。

放线菌多数为腐生，少数为寄生，与人类关系十分密切。腐生型菌在自然界的物质循环中起着十分重要的作用，而寄生型菌可使人、动物得病。如：脑膜炎、皮肤病等。所以只有掌握了有关放线菌的知识，充分了解其特性，就可控制和利用它们为人类服务。

放线菌的特性很多，但最主要的特性是能产生大量的、种类繁多的抗生素。据估计，全世界共发现 4 000 多种抗生素，其中绝大多数由放线菌产生的，主要集中在链霉菌属，其次是小单孢菌属和诺卡氏菌属。链霉菌属（Streptomyces）又占放线菌中的首位（占放线菌产生抗生素中的 87.5%），这是其他生物难以比拟的。抗生素是主要的化学疗剂，现在临床所用的抗生素有四环素、链霉素、头孢霉素、利福霉素等；农业上用的抗生素有井冈霉素、庆丰霉素等。有的放线菌还用于生产维生素、酶制剂等，此外在石油脱蜡、烃类发酵、污水处理等方面都有很好的应用。

放线菌的细胞一般呈分枝丝状，因此过去曾认为它是“介于细菌与真菌之间的微生物”。随着电子显微镜的广泛应用和一系列其他技术的发展，越来越多的证据表明，放线菌无非是一类具有丝状分枝细胞的细菌。主要根据为：①有原核；②菌丝直径与细菌相仿；③细胞壁的主要成分是肽聚糖；④有的放线菌产生有鞭毛的孢子，其鞭毛类型也与细菌的相同；⑤放线菌噬菌体的形状与细菌的相似；⑥最适生长 pH 值与多数细菌的生长 pH 值相近，一般呈微碱性；⑦DNA 重组的方式与细菌的相同；⑧核糖体同为 70S；⑨对溶菌酶敏感；⑩凡细菌所敏感的抗生素，放线菌也同样敏感。

一、放线菌的形态结构

放线菌菌体为单细胞，大多由分枝发达的菌丝组成；少数为杆状或具有原始菌丝。菌丝直径与杆状细菌差不多，大约 1μm，革兰氏染色阳性，极少为阴性。放线菌的种类很多，这里以分布最广、种类最多、形态特征最典型和与人类关系最密切的链霉菌属为例来阐述其一般的形态构造。

放线菌菌丝细胞的结构与细菌基本相同。根据菌丝形态和功能可分为三种。链霉菌的菌丝形态如图 4–1 所示。

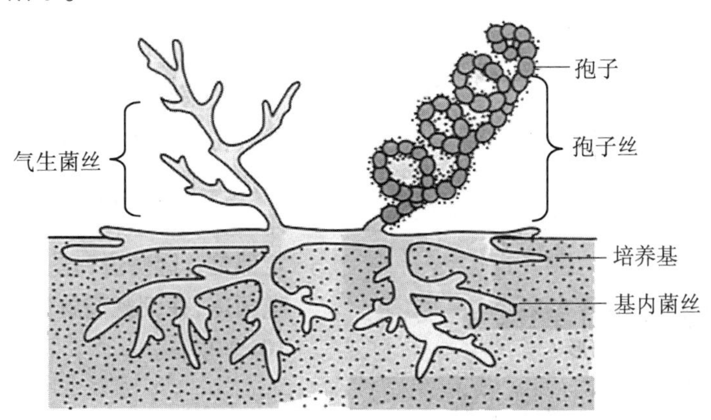

图 4–1　链霉菌的菌丝形态

1. 营养菌丝

也称基内菌丝，生长于培养基内，主要功能是吸收营养物质，营养菌丝一般无隔膜，内含有许多核质体，直径约为 0.2～0.8μm，但长度差别很大。有的无色素，有的能产生不同色素。若是水溶性的色素，可透入培养基内，将培养染上相应的颜色。如果非水溶性色素，则使菌落呈现相应的颜色。因此色素是鉴定菌种的一个重要依据。

2．气生菌丝

营养菌丝发育到一定时期，长出培养基外伸向空间的菌丝称为气生菌丝。它叠生于营养菌丝上，以至可覆盖整个菌落表面，在光学显微镜下菌丝较粗、颜色较深，直径约为 1～1.4μm。

3．孢子丝

放线菌生长发育到一定阶段，在其气生菌丝上分化出可形成孢子的菌，该菌丝称为孢子丝。孢子丝的形状和在气生菌丝上的排列方式，随菌种而异，有直形、波曲、螺旋状等之分。孢子丝发育到一定阶段可形成孢子。由于孢子含有不同色素，成熟的孢子堆也表现出特定的颜色，而且在一定条件下比较稳定，故也是鉴定菌种的依据之一。

链霉菌孢子丝的形态多样，有直线状、波曲状、钩状、螺旋状、轮生（包括一级轮生和二级轮生）等多种。各种链霉菌有不同形态的孢子丝，而且性状较稳定，是对它们进行分类、鉴定的重要指示。链霉菌的各种孢子丝形态如图 4–2 所示。

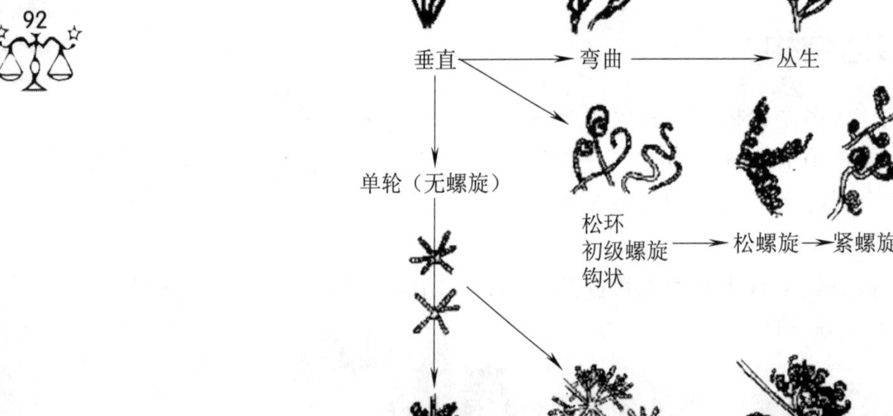

图 4–2　链霉菌的各种孢子丝形态

二、放线菌的菌落特征

由菌丝体组成的菌落一般为圆形，秃平或有许多皱褶和地衣状。由于放线菌的气生菌丝较细，生长缓慢，菌丝分枝相互交错缠绕，所以形成的菌落质地致密，表面呈较紧密的绒状，坚实、干燥、多皱，菌落较小而不延伸。放线菌菌落特征如图 4–3 所示。

菌落形成随菌种不同而不同。一类是产生大量分枝的基内菌丝和气生菌丝的菌种，如链霉菌（Streptomyces），基内菌丝伸入基质内，菌落紧贴培养基表面，极坚硬，若用接种铲来挑取，可将整个菌落自表面挑起而不破裂。菌落表面起初光滑或如发状缠结，其后在上面产生孢子，表面呈粉状、颗粒状或絮状。气生菌丝有时呈同心环。

另一类是不产生大量菌丝的菌种，如诺卡氏菌（Nocardia）所形成的菌落。这类菌菌落的黏着力不如上述的强，结构成粉质，用针挑取则粉碎（图 4–3），所以放线菌菌落不同于细菌。

在放线菌菌落表面常产生聚集成点状的白色或黄色菌丝，它们是次生菌丝，产生孢子。普通染色剂如次甲基蓝、结晶紫和石炭酸品红都可作为气生菌丝、基内菌丝和孢子的染料。

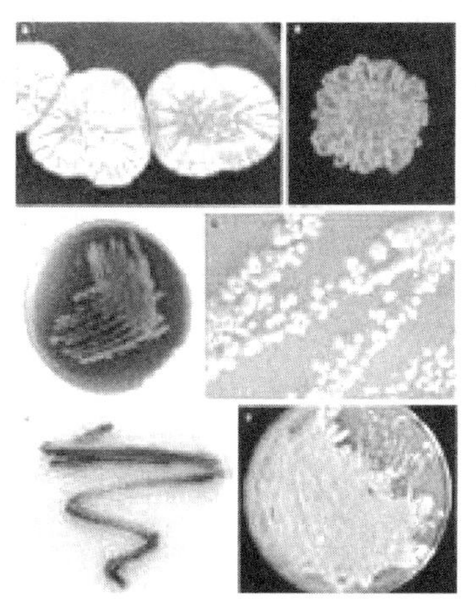

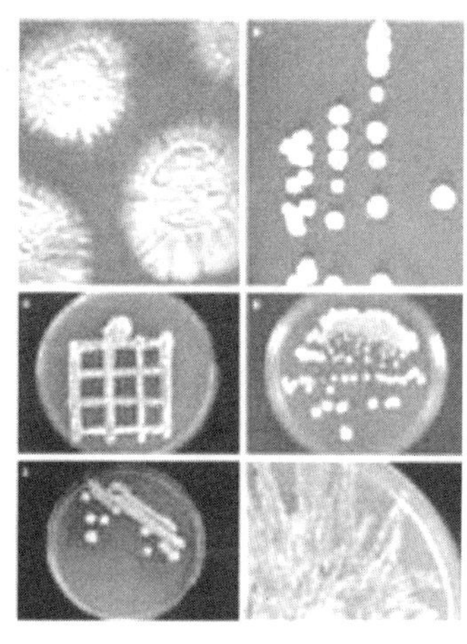

图 4–3　放线菌菌落特征

三、放线菌的繁殖方式

放线菌主要通过形成无性分生孢子来繁殖后代。分生孢子是通过横隔分裂方式形成的，孢子丝长到一定阶段，其中产生横隔膜，然后在横隔膜处断裂形成分生孢子。横割分裂可通过两种途径实现：①细胞膜内陷，并由外向内逐渐收缩，最后形成一个完整的横割膜，通过这种方式可把孢子丝分割成许多分生孢子；②细胞壁和细胞膜同时内陷，并逐步向内缢缩，最终将孢子丝缢裂成一串分生孢子。

放线菌生长发育到一定阶段，一部分气生菌丝形成孢子丝，孢子丝分化成熟便分化形成孢子，孢子在适宜环境中吸收水分，膨胀，萌发出 1～4 根芽管，芽管进一步生长，分枝形成菌丝体。放线菌的孢子抗干燥能强，但不耐高温。

【实训过程】

一、材料准备

（1）样品　过筛（孔径约 2mm）的新鲜土壤样品（使用前先测定含水量）。

（2）培养基　在 300mL 三角瓶中分别分装 150mL 马铃薯葡萄糖培养基和高氏 1 号培养基。

（3）染色液　石炭酸复红染色液。

（4）灭菌物品　250mL 三角瓶分装 90mL 无菌水（内含 20～30 粒玻璃珠），18mm×180mm 试管分装 9mL 无菌水，培养皿，1mL 吸管，玻璃刮铲。

（5）器材　载玻片，玻璃纸，小刀，接种环，吸水纸，擦镜纸，酒精灯，香柏油，乙醚–乙醇混合液，显微镜。

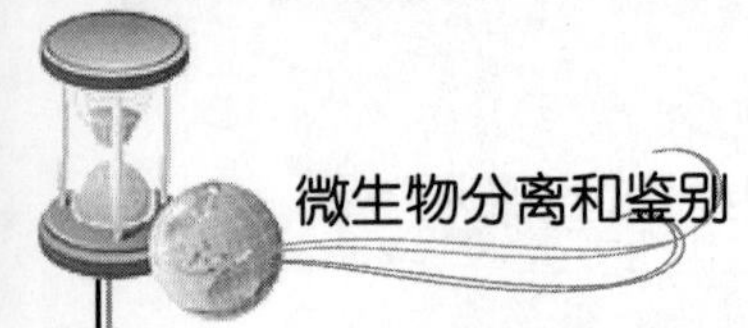

二、稀释混合平板法分离放线菌

1. 土壤稀释液的制备

（1）土样风干烘干。将采集的土样，在一玻璃平盘中平铺，自然风干 5 天左右，此举可大幅度减少细菌菌群。用玻棒将干土样碾碎过筛，50℃烘干 1h。

（2）称取土样 10g，放入盛 90mL 无菌水三角瓶中，振荡 15～20min，使微生物细胞分散，静置约 20～30s，即成 10^{-1} 的土壤悬液。稀释时，在无菌水的三角瓶中加 10 滴 100g/L 的石炭酸溶液和 50ug/mL 的制霉菌素以抑制细菌和霉菌的生长。

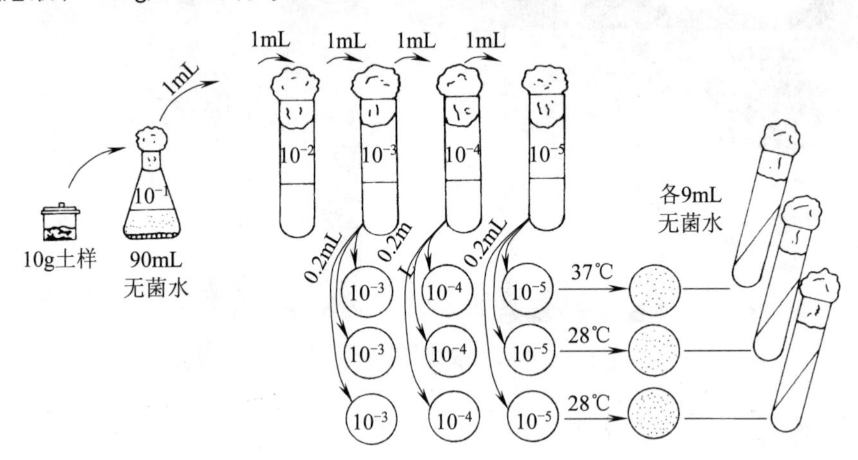

图 4-4 从土壤中分离微生物操作过程

（3）另取装有 9mL 无菌水的试管，编号为 10^{-2}、10^{-3}、10^{-4}、及 10^{-5}，用无菌吸管吸取 10^{-1} 土壤悬液 lmL，加入编号 10^{-2} 的无菌试管中，吹吸三次，使之混合均匀，即成 10^{-2} 的土壤稀释液。再用另一支吸管吸取 10^{-2} 试管中的土壤稀释液 1mL，加入编号 10^{-3} 的无菌试管中，轻轻摇动，使之混合均匀，即成 10^{-3} 的土壤稀释液，一定要每次更换一支无菌吸管（连续稀释）。同法依次分别稀释成 10^{-3}、10^{-4} 和 10^{-5} 等一系列稀释度菌悬液。

2. 平板制作

将无菌培养皿编上 10^{-3}、10^{-4} 和 10^{-5} 号码，每一号码重复设两个。

用 1mL 无菌吸管按无菌操作要求吸 10^{-5} 稀释液各 1mL，分别放入编号 10^{-5} 的两个培养皿中。同法吸取 10^{-4} 稀释液各 1mL，分别放入编号 10^{-4} 的两个培养皿中。再吸取 10^{-3} 稀释液各 1mL，分别放入编号 10^{-3} 的两个培养皿中。然后在 6 个培养皿中分别倒入 15mL 已融化并且冷却至 45℃左右的高氏 1 号培养基，加盖后轻轻摇动培养皿，使培养基均匀分布，平置于桌面上，待凝固后即成平板，整个操作过程应严格按照无菌操作。

【提示注意】该步骤也可用“涂布平板计数法”进行，各取 10^{-2}、10^{-3} 和 10^{-4} 稀释液各 0.1mL 在固体平板上进行涂布分离。

3. 培养与移植

待平板完全冷凝后，将平板倒置 28～30℃恒温箱中培养 4～5 天，检查分离结果并进行菌落计数，将培养后长出的单个菌落分别挑取接种到高氏 1 号培养基的斜面上，然后置于 30℃恒温箱中培养，待菌苔长出后，检查菌苔是否单纯，也可用显微镜涂片染色检查是否为单一的微生物，若有其他菌混杂，就可再一次进行分离、纯化，直至获得纯培养。

三、放线菌菌落和菌体特征观察

观察所纯化的菌落的大小、表面的形状（崎岖，褶皱或平滑）、气生菌丝形态（绒状，粉状或茸毛状），有无同心环，菌落颜色（气生菌丝，基内菌丝及孢子丝的颜色）等。放线菌菌体特征观察有以下三种方法。

1. 印片法

（1）印片　用解剖刀取放线菌培养体一块，将菌面朝上放在一载玻片上，另取一洁净载玻片置于火焰上微热后，盖在菌苔上，轻轻按压，使培养物（气生菌丝、孢子丝或孢子）粘附（“印”）在后一块载玻片的中央，有印迹的一面朝上，通过火焰 2～3 次固定。

（2）染色　用碳酸复红覆盖印迹，染色约 1min 后水洗。

（3）镜检　干后先用低倍镜后用高倍镜，最后用油镜观察孢子丝、孢子的形态及孢子排列情况。

2. 插片法

将放线菌接种在琼脂平板上，插上灭菌盖玻片后培养，使放线菌丝沿着培养基表面与盖玻片的交接处生长而附着在盖玻上，观察时，轻轻取出盖玻片，置于载玻片上直接镜检。这种方法可以观察到放线菌自然生长状态下的特征，而且便于观察不同生长期的形态。

3. 玻璃纸法

玻璃纸是一种透明的半透膜，将灭菌的玻璃纸覆盖在琼脂平板表面，然后将放线菌接种于玻璃纸上，经培养，放线菌在玻璃纸上生长形成菌苔。观察时，揭下玻璃纸，固定在载玻片上直接镜检。这种方法既能保持放线菌的自然生长，也便于观察不同生长期的形态特征。

四、分离菌株的保藏

将纯化的放线菌单菌落按编号接入高氏 1 号培养基斜面，28℃培养 3 天，观察有无污染，取出进行 4℃保藏。

【提示注意】

（1）由于放线菌在培养基上蔓延生长不如真菌快，其繁殖速度又比细菌慢，故分离这类微生物时要特别注意防止细菌和霉菌的蔓延，以免妨碍放线菌的生长。为了保证放线菌的优势生长，可对样品做如下处理：

1）为了除去部分细菌，可先将土壤进行风干。因为细菌营养体遇干燥环境容易死亡，而放线菌比细菌的抗干燥能力强。风干的土壤与少量 $CaCO_3$ 混合，于 28℃培养数天，更能进一步减少细菌和增加放线菌的数量。

2）选用的土壤稀释度要根据放线菌的多少来决定，可用 10^{-3}、10^{-4} 或其他稀释度。在所选用的稀释液中加入 100g/L 酚 10 滴，充分混匀，可进一步减少细菌和霉菌的生长。

3）一般放线菌生长的适宜温度为 25～28℃，培养 5～7 天，培养基为高氏一号培养基。

（2）铲菌苔时注意不要将琼脂铲得太厚，以免影响压片。

（3）玻片不要太热，以免琼脂融化，干扰放线菌的附着。

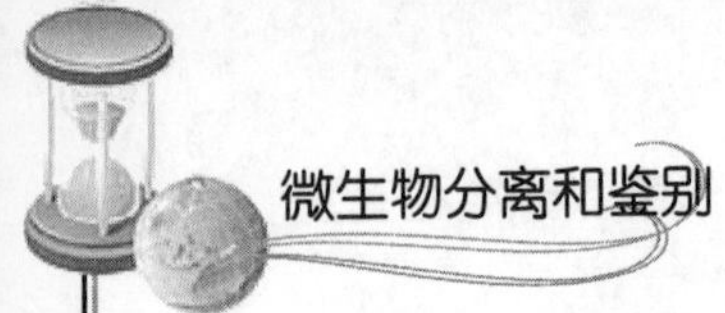

（4）制片过程中切不可涂片，以免破坏菌丝形态。

（5）印片完毕后注意将印有放线菌的一面朝上进行固定，印片不要用力过大压坏琼脂培养基，也不要挪动，以免改变放线菌的自然形态。

（6）观察时宜采用略暗的光线。

【实训报告】

<table>
<tr><td colspan="4">工作任务：土壤中放线菌的分离和鉴别</td></tr>
<tr><td>样品来源</td><td></td><td>实训日期</td><td></td></tr>
<tr><td>实训目的</td><td colspan="3"></td></tr>
<tr><td>实训原理</td><td colspan="3"></td></tr>
<tr><td>实训材料</td><td colspan="3"></td></tr>
<tr><td colspan="4">实训过程</td></tr>
<tr><td colspan="4"></td></tr>
<tr><td colspan="4">结果报告：观察和描述你所观察到的 3 种不同放线菌的主要形态特征，注明各部分名称</td></tr>
</table>

菌体和菌落特征	菌株 1	菌株 2	菌株 3
菌体形态	○	○	○
菌落大小			
表面形状			
气生菌丝团形状			
有无同心环			
菌落颜色			

思考与讨论：

（1）试比较三种培养和观察放线菌方法的优缺点。

（2）镜检时，你如何区分放线菌的基内菌丝和气生菌丝？

（3）设想在进行土样处理或分离时是否可采用抑菌剂。哪种物质较理想？

【知识拓展】 微生物的生长

一个微生物细胞在合适的外界环境条件下，不断地吸收营养物质，并按其自身的代谢方式进行新陈代谢。如果同化作用的速度超过了异化作用，则其原生质的总量（重量、体积、大小）就不断增加，于是出现了个体的生长现象。如果这是一种平衡生长，即各细胞组分是按恰当的比例增长时，则达到一定程度后就会发生繁殖，从而引起个体数目的增加，这时，原有的个体已经发展成一个群体。随着群体中各个个体的进一步生长，就引起了这一群体的生长，这可从其重量、体积、密度或浓度作指标来衡量。所以：

个体生长→个体繁殖→群体生长

群体生长=个体生长+个体繁殖

这里需要强调的是，上述微生物生长的阶段性，对于单细胞微生物来说是不明显的，往往在个体生长的同时，伴随着个体的繁殖，这一特点，在细菌快速生长阶段尤为突出，有时在一个细胞中出现 2 或 4 个细胞核；除了特定的目的以外，在微生物的研究和应用中，只有群体的生长才有实际意义，因此，在微生物学中提到的“生长”，均指群体生长。这一点与研究高等生物时有所不同。

微生物的生长繁殖是其在内外各种环境因素相互作用下的综合反映，因此，生长繁殖情况就可作为研究各种生理、生化和遗传等问题的重要指标；同时，微生物在生产实践上的各种应用或是对致病、霉腐微生物的防治，也都与它们的生长繁殖和抑制紧密相关。

微生物生长情况可以通过测定单位时间里微生物数量或生物量的变化来评价。通过微生物生长的测定可以客观地评价培养条件、营养物质等对微生物生长的影响，或评价不同的抗菌物质对微生物产生抑制（或杀死）作用的效果，或客观反应微生物的生长规律。因此微生物生长的测量在理论上和实践上有着重要的意义。微生物生长的测量有计数、重量和生理指标等方法。

一、以细胞数目变化为指标测定微生物的生长

此法通常用来测定样品中所含细菌、孢子、酵母菌等单细胞微生物的数量。计数法又分为直接计数法和间接计数两类。

1. **显微镜直接计数法**

这类方法是利用血球计数板，在显微镜下计算一定容积里样品中微生物的数量。计数板是一块特制的载玻片，上面有一个特定的面积 $1mm^2$ 和高 0.1mm 的计数室，在 $1mm^2$ 的面积里又被刻划成 25 个（或 16 个）中格，每个中格进一步划分成 16 个（或 25 个）小格，但计数室都是由 400 个小格组成。

将稀释的样品滴在计数板上，盖上盖玻片，然后在显微镜下计算 4～5 个中格的细菌数，并求出每个小格所含细菌的平均数，再按下面公式求出每毫升样品所含的细菌数。每毫升原液所含细菌数=每小格平均细菌数×400×10 000×稀释倍数。血球计数板适用于计数个体形态较大的单细胞微生物的计数，如酵母菌；细菌计数器适于计数个体形态较小的细菌的计数。这种方法简便、快捷，缺点是不能区分死菌与活菌。

2. **比浊法**

这是一种快速测定菌悬液中细胞数量的方法。原理是在一定范围内，单细胞微生物的悬液中细胞浓度与混浊度成正比，即与光密度成正比，菌数越多，光密度越大。因此可以借助于分光光度计或浊度计，在一定波长下，测定菌悬液的光密度，以光密度（OD）表示菌量，再对照标准曲线，即可求出菌数。该法简单快速，但菌体生长的各个阶段透光率不同，有一

定的误差。实训测量时一定要控制在菌浓度与光密度成正比的线性范围内，否则不准确。

3. **平板菌落计数法**

此法又称活菌计数法，其原理是每个活细菌在适宜的培养基和良好的生长条件下可以通过生长形成菌落。将待测样品经一系列 10 倍稀释，然后选择三个稀释度的菌液，分别取一定量稀释液放入无菌平皿，再倒入适量的已熔化并冷却至 45℃左右的培养基，与菌液混匀，冷却、待凝固后，放入适宜温度的培养箱或温室培养，长出菌落后，计数，按下面公式计算出原菌液的含菌数：

每毫升原菌液活菌数 = 同一稀释度平皿菌落平均数×稀释倍数/平板菌液注入量（mL）

此法还可以将稀释的菌液加到已制备好的平板上，然后用无菌涂布棒将菌液涂布整个平板表面，放入适宜温度下培养，计算菌落数，再按上公式计算出每毫升原菌液的所含活菌总数。

此法可因操作不熟练造成污染，或因培养基温度过高损伤细胞等原因造成结果不稳定。尽管如此，由于该方法能测出样品中微量的菌数，仍是教学、科研和生产上常用的一种测定细菌数的有效方法。土壤、水、牛奶、食品和其他材料中所含细菌、酵母、芽孢与孢子等的数量均可用此法测定。但不适于测定样品中丝状体微生物，例如放线菌或丝状真菌或丝状蓝细菌等的营养体等。

4. **稀释培养法**

稀释培养法是用统计的方法来推算菌液的活菌数。对未知菌样作连续的 10 倍系列稀释。根据估计数，从最适宜的 3 个连续的 10 倍稀释液中各取 5mL 试样，接种到 3 组共 15 支装有培养液的试管中（每管接入 1mL）。经培养后，记录每个稀释度出现生长的试管数，然后查 MPN（最大可能数量）表，再根据样品的稀释倍数就可计算出其中的活菌含量。

5. **薄膜过滤法**

薄膜过滤法是当样品中菌数很低时，可以将一定体积的湖水、海水或饮用水等样品通过膜过滤器，菌体将被阻留在滤膜上，然后将滤膜放在适当的固体培养基上培养，长出菌落后计数即可求出样品中所含的菌数。

二、以细胞物质量为指标测定微生物的生长

1. **细胞干重法**

此法的原理是根据每个细胞有一定的重量而设计的。它可以用于单细胞、多细胞以及丝状体微生物生长的测定。将一定体积的样品通过离心或过滤将菌体分离出来，经洗涤，再离心后直接称重，求出湿重，如果是丝状体微生物，过滤后用滤纸吸去菌丝之间的自由水，再称重求出湿重。不论是细菌样品还是丝状菌样品，可以将它们放在已知重量的平皿或烧杯内，于 105℃烘干至恒重，取出放入干燥器内冷却，再称量，求出微生物干重。

如果要测定固体培养基上生长的放线菌或丝状真菌，可先加热至 50℃，使琼脂熔化，过滤得菌丝体，再用 50℃的生理盐水洗涤菌丝，然后按上述方法求出菌丝体的湿重或干重。这种方法直接可靠，对单细胞，多细胞都适用。但要求测定的菌体浓度要高，且不含杂质。

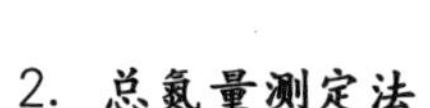

2. **总氮量测定法**

蛋白质是生物细胞的主要成分，核酸及类脂等中也含有一定量的氮素。已知细菌细胞干重的含氮量一般为 12%～15%，酵母菌为 7.5%，霉菌为 6.0%。因此只要用化学分析方法（如双缩脲法、福林试剂法、凯氏定氮法等）测出待测样品的含氮量，也能推算出细胞的生物量。本方法适用于在固体或液体条件下微生物总生物量的测定，但需充分洗涤菌体以除去含氮杂质，缺点是操作程序较复杂，一般很少采用。

3. **DNA 含量测定法**

微生物细胞中的 DNA 含量虽然不高（如大肠杆菌约占 3%～4%），但由于其含量较稳定，不会因加入营养物而发生变化，有人估算出每一个细菌细胞平均含 DNA8.4×10^{-5}ng，因而也可以根据分离出样品中的 DNA 含量来计算微生物的生物量。

三、微生物群体生长规律

单细胞的微生物，如细菌、酵母菌在液体培养基中，可以均匀地分布，每个细胞接触的环境条件相同，都有充分的营养物质，故每个细胞都迅速地生长繁殖。霉菌多数是多细胞微生物，菌体呈丝状，在液体培养基中生长繁殖的情况与单细胞微生物不一样，如果采取摇床培养，则霉菌在液体培养中的生长繁殖情况，近似于单细胞微生物。因液体被搅动，菌丝处于分布比较均匀的状态，而且菌丝在生长繁殖过程中不会象在固体培养基上那样有分化现象，孢子产生也较少。

微生物生长繁殖的速度非常快，一般细菌在适宜的条件下，大约 20～30min 就可以分裂一次，如果不断迅速地分裂，短时间内可达惊人的数目，但实际上是不可能的。在培养条件保持稳定的状况下，定时取样测定培养液中微生物的菌体数目，发现在培养的开始阶段，菌体数目并不增加，一定时间后，菌体数目就增长很快，继而菌体数目增长速度保持稳定，最后增长速度逐渐下降以致等于零。细菌接种到均匀的液体培养基后，当细菌以二分裂法繁殖，在不补充营养物质或移去培养物，保持整个培养液体积不变条件下，以时间为横坐标，以菌数的对数为纵坐标，根据不同培养时间时细菌数量的变化，可以作出一条反映细菌在整个培养期间菌数变化规律的曲线，这种曲线称为生长曲线（Growth Curve）。一条典型的生长曲线至少可以分为迟缓期、对数生长期、稳定生长期和衰亡期等四个生长时期（图 4-5）。

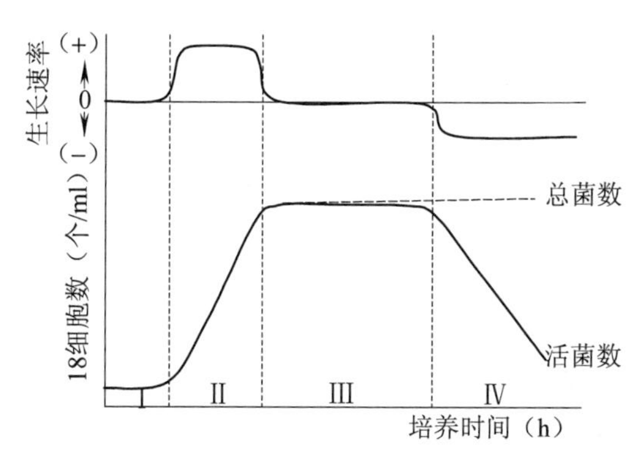

图 4-5　细菌的生长曲线

I 一是迟缓期　II—对数生长期　III—稳定生长期　IV—衰亡期

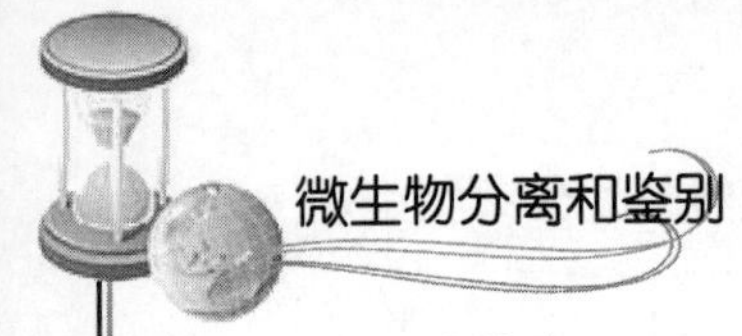

1．迟缓期

又称延滞期、适应期。细菌接种到新鲜培养基而处于一个新的生长环境，因此在一段时间里并不马上分裂，细菌的数量维持恒定，或增加很少。此时胞内的 RNA、蛋白质等物质含量有所增加，相对地此时的细胞体最大，说明细菌并不是处于完全静止的状态。延滞期有如下特点：生长的速率常数为零；细胞的体积增大，DNA 含量增多为分裂作准备；合成代谢旺盛，核糖体、酶类和 ATP 的合成加快，易产生诱导酶；对不良环境敏感，例如 pH、Nacl 溶液浓度、温度和抗生素等化学物质。

迟缓期出现的原因，可能是为了重新调整代谢。当细胞接种到新的环境（如从固体培养基接种到液体培养基）后，需要重新合成必需的酶类、辅酶或某些中间代谢产物，以适应新的环境而出现生长的延滞期。

为了提高生产效率，发酵工业中常常要采取措施缩短延滞期，具有十分重要的意义，其方法主要有：①以对数期的菌体作种子菌，因对数期的菌体生长代谢旺盛，繁殖力强，抗不良环境和噬菌体的能力强，采用对数期的菌体作种子，延滞期就短。②适当增大接种量，生产上接种量的多少是影响延滞期的一个重要因素，接种量大，延滞期短，接种量小，则延滞期长。一般采用 3%～8%的接种量，根据生产上的具体情况而定，最高不超过 1/10。③为了缩短培养基的营养成分差异，常常在种子培养基中加入生产培养基的某些营养成分，即是种子培养基尽量接近发酵培养基，通常微生物生长在营养丰富的天然培养基中比营养单调的组合培养基中快。

2．对数生长期

又叫指数期，指在生长曲线中，紧接着延滞期后的一段时期。此时菌体细胞生长的速率常数 R 最大，分裂快，细胞每分裂繁殖一次的增代时间（即代时）短，细胞进行平衡生长，菌体内酶系活跃，代谢旺盛，菌体数目以几何级数增加，群体的形态与生理特征最一致，抗不良环境的能力强。

对数生长期细菌的代谢旺盛、酶活性高而稳定，菌细胞大小比较一致，生命力强，因而它广泛地在生产上用作“种子”和在科研上作为理想的实验材料。影响微生物对数期世代时间的因素很多，主要有菌种、营养成分、营养物浓度及培养温度等.

3．稳定生长期

又叫最高生长期或恒定期。处于稳定期的微生物其特点是新繁殖的细胞数与衰亡细胞数几乎相等，即是正生长与负生长达动态平衡，此时生长速度逐渐趋向于零。出现稳定期的原因主要有①营养物质特别是生长限制因子的耗尽，营养物质的比例失调，例如 C/N 比值不合适等；②酸、醇、毒素或过氧化氢等有害代谢产物的累积；③pH、氧化还原势等环境条件越来越不适宜等。

稳定期是以生产菌体或与菌体生长相平行的代谢产物，例如单细胞蛋白、乳酸等为目的的一些发酵生产的最佳收获期，也是对某些生长因子例如维生素和氨基酸等进行生物测定的必要前提。稳定期的微生物，在数量上达到了最高水平，产物的积累也达到了高峰，这时，菌体的总产量与所消耗的营养物质之间存在着一定关系。此外，由于对稳定期到来的原因进行研究，促进了连续培养技术的产生和研究。生产上常常通过补料、调节温度和 pH 等措施，延长稳定期，以积累更多的代谢产物。

4. **衰亡期**

营养物质耗尽和有毒代谢产物的大量积累，细菌死亡速率逐步增加和活细菌逐步减少，标志进入衰亡期。该时期细菌代谢活性降低，细菌衰老并出现自溶。该时期死亡的细菌以对数方式增加，但在衰亡期的后期，由于部分细菌产生抗性也会使细菌死亡的速率降低。

此外，不同的微生物，甚至同一种微生物对不同物质的利用能力是不同的。有的物质可直接被利用（例如葡萄糖或 NH_4^+等）；有的需要经过一定的适应期后才能获得利用能力（例如乳糖或 NO_3^-等）。前者通常称为速效碳源（或氮源），后者称为迟效碳源（或氮源）。当培养基中同时含有这两类碳源（或氮源）时，微生物在生长过程中会产生二次生长现象。

任务二　稀有放线菌的分离和鉴别

【相关知识】常用放线菌及其分类

土壤是微生物的大本营，其中的放线菌多以链霉菌为主，因此人们通常将除链霉菌以外的其他放线菌统称为稀有放线菌。若以常规方法进行分离，得到的几乎全部是链霉菌。然而，当采用加热处理土样、选用特殊培养基或添加某种抗生素等方法时，均可提高稀有放线菌的获得率。

由于稀有放线菌在自然界中存在的数量比链霉菌少得多，所以常规的土壤分离方法往往较难分离得到它们。有目的地分离稀有放线菌的工作可以采取如下一些措施：一是采用选择性培养基，抑制链霉菌的生长；二是将土样作适当的处理，杀死土样中敏感的微生物。由此创造出让不敏感的稀有放线菌生长出来的条件；三是从某些具有特殊微生物区系的土样、水样、动植物残体或活体中分离其特殊的放线菌。这里介绍用选择性培养基从土壤中分离马杜拉属放线菌与游动放线菌等稀有放线菌的方法。

一、发酵工业中常用的放线菌

1. 链霉菌属

基内菌丝一般无横隔，直径 0.5～0.8μm，气生菌丝生长丰茂，通常比基内菌丝粗 1～2 倍，孢子丝为长链，单生，呈直形、波曲状或螺旋状，成熟时呈现各种颜色，多生长在含水量较低、通气较好的土壤中。它们是抗生素工业所用放线菌中最重要的属。已知链霉菌属有 1 000 多种。许多著名的常用抗生素都是由链霉菌产生的，如链霉素、土霉素、井冈霉素、丝裂霉素、博来霉素、制霉菌素和卡那霉素等。

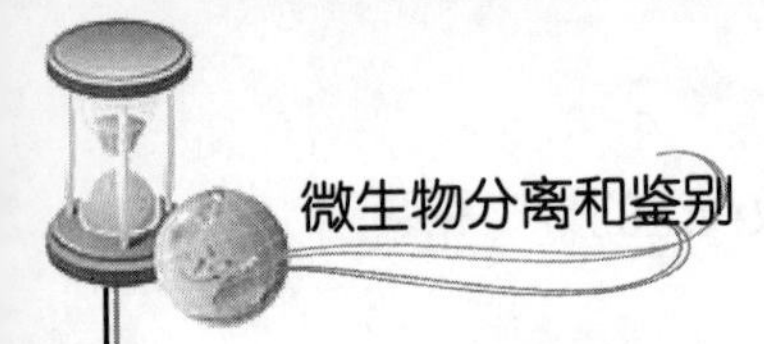

2．诺卡氏菌属

基内菌丝较链霉菌纤细，直径 0.2～0.6μm，有横隔裂断，一般无气生菌丝，基内菌丝培养十几个小时形成横隔，并断裂成杆状或球状孢子。菌落较小，其边缘多呈树根毛状；主要分布于土壤中；有些种能产生抗生素（如利福霉素、蚁霉素等），也可用于石油脱蜡及污水净化中脱氰等。

3．小单孢菌属

孢子单个着生在短孢子梗上，基内菌丝较细，直径 0.3～0.6μm，基内菌丝不断裂，一般无气生菌丝，在基丝上长出孢子梗。菌落较小。不少种产生抗生素，如庆大霉素、利福霉素等。

4．孢囊链霉菌属

孢囊孢子无鞭毛，气生菌丝的孢子丝盘卷成球形孢囊。其孢囊有两层壁，外壁较厚，内壁是薄膜，孢囊里形成孢囊孢子。这类菌亦可产生不少抗生素，如可抑制细菌、病毒和肿瘤的多霉素等。

二、放线菌的分类

放线菌菌体外貌虽像真菌而微细，但其细胞结构属于原核细胞型，与细菌同属原核生物界，而以分核的丝状菌体区别于细菌。

1．放线菌目的分科检索表

在分类上放线菌作为一个目。放线菌目的分类以形态学上的差异为依据。现主要根据基内菌丝的生长状况以及孢子着生方式，将其中主要的 8 个科区分如下。

放线菌目分科检索表

（1）菌丝体向四面八方分裂、基内菌丝顶端尖细，内部丝横分裂呈立体形细胞……………………………………………………………………………………嗜皮菌科（Dermatcphiloceae）

（2）菌丝体沿菌丝长轴作垂直方向分裂

1）基内菌丝体断裂，无气生菌丝，不产生孢子

A. 雏形基内菌丝断裂为 VY 和 T 型细胞……………放线菌科（Actinomycetaceae）

B. 基内菌丝有分枝，横隔、迅速断裂为杆状、球状……诺卡氏菌科（Nocardiaceae）

2）基内菌丝体不断裂

A. 孢子生长在短梗上或孢子丝上

（A）孢子单个着生

a. 单个孢子着生在基丝的短梗上，基丝纤细，0.2～0.6μm……………………………………………………………………小单孢菌科（Micromonosporcrpceae）

b. 单个孢子着生在气丝和基丝的短梗上，在高温中生长……………………………………………………………高温放线菌科（Thermoactinomycetaceae）

（B）2～20 个孢子着生在气丝和基丝的短孢子梗上…………………………………………………………………………小多孢菌科（Micropolysporoceae）

（C）孢子在长链孢子丝上，气丝丰茂，基丝无横隔，直径较粗……………………………………………………………………………链霉菌科（Strepomycetaceae）

B. 孢子形成于孢囊中，孢囊发生于气丝或基丝上，孢子有鞭毛能游动或无鞭毛不游动…………………………………………游动放线菌科（Actimoplanceae）

2. 放线菌属和种的鉴定方法

放线菌的分类鉴定一向以形态和培养特征为主，生理生化和生态特征为辅。属的鉴定常采用形态特征与细胞壁化学组分类型相结合的方法。

（1）形态　首先将分离获得的纯菌种在光学显微镜及电子显微镜下镜检。将菌种接在葡萄糖天门冬素琼脂或燕麦粉琼脂上，进行埋片或插盖玻片法培养。分别在培养后的 1 天、3 天、5 天、7 天、14 天、20 天取出载玻片或盖玻片，用细胞壁染色法、镜检长在其表面的菌种在不同时间的发育情况。或从生长两周左右的菌种斜面上挑取一小块菌体，进行压片染色镜检。主要观察基内菌丝体有无横隔和断裂，了解气生菌丝生长的特点。另外要借助电子显微镜观察孢子表面结构和有无鞭毛等。

（2）细胞壁的化学组成　放线菌的细胞壁与细菌的一样，其壁具有肽聚糖、胞壁酸、多糖等高分子物质，但不同属的成分和结构并不相同。

此外，整个细胞含的糖类也不相同。用菌体水解液的上部清液蒸干后，将残余物进行纸层析点样，另用标准糖或氨基酸作对照，显色后，可以测定二氨基庚二酸和其他氨基酸，以及特征性糖，获得的细胞壁化学组分型和全细胞糖类型作为属的指标。采用该法比以前纯形态特征划分属更加可靠。

（3）放线菌主要属的简捷分类　放线菌主要属的简捷分类主要通过菌落观察及油镜镜检获得。放线菌主要属的简捷分类如图 4-6 所示。

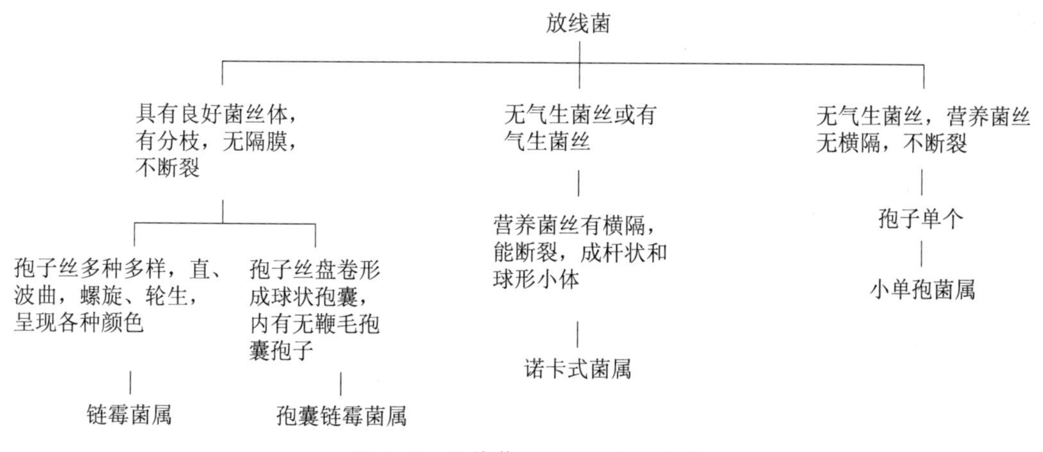

图 4-6　放线菌主要属的简捷分类

三、放线菌与细菌的异同

放线菌与细菌的异同可以从表 4-1 得知。

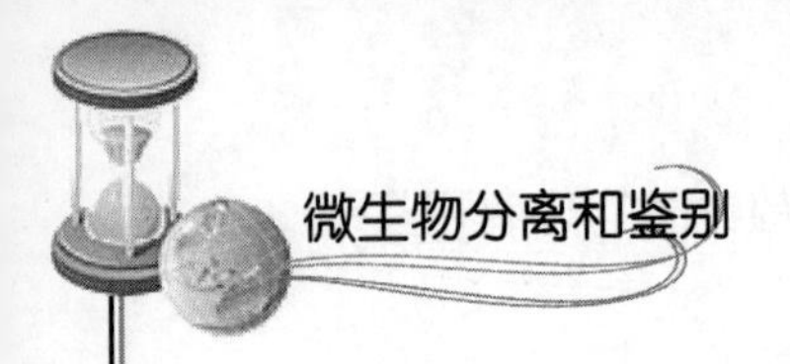

表 4-1　放线菌和细菌的异同

特　征	细　菌	放 线 菌
细胞形态	单细胞呈球状、杆状或螺旋状，直径或宽度一般小于 1μm	单细胞菌丝体，有气生菌丝和基内菌丝之分，直径与细菌相似，但菌体比细菌大
细胞结构	没有完整的核，无线粒体等细胞器，属原核生物	与细菌同
细胞壁	细胞壁含胞壁酸、二氨基庚二酸，不含纤维素和几丁质	与细菌同
菌落形态	长于培养基表面，有各种形状，易挑起	菌落一般紧密而小，菌丝深入培养基内，有皱褶，难挑起
繁殖方式	主要为裂殖	分生孢子、孢囊孢子和菌丝断裂
生长 pH 值	中性或微碱性	与细菌同
对抗生素和噬菌体革兰氏染色反应	除抗真菌抗生素外，一般敏感阳性或阴性	与细菌同阳性

【实训过程】

一、材料准备

1. 马拉杜属放线菌分离的准备

（1）选择含放线菌比较多的森林土壤或耕作土壤。风干后过 80 目筛或 100 目筛。

（2）抗生素：利福平、卡那霉素。利福平配成 500u/mL 的原液，卡那霉素配成 1 000u/mL 的原液，过滤除菌。储存于冰箱备用。

（3）其他：土样筛，恒温水浴锅，平皿，培养箱等。

（4）培养基：高氏 1 号培养基。

2. 游动放线菌分离的准备

（1）培养基：高氏 1 号培养基。

（2）素琼脂培养基（3%）。

二、混土法分离马拉杜属放线菌

（1）取 8 套培养皿，每皿中倒入 15mL 熔化的素琼脂培养基，凝固后即成分离平板底层。

（2）取上述分离培养基两瓶（250mL 三角瓶内装培养基 50mL）熔化后，置于 60℃水浴中，然后向其中的一瓶培养基中加 2mL 利福平溶液，混匀。向另外的一瓶培养基中加入 2mL 卡那霉素溶液，混匀。

（3）将上述分离培养基逐一取出，放置片刻，待温度降至 55℃左右时，向每瓶中加 5mg 左右的细土样，迅速摇匀，倾注约 5mL 于底层平板上，立即荡平成一均匀的薄层。每瓶培养基应倒 4 个平板，注意分别写好编号。

（4）将所做好的混土平板置于 28～30℃恒温箱培养，在两周、三周后分两次挑菌。挑出的菌应在分离用培养基上用划线法进一步纯化，待单菌落长出之后转接斜面培养基，供进

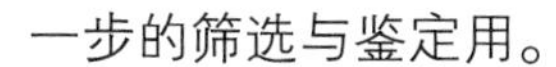

一步的筛选与鉴定用。

三、自然基质诱导法分离游动放线菌

（1）取大约一平匙土壤放于一无菌平皿中，用适量的无菌水将其淹没，然后取数片煮过的草叶或者某种植物的花粉放入水中，让这些物体漂浮在水面上，若水不够，可适当再添一点无菌水，在 28～30℃温度下培养 4～7 天。

（2）用 100×的解剖镜检查水面。

四、菌落观察和活菌计数：参考项目四的任务一

【实训报告】

工作任务：稀有放线菌的分离和鉴别			
样品来源		实训日期	
实训目的			
实训原理			
实训材料			
实训过程			

结果报告：观察和描述你所观察到的 2 种稀有放线菌的主要形态特征，注明各部分名称

菌体和菌落特征	马拉杜属放线菌	游动放线菌
菌体形态	○	○
菌落大小		
表面形状		
气生菌丝团形状		
有无同心环		
菌落颜色		

思考与讨论：

（1）平板稀释法与显微镜下直接计数有何区别？有哪些操作会导致实验误差？

（2）采用稀释平板法，是否能分离到土壤样品内所有的微生物？为什么？

（3）试简述平板划线法的操作要点。

【知识拓展】 微生物的培养方式

工业上根据微生物对氧的需求不同，微生物培养方式分为好氧培养与厌氧培养，根据投料方式的不同，可分为分批发酵，连续发酵与补料分批发酵等，在实验室或在生产实践上，究竟可采取何种科学方法来保证所需微生物的大量繁殖，并进而产生大量有益代谢产物。一个良好的培养装置，应在提供丰富而均匀的营养物质的基础上，能保证微生物获得适宜的温度和对绝大多数微生物所必需的良好通气条件（只有少数厌氧菌例外），此外，还要为微生物提供一个适宜的物理化学条件和严防杂菌的污染等。

一、好氧培养与厌氧培养

1. 好氧培养

好氧培养一般以空气作为氧的来源。在实训室中的好氧菌的培养主要有试管斜面、培养皿培养，菌体生长所需要的氧气可以通过平皿的缝隙和管口的棉塞进行扩散交换而满足。在生产实践上都是通过自然对流和机械通风法来供氧，好氧菌的曲法培养方法都是将接过种的固体基质薄薄地摊铺在容器表面，这样，既可使微生物获得充分的氧气，又可让微生物在生长过程中产生的热量及时释放，这就是曲法培养的基本原理。这主要用于霉菌生产酿造食品及其酶制剂生产中。在生产曲种中，为提高生产效率，其曲种培养采用通风槽，见图 4–7 所示通风曲槽结构模式。

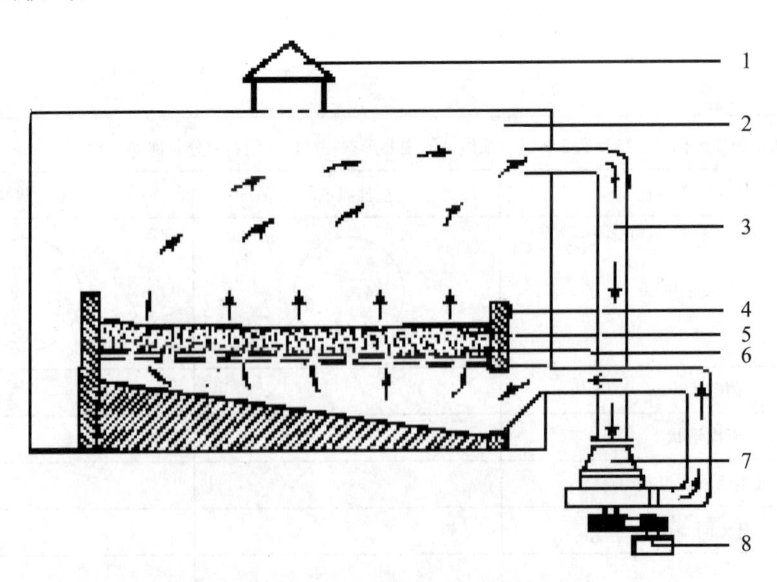

图 4–7　通风曲槽结构模式图

1—天窗　2—曲室　3—风道　4—曲槽　5—曲料　6—蓖架　7—鼓风机　8—电动机

在液体培养基中，微生物只能利用溶于水中的氧，所以保证在培养液中有较高的溶解氧浓度就显得特别重要。在常压下（20℃）达到平衡时，氧在水中的溶解度仅为 6.2mL/L

（0.28mmol）。这些氧只能保证氧化 8.3mg（即 0.046mmol）葡萄糖，仅相当培养基中常用葡萄糖浓度的 1‰。除葡萄糖外，培养基中的无机或有机养料一般都可保证微生物使用几小时至几天，因此，对好氧菌来说，生长的限制因子几乎总是氧的供应。只有将培养液装成浅层时，氧才不至于成为限制因子。在进行液体培养时，一般可通过增加液体与氧的接触面积或提高氧分压来提高溶氧速率，具体措施有：①浅层液体培养；②利用往复式或旋转式摇床对三角瓶培养物作振荡培养；③在深层液体培养器的底部通入加压空气，并用气体分布器使其以小气泡形式均匀喷出；④对培养液进行机械搅拌，并在培养器的壁上设置阻挡装置。

在液体三角瓶培养室，将三角瓶内培养液用 8 层纱布包住瓶口，以取代一般的棉花塞，同时降低瓶内的装液量，把它放到往复式或旋转式摇床上作有节奏的振荡，液体通过不断撞击瓶壁以达到提高溶氧量的目的。

利用发酵罐作深层液体培养，这种培养方法是近代发酵工业中最典型的培养方法。它的发明在微生物培养技术的发展过程中具有革命性的意义。发酵罐的主要作用是要为微生物提供丰富而均匀的养料，良好的通气和搅拌，适宜的温度和酸碱度，并能确保防止杂菌的污染。在发酵罐进行好氧培养时，一般采用通入无菌压缩空气方式供氧。为增大溶氧量，在罐内一般安装搅拌桨，搅拌桨可以把气流分散成微泡，增加气液接触面积，搅拌形成的涡流还可以延长微泡在液体内滞留的时间，从而提供氧的溶解效率（见图 4–8）。

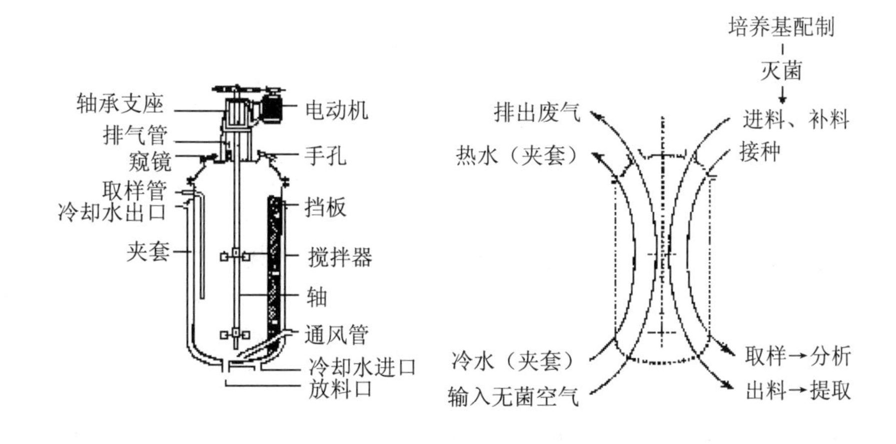

图 4–8　典型发酵罐的构造及其运转原理

2. **厌氧培养**

厌氧培养主要靠隔绝空气或驱除氧气的方式来实现。在实训室培养时，可将菌种接种到固体或半固体培养基的深层进行培养，同时要以加入一些还原剂，如加入焦性没食子酸和碳酸钠，在有水的条件下，它们缓慢作用，吸收氧气，放出 CO_2，从而造成无氧环境。针对厌氧微生物的培养有人采用厌氧培养的专用装置，如厌氧培养皿、厌氧罐等，如图 4–9 和图 4–10 所示。

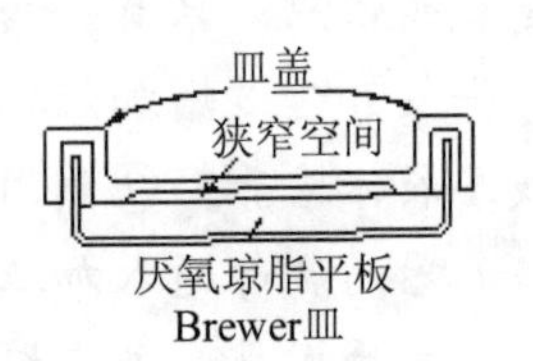

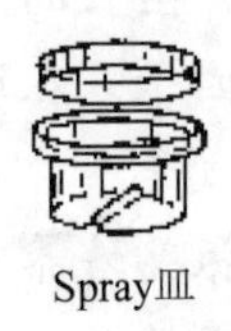

图 4-9　几种厌氧培养皿

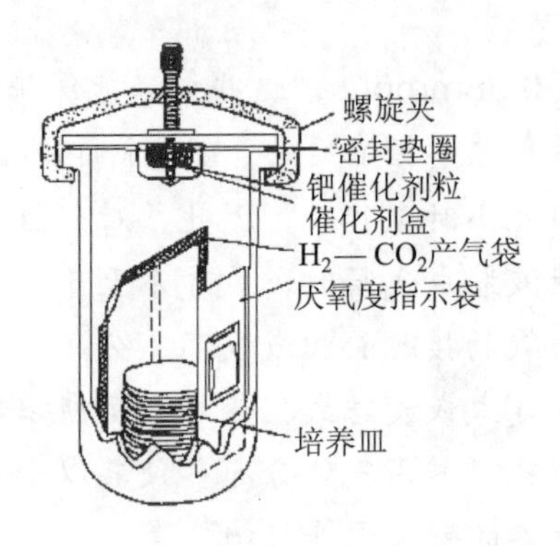

图 4-10　厌氧罐的一般构造

二、分批培养与连续培养

1. 分批培养

将微生物置于一定容积的培养基中，经过培养生长，最后一次收获菌体或其代谢产物的方法，此称分批培养。通过对细菌纯培养生长曲线的分析可知，在分批培养中，培养料一次加入，不予补充和更换。随着微生物的活跃生长，培养基中营养物质逐渐消耗，有害代谢产物不断积累，故细菌的对数期不可能长时间维持。分批培养过程中，微生物所处的基质环境在不断变化，主要表现为菌体的数目，各种代谢产物不断增加，营养物逐渐被消耗。当微生物生长及基质变化达到一定程度时，菌体生长则会停止。分批培养对技术及设备要求较简单，易为人们掌握，仍是当今发酵工业的主流。

（1）分批培养的优点　在发酵过程中除了控制温度、pH 和进行通气外，不进行任何其他控制，因此操作简单，引起染菌的概率低；由于每次发酵都要进行重新接种，发酵时间只有十几个小时到几周时间，因此不会产生菌种老化和变异等问题。

（2）分批培养的缺点　由于每次发酵完毕后都要对发酵罐进行灭菌，加培养基、接种等操作，非生产时间较长、设备利用率低。

2. 连续培养

连续培养是在培养过程中不断补充新鲜培养基，同时以同样的流速不断流出培养物，使被消耗的营养物得到及时补充，培养容器内营养物质的浓度基本保持恒定，从而保持菌体恒定的生长速率。在工业发酵生产中，可提高发酵率和自动化水平，减少动力消耗并提高产品质量。此法已成为当前发酵工业的发展方向。

最简单的连续培养装置包括：培养室、盛无菌培养基的容器以及可自动调节流速（培养基流入，培养物流出）的控制系统，必要时还装有通气、搅拌设备（见图 4-11）。

控制连续培养的方法主要有两类。

（1）恒浊连续培养　不断调节流速而使细菌培养液浊度保持恒定的连续培养方法叫恒浊连续培养（图 4-11A）。在恒浊连续培养中装有浊度计，借助光电池检测培养室中的浊度（即菌液浓度），并根据光电效应产生的电信号的强弱变化，自动调节新鲜培养基流入和培养物流出培养室的流速。当培养室中浊度超过预期数值时，流速加快，浊度降低；反之，流速减慢，浊度增加，以此来维持培养物的某一恒定浊度。如果所用培养基中有过量的必需营养物，就可使菌体维持最高的生长速率。恒浊连续培养中，细菌生长速率不仅受流速的控制，也与菌种种类、培养基成分以及培养条件有关。

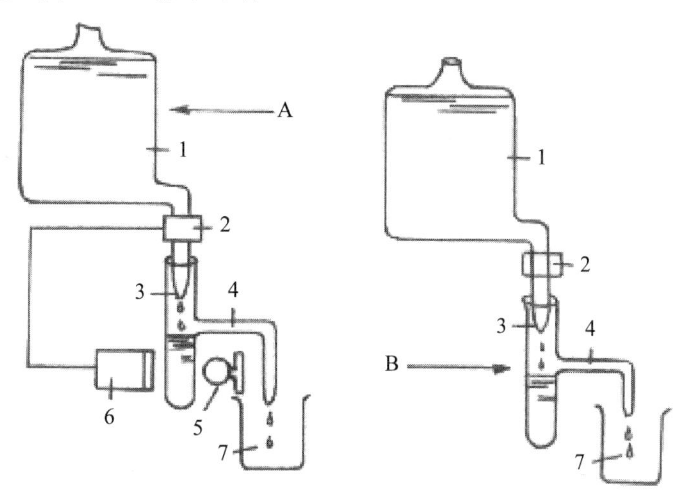

图 4-11 连续培养装置示意图

A. 恒浊培养系统 B. 恒化培养系统

1—盛无菌培养基的容器 2—控制流速阀 3—培养室 4—排出管 5—光源 6—光电池 7—流出物

恒浊连续培养，可以不断提供具有一定生理状态的细胞，得到以最高生长速率进行生长的培养物。在微生物工作中，为了获得大量菌体以及与菌体相平行的代谢产物时，使用此法具有较好的经济效益。

（2）恒化连续培养 控制恒定的流速，使由于细菌生长而耗去的营养及时得到补充，培养室中营养物浓度基本恒定，从而保持细菌的恒定生长速率，故称恒化连续培养，又叫恒组成连续培养（图 4-11B）。已知营养物浓度对生长有影响，但营养物浓度高时并不影响微生物的生长速率，只有在营养物浓度低时才影响生长速率，而且在一定的范围内，生长速率与营养物的浓度成正相关，营养物浓度愈高，则生长速率也高。

恒化连续培养的培养基成分中，必须将某种必需的营养物质控制在较低的浓度，以作为限制因子，而其他营养物均为过量，这样，细菌的生长速率将取决于限制性因子的浓度。随着细菌的生长，限制因子的浓度降低，致使细菌生长速率受到限制，但同时通过自动控制系统来保持限制因子的恒定流速，不断予以补充，就能使细菌保持恒定的生长速率。用不同浓度的限制性营养物进行恒化连续培养，可以得到不同生长速率的培养物。恒化连续培养与恒浊连续培养的比较见表 4-2。

表 4-2 恒化连续培养与恒浊连续培养的比较

装置	控制对象	培养基	培养基流速	生长速率	产物	应用范围
恒浊器	菌体密度（内控制）	无限制生长因子	不恒定	最高速率	大量菌体或菌体相平行的代谢产物	生产为主
恒化器	培养基流速（外控制）	有限制生长因子	恒定	低于最高速率	不同生长速率的菌体	实验室为主

能作为恒化连续培养限制因子的物质很多。这些物质必须是机体生长所必需的，在一定浓度范围内能决定该机体生长速率的。常用的限制性营养物质有作为氮源的氨、氨基酸，作

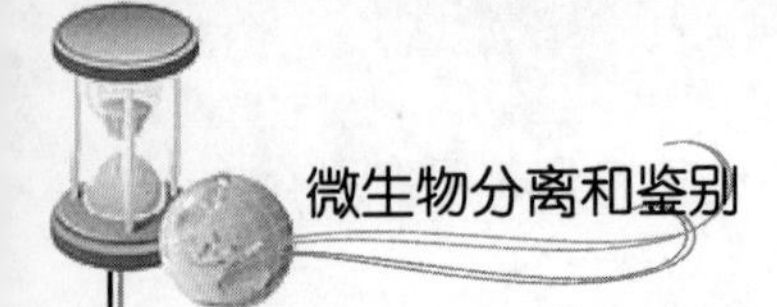

为碳源的葡萄糖、麦芽糖、乳酸，以及生长因子和无机盐等。

连续培养法用于工业发酵时称为连续发酵。我国已用于丙酮-丁醇的发酵生产中，缩短了发酵周期，效果良好。在国外应用更为广泛。连续发酵的最大优点是取消了分批发酵中各批之间的时间间隔，从而缩短了发酵周期，提高了设备利用率。另外，连续发酵便于自动控制，降低动力消耗及体力劳动强度，产品也较均一。但连续发酵中杂菌污染和菌种退化问题仍较突出。代谢产物与机体生长不呈平行关系的发酵类型的连续培养技术，也有待研究解决。

自我提高

一、单项选择题

1. 下列哪种方法不适于死、活菌总数计数？（　　）
A. 血球计数板法　B. 平板菌落计数法　C. 比浊法　D. 涂片染色法

2. 下面关于延迟期的叙述哪项是不正确的？（　　）
A. 调整适应　B. 分裂延迟　C. 细胞数不增加　D. 代谢缓慢

3. 某种细菌代时为 30min，开始时为 2 个细胞，在对数生长期培养 5h，此时有多少个细胞？（　　）
A. 15　B. 48　C. 1 024　D. 3 072

4. 关于稳定期的叙述哪项是不正确的？（　　）
A. 生长速率下降　B. 死亡率渐增
C. 细胞数逐渐减少　D. 积累贮藏物

5. 细菌在哪个生长时期会出现负生长？（　　）
A. 延迟期　B. 对数期　C. 稳定期　D. 衰亡期

6. 细菌在哪个生长阶段中新生的活细胞数与死亡的细胞数几乎相等？（　　）
A. 延迟期　B. 对数期　C. 稳定期　D. 衰亡期

7. 细菌在哪个生长阶段其生长速率最高且较恒定？（　　）
A. 延迟期　B. 对数期　C. 稳定期　D. 衰亡期

8. 大多数芽孢细菌形成芽孢是在哪个生长时期？（　　）
A. 延迟期　B. 对数期　C. 稳定期　D. 衰亡期

9. 处于对数期细胞数的特点是（　　）。
A. 总数达到最高　B. 以几何级数增
C. 不增加　D. 新增细胞数与死亡细胞数相等

10. 在放线菌发育过程中，吸收水分和营养的器官为（　　）。
A. 基质菌丝　B. 气生菌丝　C. 孢子丝　D. 孢子

11. 下列哪项是放线菌的菌落特征？（　　）
A. 质地紧密　B. 湿润光滑
C. 不与培养基结合　D. 易挑取

12. 细菌菌落与放线菌菌落的比较，下列哪项是正确的？（　　）

A. 细菌菌落表面粗糙，放线菌菌落表面光滑
B. 放线菌表面湿润，细菌菌落表面干燥
C. 细菌菌落不与培养基结合，放线菌菌落与培养基结合
D. 细菌菌落与培养基结合，放线菌菌落不与培养基结合

13. 放线菌属于（　　）。
A. 病毒界　B. 原核原生生物界　C. 真菌界　D. 真核原生生物界

14. 放线菌的生殖方式是（　　）。
A. 孢子繁殖　B. 出芽繁殖　C. 分裂繁殖　D. 菌丝体生殖

15. 多数放线菌的营养方式是（　　）。
A. 自养生活　B. 异养生活　C. 腐生生活　D. 寄生生活

二、简答题

1. 什么是放线菌？放线菌虽呈菌丝状生长，但为何目前都认为它在细胞结构上不接近霉菌，而更接近于细菌？

2. 什么叫基内菌丝、气生菌丝和孢子丝？它们间有何联系？
3. 测定微生物的生长常用哪几种方法？试比较它们的优缺点。
4. 细菌的生长曲线分哪几个时期？各时期细菌的代谢活性及繁殖速度如何？
5. 什么是微生物的纯培养？常用哪些纯培养方法？
6. 什么叫分批培养？其优点和缺点各是什么？

项目五　果蔬中酵母菌的分离和鉴别

提起酵母菌这个名称，也许有人不太熟悉，但实际上人们几乎天天都在享受着酵母菌的好处。因为人们每天吃的面包和馒头就是有酵母菌的参与制成的；人们喝的啤酒，也离不开酵母菌的贡献，酵母菌是人类实践中应用比较早的一类微生物，我国古代劳动人民就利用酵母菌酿酒；酵母菌的细胞里含有丰富的蛋白质和维生素，所以也可以做成高级营养品添加到食品中，或用作饲养动物的高级饲料。“酵母”之意为“发酵之母”，国外用“yeast”等名称也具有发酵之意。现国际上用“酵母”一词来称呼一类结构较简单的单细胞真菌。“酵母菌”不是分类学上的名词，它在真菌分类系统中分属于子囊菌纲、担子菌纲与半知菌类。现知酵母大约 500 多种，分属于 56 个属。酵母菌与人类的关系极其密切。可以认为，酵母菌是人类的第一种“家养微生物”。

酵母菌在自然界中分布很广，尤其喜欢在偏酸性且含糖较多的环境中生长，例如，在水果、蔬菜、花蜜的表面和在果园土壤中最为常见。本项目任务 1 采用涂布分离法从葡萄中分离得到酵母菌菌落，并用美蓝染液水浸片来观察酵母的形态和出芽生殖方式。美蓝是一种无毒的染料，它的氧化型呈蓝色，还原型无色。用美蓝对酵母的活细胞进行染色时，由于细胞的新陈代谢作用，细胞内具有较强的还原能力，使美蓝由蓝色的氧化型变为无色的还原型。因此，具有还原能力的酵母活细胞是无色的，而死细胞或代谢作用微弱的衰老细胞则呈蓝色，借此即可对酵母菌的死活细胞进行鉴别。任务 2 是运用血球计数板在显微镜下对分离得到的酵母菌进行计数鉴别，这是一种常用的微生物直接计数方法。此法的优点是直观、快速。将经过适当稀释的菌悬液（或孢子悬液）放在血球计数板载玻片与盖玻片之间的计数室中，在显微镜下进行计数。由于计数室的容积是一定的（$0.1mm^3$），所以可以根据在显微镜下观察到的微生物数目来换算成单位体积内的微生物总数目。由于此法计得的是活菌体和死菌体的总和，故又称为总菌计数法。

【目标与要求】

（1）会用涂布分离法和划线分离法分离得到酵母菌。

（2）能鉴别酵母菌菌落特征。

（3）会用美蓝染色法染色鉴别酵母菌形态及生活状态。

（4）能鉴别酵母菌出芽生长特征。

（5）能使用血球计数板测定酵母细胞总数。

任务一　葡萄中酵母菌的分离和鉴别

【相关知识】 酵母菌生物学特性

酵母菌是不运动的单细胞真核微生物，其大小通常比细菌大十几倍甚至几十倍。酵母菌这个词无分类学意义，是俗称，一般泛指能发酵糖类的各种单细胞真菌。酵母菌通常是以单细胞形式存在；多数以出芽方式进行繁殖；经常生活在高糖、高酸度环境中。

一、酵母菌细胞的形态构造

酵母菌是典型的真核微生物，其细胞直径一般比细菌粗 10 倍（图 5-1），例如，典型的酵母菌——酿酒酵母细胞的宽度为 2.5～10μm，长度为 4.5～21μm。因此，在光学显微镜下，可模糊地看到它们细胞内的种种结构分化。

酵母菌细胞的形态通常有球状、卵圆状、椭圆状、柱状或香肠状等多种，当它们进行一连串的芽殖后，如果长大的子细胞与母细胞并不立即分离，其间仅以极狭小的面积相连，这种藕节状的细胞串就称假菌丝；相反，如果细胞相连，且其间的横隔面积与细胞直径一致，则这种竹节状的细胞串就称真菌丝。酵母菌细胞的典型构造可见图 5-2，现分述如下。

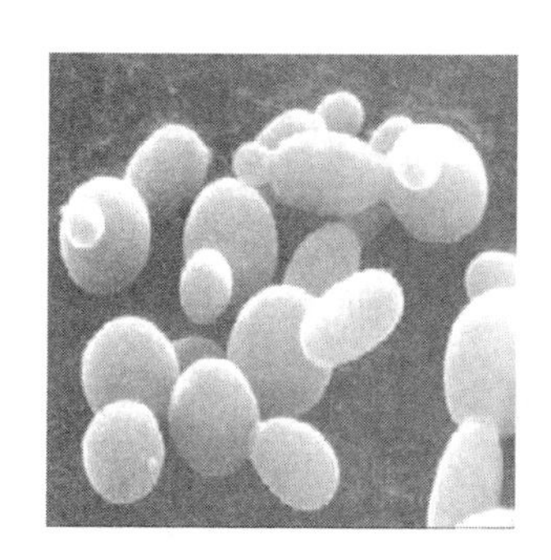
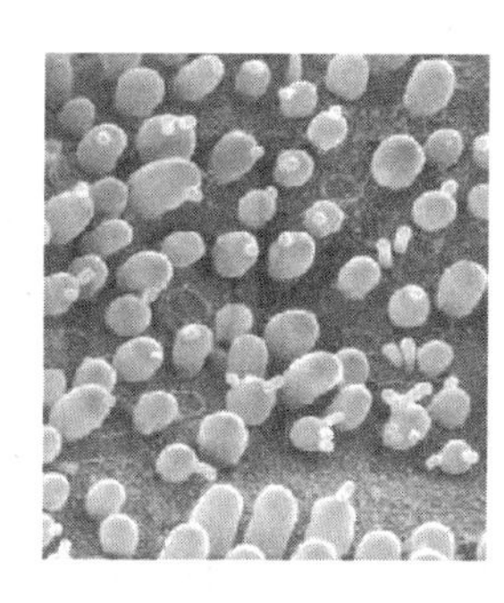

图 5-1　典型酵母菌

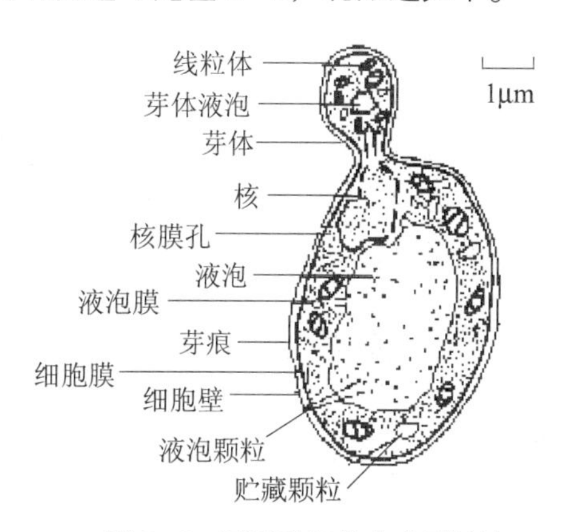

图 5-2　酵母菌细胞的典型构造

1. 细胞壁

细胞壁厚约 25μm，约占细胞干重的 25%，是一种坚韧的结构，其化学组分较特殊，主要由“酵母纤维素”组成。它的结构似三明治——外层为甘露聚糖，内层为葡聚糖，它们都是复杂的分枝状聚合物，其间夹有一层蛋白质分子。蛋白质约占细胞壁干重的 10%，其中有些是以与细胞壁相结合的酶的形式存在，例如葡聚糖酶、甘聚糖酶、蔗糖酶、碱性磷酸酶和脂酶等。据试验，维持细胞壁强度的物质主要是位于内层的葡聚糖成分。此外，细胞壁上还含有少量类脂和以环状形式分布在芽痕周围的几丁质。

细胞壁决定着细胞和菌体的形状，具有抗原性，保护细胞免受外界不良因子损伤以及某些酶结合位点的作用。

2. 细胞膜

将酵母原生质体放在低渗溶液中破裂后，再经离心、洗涤等手续就可得到纯净的细胞膜。细胞膜在电子显微镜下观察时，也是一种三层结构。它的主要成分是蛋白质（约占干重 50%）、类脂（约占 40%）和少量糖类。

在酵母细胞膜上所含的各种甾醇中，尤以麦角甾醇居多。它经紫外线照射后，可形成维生素（D2）。据报道，发酵酵母所含的总甾醇量可达细胞干重的 22%，其中的麦角甾醇达细胞干重的 9.66%。此外，季氏毕赤酵母、酿酒酵母、卡尔斯伯酵母、小红酵母和戴氏酵母等，也含有较多的麦角甾醇。

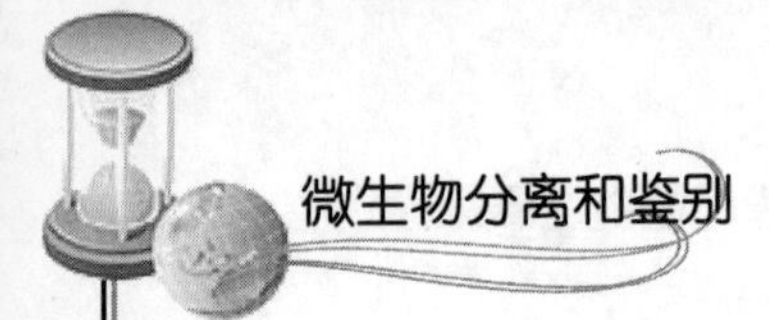

酵母细胞膜的成分

- 蛋白质：其中含有可吸收糖和氨基酸的酶等
- 类脂
  - 甘油的单、双、三酯
  - 甘油膦酯
    - 膦酯酰胆碱（卵磷脂）
    - 膦酯酰乙醇胺
  - 甾醇
    - 麦角甾醇
    - 酵母甾醇
- 糖类：主要含甘露聚糖（可能是合成细胞壁的前体）

细胞膜是由上下两层磷脂分子以及嵌杂在其间的甾醇和蛋白质分子所组成的。磷脂的亲水部分排在膜的外侧，疏水部分则排在膜的内侧（图 5-3）。

细胞膜的功能是：①用以调节细胞外溶质运送到细胞内的渗透屏障；②细胞壁等大分子成分的生物合成和装配基地；③部分酶的合成和作用场所。

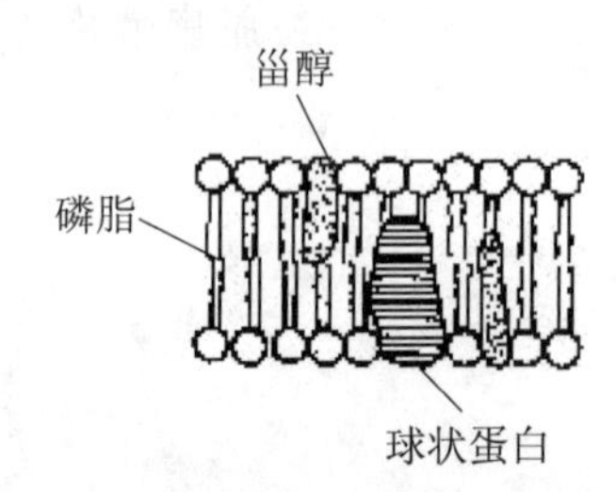

图 5-3　酵母细胞膜的模式构造

3．细胞核

酵母菌具有用多孔核膜包裹起来的定形细胞核——真核，活细胞中的核可用相差显微镜加以观察；如用碱性品红或姬姆萨染色法对固定的酵母细胞进行染色，还可观察到核内的染色体（其数目因种而不同）；在电子显微镜下，可发现核膜是一种双层单位膜，其上存在着大量直径为 40～70nm 的核孔，用以增大核内外的物质交换。

酵母细胞核是其遗传信息的主要贮存库。

4．其他细胞构造

在成熟的酵母菌细胞中，有一个大型的液泡，其内含有一些水解酶以及聚磷酸、类脂、中间代谢物和金属离子等。液泡的功能可能是起着营养物和水解酶类的贮藏库的作用，同时还有调节渗透压的功能。

在有氧条件下，酵母菌细胞内会形成许多线粒体。它的外形呈杆状或球状，大小为 0. 3～0.5×3μm，外面由双层膜包裹着。内膜经折叠后形成嵴，其上富含参与电子传递和氧化磷酸化的酶，在嵴的两侧均匀地分布着圆形或多面形的基粒。嵴间充满液体的空隙称为基质，它含有三羧酸循环的酶系。在缺氧条件下生长的酵母菌细胞，只能形成无嵴的简单线粒体。这就说明，线粒体的功能是进行氧化磷酸化。

在有的酵母菌（例如在白假丝酵母）中，还可找到只有一层约 7nm 单位膜包裹的、直径约 3μm 的圆形或卵圆形的细胞器，称为微体。它的功能可能是参与甲醇和烷烃的氧化。

二、酵母菌的繁殖方式

酵母菌有多种繁殖方式，生殖方式分无性繁殖和有性繁殖。无性繁殖有芽殖和裂殖两种。

解脂假丝酵母等当环境条件适宜而生长繁殖迅速时，出芽形成的子细胞尚未与母细胞分开，又长了新芽，形成成串的细胞，犹如假丝状，故称假丝酵母。有性繁殖产生子囊孢子。有人把只进行无性繁殖的酵母菌称作“假酵母”，而把具有有性繁殖的酵母菌称作“真酵母”。

1．酵母菌的无性繁殖

（1）芽殖　酵母菌最常见的无性繁殖方式是芽殖。芽殖发生在细胞壁的预定点上，此点被称为芽痕，每个酵母细胞有一至多个芽痕。成熟的酵母细胞长出芽体，母细胞的细胞核分裂成两个子核，一个随母细胞的细胞质进入芽体内，当芽体接近母细胞大小时，自母细胞脱落成为新个体，如此继续出芽。如果酵母菌生长旺盛，在芽体尚未自母细胞脱落前，即可在芽体上又长出新的芽体，最后形成假菌丝状。

（2）裂殖　是少数酵母菌进行的无性繁殖方式，类似于细菌的裂殖。其过程是细胞延长，核分裂为二，细胞中央出现隔膜，将细胞横分为两个具有单核的子细胞。

2．酵母菌的有性繁殖

酵母菌是以形成子囊和子囊孢子的方式进行有性繁殖的。两个临近的酵母细胞各自伸出一根管状的原生质突起，随即相互接触、融合，并形成一个通道，两个细胞核在此通道内结合，形成双倍体细胞核，然后进行减数分裂，形成4个或8个细胞核。每一子核与其周围的原生质形成孢子，即为子囊孢子，形成子囊孢子的细胞称为子囊。

3．生活史的三类型

上代个体经一系列生长、发育阶段而产生下一代个体的全部历程，就称为该生物的生活史或生命周期。各种酵母菌的生活史可分为三个类型。

（1）营养体既可以单倍体（n）也可以二倍体（$2n$）形式存在酿酒酵母是这类生活史的代表见图5-4。其特点：①一般情况下都以营养体状态进行出芽繁殖；②营养体既可以单倍体形式存在，也能以二倍体形式存在；③在特定条件下进行有性繁殖。

从图5-4中可见其生活史的全过程：子囊孢子在合适的条件下发芽产生单倍体营养细胞，单倍体营养细胞不断进行出芽繁殖，两个性别不同的营养细胞彼此接合，在质配后即发生核配，形成二倍体营养细胞，二倍体营养细胞并不立即进行核分裂，而是不断进行出芽繁殖，在特定条件下，二倍体营养细胞转变成子囊，细胞核进行减数分裂，并形成4个子囊孢子，子囊经自然破壁或人为破壁（如加蜗牛消化酶溶壁，或加硅藻土和石蜡油研磨等）后，释放出单倍体子囊孢子。酿酒酵母的二倍体营养细胞因其体积大、生命力强，故广泛地应用于工业生产、科学研究或是遗传工程实践中。

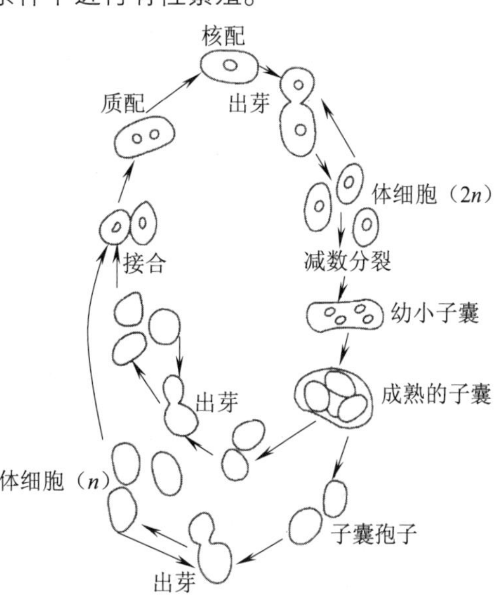

图5-4　酿酒酵母的生活史

（2）营养体只能以单倍体（n）形式存在，

八孢裂殖酵母可作为这一类型的代表。其主要特点是：营养细胞为单倍体；无性繁殖以裂殖方式进行；二倍体细胞不能独立生活，故此阶段很短。

其主要过程为：单倍体营养细胞借裂殖进行无性繁殖；两个营养细胞接触后形成接合管，发生质配后即行核配，于是两个细胞联成一体；二倍体的核分裂 3 次，第一次为减数分裂；形成 8 个单倍体的子囊孢子；子囊破裂，释放子囊孢子。全过程见图 5-5。

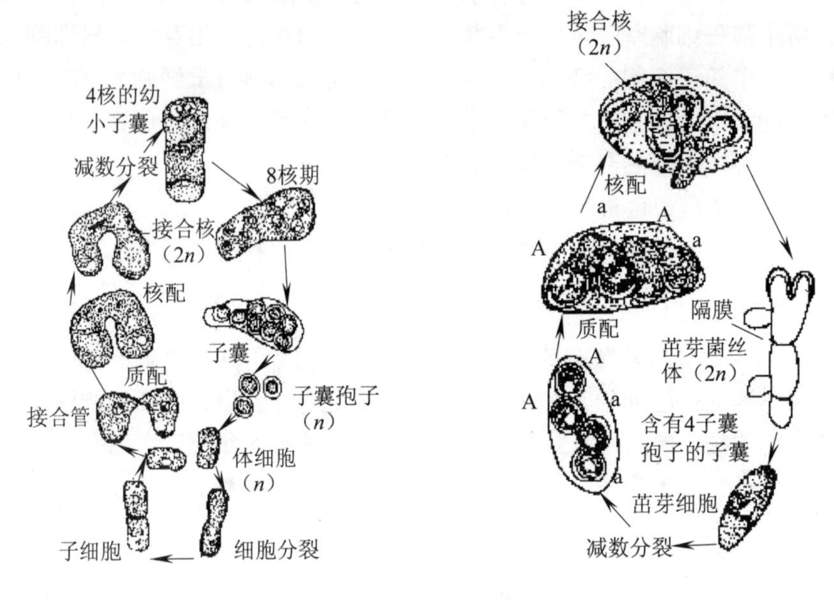

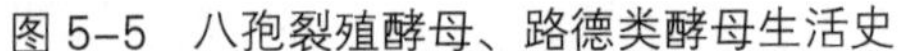
图 5-5　八孢裂殖酵母、路德类酵母生活史

（3）营养体只能以二倍体（2*n*）形式存在，路德类酵母是这一类型的典型代表。其特点为：营养体为二倍体，不断进行芽殖，此阶段较长；单倍体的子囊孢子在子囊内发生接合；二倍体阶段仅以子囊孢子形式存在，故不能进行独立生活。

由图 5-5 可以看到路德类酵母生活史的过程：单倍体子囊孢子在孢子囊内成对接合，并发生质配和核配；接合后的二倍体细胞萌发，穿破子囊壁；二倍体的营养细胞可独立生活，通过芽殖方式进行无性繁殖；在二倍体营养细胞内的核发生减数分裂，营养细胞成为子囊，其中形成 4 个单倍体子囊孢子。

三、酵母菌菌落特征

酵母菌一般都是单细胞微生物，且细胞都是粗短的形状，在细胞间充满着毛细管水，故它们在固体培养基表面形成的菌落也与细菌相仿，一般都有湿润、较光滑、有一定的透明度、容易挑起、菌落质地均匀以及正反面和边缘、中央部位的颜色都很均一等特点。但由于酵母的细胞比细菌的大，细胞内颗粒较明显、细胞间隙含水量相对较少以及不能运动等特点，故反映在宏观上就产生了较大、较厚、外观较稠和较不透明的菌落。酵母菌菌落的颜色比较单调，多数都呈乳白色或矿烛色，少数为红色，个别为黑色。另外，凡不产生假菌丝的酵母菌，其菌落更为隆起，边缘十分圆整，而会产大量假菌丝的酵母，则菌落较平坦，表面和边缘较粗糙。酵母菌的菌落一般还会散发出一股悦人的酒香味。酵母菌菌落特征如图 5-6 所示。

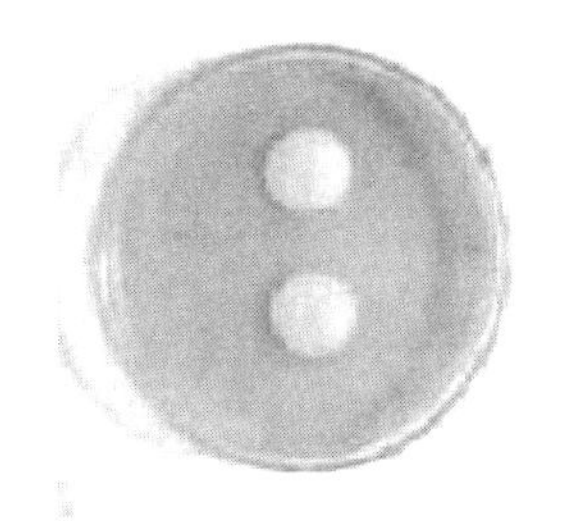
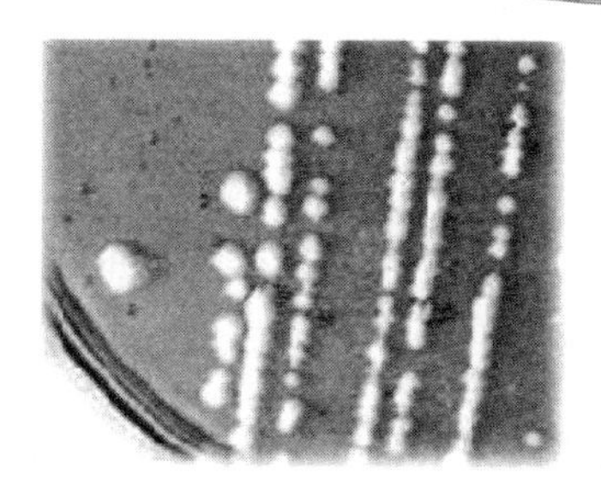

图 5-6　酵母菌菌落特征

【实训过程】

一、材料准备

1. 仪器　高压蒸汽灭菌锅，托盘天平，普通光学显微镜。

2. 器皿　培养皿（直径 9cm），三角瓶 100mL，吸管（1mL 分度 0.01，10mL 分度 0.1）；载玻片，试管，接种环，载玻片等。

3. 培养基　酵母浸出粉胨葡萄糖琼脂培养基（YPD）或玫瑰红钠培养基。

4. 试剂　0.05%和 0.1%吕氏碱性美蓝染色液，革兰氏染色用碘液。无菌水等。

5. 样品　新鲜葡萄。

二、制备培养基

按要求制备酵母浸出粉胨葡萄糖琼脂培养基（YPD），灭菌制备固体平板备用。

三、样品的稀释和涂布分离

取几颗鲜葡萄（勿洗），直接浸入适量无菌生理盐水中，经充分振摇 5～10min，然后按无菌操作要求用 1mL 无菌吸管吸取样品匀液 1mL，沿管壁缓慢注于装有 9mL 生理盐水的无菌试管中，振摇试管或换用 1 支无菌吸管反复吹打使其混合均匀，制成 10^{-1} 的样品稀释液。同法稀释成 10^{-2} 稀释度菌悬液。

取原液、10^{-1} 和 10^{-2} 稀释液各 0.1mL 在 YPD 固体平板上进行涂布分离，25～28℃倒置培养 4～7 天。

四、酵母菌菌落特征观察（颜色，气味，形态，大小等）

五、美蓝染色的酵母菌细胞观察

（1）在载玻片中央加一滴 0.1%吕氏碱性美蓝染液，液滴不可过多或过少，以免盖上盖玻片时，溢出或留有气泡。然后按无菌操作法取在豆芽汁琼脂斜面上培养 48h 的酿酒酵母少许，放在吕氏碱性美蓝染液中，使菌体与染液均匀混合。

（2）用镊子夹盖玻片一块，小心地盖在液滴上。盖片时应注意，不能将盖玻片平放下去，应先将盖玻片的一边与液滴接触，然后将整个盖玻片慢慢放下，这样可以避免产生气泡。

（3）将制好的水浸片放置 3min 后镜检。先用低倍镜观察，然后换用高倍镜观察酿酒酵母的形态和出芽情况，同时可以根据是否染上颜色来区别死、活细胞。

（4）染色半小时后，再观察一下死细胞数是否增加。

（5）用 0.05%吕氏碱性美蓝染液重复上述的操作。

六、水—碘液染色的酵母菌细胞观察

在载玻片的中央加一小滴革兰氏染色用的碘液，然后在其上加 3 小滴水，取少许酵母菌落（苔）放在水—碘液中混匀，盖上盖玻片后镜检观察，并记录酵母菌的形态。

七、酵母菌分离纯化

挑取经过染色鉴定的酵母菌落到酵母浸出粉胨葡萄糖琼脂培养基斜面，置 25℃培养 4 天，保存备用。

【提示注意】

1. 染液不宜过多或过少，否则在盖上盖玻片，菌液会溢出或出现大量气泡而影响观察。
2. 盖玻片不宜平着放下，以免产生气泡而影响观察。
3. 一个活酵母菌的还原能力是有限的，必须严格控制染料的浓度和染色时间。

【实训报告】

工作任务：葡萄中酵母菌的分离和鉴别			
样品来源		实训日期	
实训目的			
实训原理			
实训材料			
实训过程			
结果报告：绘图说明你所观察到的酵母菌的形态特征			
思考与讨论： （1）如何区别酵母菌和细菌菌落特征？ （2）说明观察到的吕氏碱性美蓝染液浓度和作用时间对死活细胞数的影响。 （3）在显微镜下，酵母菌有哪些突出的特征区别于一般细菌？			

【知识拓展】 微生物的遗传和变异

遗传和变异是生物体的最本质的属性之一。遗传就是指子代和亲代相似的现象；变异就是子代与亲代间的差异。遗传保证了种的存在和延续；而变异则推动了种的进化和发展。遗传变异是互相关联，又是相互独立的两个方向。在一定的条件下，二者是可以互相转换的。

由于微生物有一系列非常独特的生物学特性，因而在研究现代遗传学和其他许多重要的生物学基本理论问题中，微生物成为最热衷的研究对象，如个体微小、结构简单；营养体一般都是单倍体；繁殖快；易于累积不同的中间代谢物；菌落形态可见性与多样性等。

对微生物遗传规律的深入研究，不仅促进了现代分子生物学和生物工程学的发展，而且还为育种工作提供了丰富的理论基础，促使育种工作向着从不自觉到自觉，从低效到高效，从随机到定向，从近缘杂交到远缘杂交等方向发展。在应用微生物加工和发酵各种产品的过程中，要想有效地大幅度提高产品的数量、质量，首先必须选育优良的生产菌种才能达到目的，而优良的菌种选育是在微生物遗传变异的基础上进行的。

一、遗传变异的物质基础

遗传和变异有无物质基础以及何种物质可承担遗传变异功能的问题，是生物学中的一个重大理论问题。只到 1944 年后，利用微生物这一实验对象进行了三个著名的实验，才以确凿的事实证实了核酸尤其是 DNA 才是遗传和变异的真正物质基础。

1．三个经典实验

（1）经典转化实验　肺炎球菌有许多不同的菌株，但只有光滑型（S）菌株能引起人的肺炎和小鼠的败血症。每个 S 型菌株的细胞外面有多糖类的胶状荚膜包裹，正是这种胶状荚膜赋予它的感染性和表面光滑的特征，当它们生长在合成培养基上时，每一细菌长成一个大而明亮的光滑菌落，如果将这些 S 型菌株注射到小鼠体内，能引起小鼠死亡。粗糙型（R）菌株的外面没有多糖荚膜，不引起病症和死亡，在培养基上长成小的粗糙型菌落。

1）动物试验

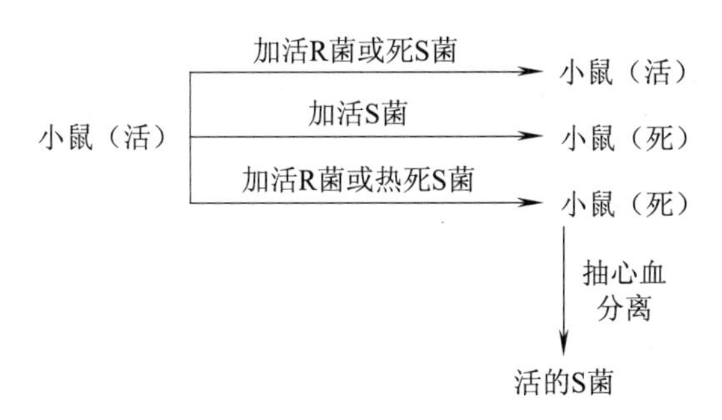

2）细菌培养试验

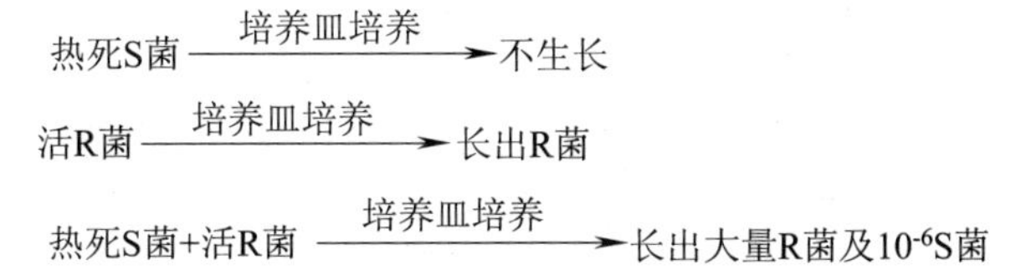

1928 年英国医生格里菲斯发现，用热杀死的 S 型细菌和活的无毒的 R 型细菌的混合物注射到小鼠中，不仅很多小鼠死亡，而且从他们的血液中有活的 S 型细菌存在（图 5-7）。而活的 R 型细菌，或死的 S 型细菌都不会引起小鼠死亡。这个实验说明用热杀死的 S 型细菌释放出了某种转化因素到培养基中，然后被某些 R 型细菌所吸收，从而使其转化为 S 型细菌。

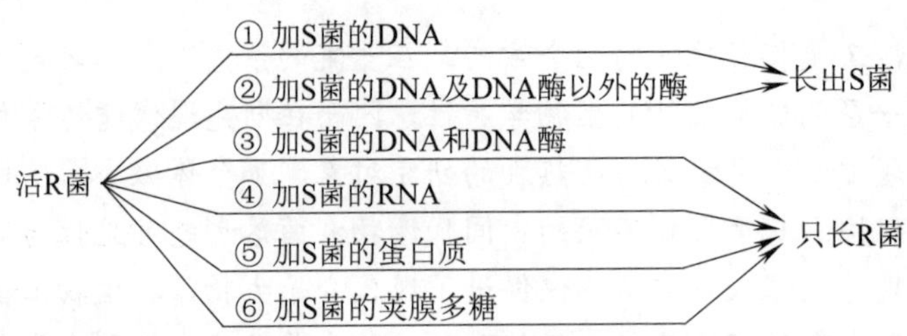

图 5-7　肺炎球菌转化试验

那么这种转化因素究竟是什么呢？艾弗里和他的同事经过10年的工作于1944年证明转化因素不是蛋白质而是DNA。他们将核酸（DNA和RNA）、蛋白质、脂类、多糖等从活的S型细菌中抽提出来，把每一成分与活的R型细菌混合，悬浮在合成培养液中，以检测哪一组分中含有转化因素，结果发现唯有核酸组分能将R型细菌转变为S型。这也证明了S型菌转移给R型菌的绝不是遗传性状的本身，而是以DNA为物质基础的遗传信息。

（2）噬菌体感染实验　1952年赫尔希和蔡斯报道的T2噬菌体感染实验进一步证明了DNA是遗传物质的结果。将大肠杆菌培养在以放射性 $^{32}PO_4^{3-}$ 或 $^{35}SO_4^{2-}$ 作为磷源或硫源的组合培养基中。结果，可以获得含 ^{32}P-DNA（噬菌体核心）的噬菌体或含 ^{35}S-蛋白质（噬菌体外壳）的两种实验用噬菌体。用标记的T2噬菌体侵染没有标记的大肠杆菌H，结果表明，T2噬菌体外壳蛋白中有 ^{35}S放射性并与细菌的胞壁连接，而DNA部分则有 ^{32}P放射性并进入细胞的细胞质中。这一事实说明，在噬菌体侵染细菌过程中蛋白质外壳留在细菌细胞外，只有DNA进入了细胞，又一次证明遗传物质是DNA，而不是蛋白质。

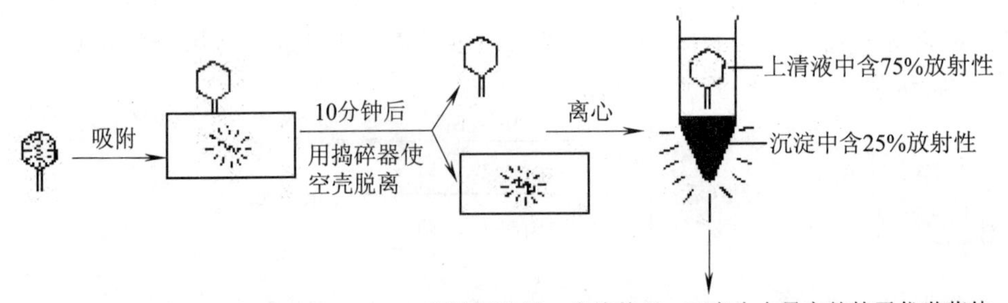

图 5-8　用含 ^{32}P-DNA（核心）的噬菌体感染实验

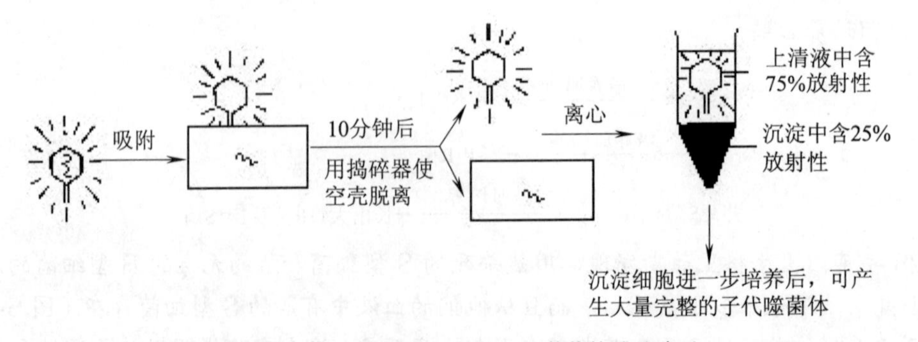

图 5-9　^{35}S-蛋白质（外壳）的噬菌体感染实验

（3）植物病毒的重建实验　为了证明核酸是遗传物质，弗朗克-康勒脱（1956）用含

RNA 的烟草花叶病毒（TMV）进行了著名的植物病毒重建实验。将 TMV 放在一定浓度的苯酚溶液中振荡，就能将它的蛋白质外壳与 RNA 核心相分离。分离后的 RNA 在没有蛋白质包裹的情况下，也能感染烟草并使其患典型症状，而且在病斑中还能分离出正常病毒粒子。当然，由于 RNA 是裸露的，所以感染频率较低。在实验中，还选用了另一株与 TMV 近缘的霍氏车前花叶病毒。整个实验的过程和结果见图 5–10。

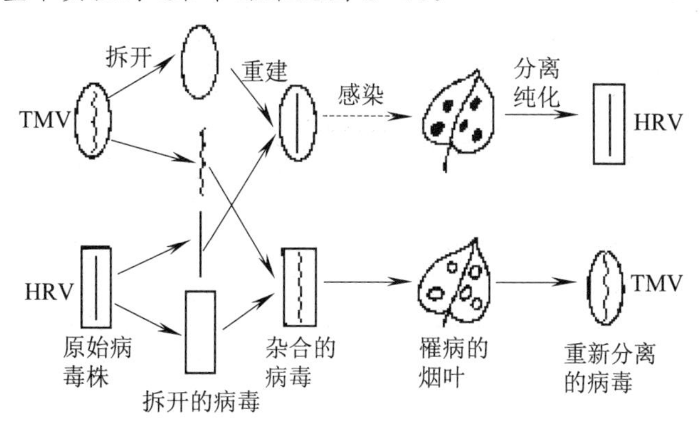

图 5–10　TMV 重建实验示意图

二、遗传物质在细胞内的存在形式

除部分病毒的遗传物质是 RNA 外，其余病毒及全部具有典型细胞结构的生物体的遗传物质都是 DNA。按其在细胞中存在形式可分成染色体 DNA 和染色体外 DNA。原核细胞和真核细胞中的 DNA 存在形式不完全相同。

1．DNA 在原核细胞中的存在方式

原核细胞最大的细胞学特点就是无核膜与核仁的分化，只有一个核区称拟核。其染色体 DNA 处于拟核区，无组蛋白，近年来发现与非组蛋白结合。结构上为双链环状 DNA。几种微生物染色体的物理特性见表 5-1。原核细胞的染色体外 DNA 主要指质粒（如 F 因子、R 因子、Col 因子）。

表 5-1　DNA 在原核细胞中的存在方式

微　生　物	核 酸 种 类	形　　状
大肠杆菌	dsDNA	环状
T2 噬菌体	dsDNA	线状
λ 噬菌体	dsDNA	线状或环状
ΦX174	ssDNA	环状
TMV	ssRNA	线状

2．DNA 在真核细胞中的存在方式

真核细胞 DNA 分为核 DNA 和核外 DNA。核 DNA 即染色体 DNA，它与组蛋白结合构成具有复杂结构的染色体。核外 DNA 是指线粒体和叶绿体等 DNA，其结构与原核细胞的 DNA 相似，亦能编码结构蛋白。

三、基因突变

基因是一段具有特定功能和结构的连续的 DNA 片断，是编码蛋白质或 RNA 分子遗传信

息的基本遗传单位。基因突变简称突变，是变异的一种，指生物体内遗传物质的分子结构突然发生的可遗传的变化。突变几率一般在10^{-6}～10^{-9}范围内。

1. 突变类型

突变的类型很多，这里先从实用的目的出发，按突变后极少数突变株的表型是否能在选择性培养基上加以鉴别来区分。凡能用选择性培养快速选择出来的突变型，称为选择性突变株，反之则称为非选择性突变株。现表解如下：

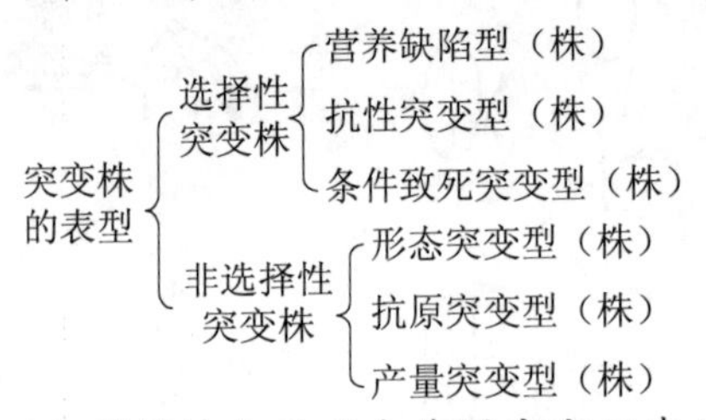

（1）营养缺陷型　某一野生型菌株由于发生基因突变而丧失合成一种或几种生长因子的能力，因而无法在基本培养基上正常生长繁殖的变异类型，称为营养缺陷型。它们可在加有某生长因子的基本培养基平板上选出。

（2）抗性突变型　由于基因突变而使原始菌株产生了对某种化学药物或致死物理因子抗性的变异类型。它们可在加有相应药物或用相应物理因子处理的培养基平板上选出。抗性突变型普遍存在，例如对各种抗生素具有抗药性的菌株等。

（3）条件致死突变型　某菌株或病毒经基因突变后，在某种条件下可正常地生长、繁殖并实现其表型，而在另一种条件下却无法生长、繁殖的突变类型，称为条件致死突变型。Ts突变株（温度敏感突变株）是一类典型的条件致死突变株。例如，E. coli 的某些菌株可在37℃下正常生长，却不能在42℃下生长等。又如，某些T4噬菌体突变株在25℃下可感染其E. coli 宿主，而在37℃却不能感染等。产生Ts突变的原因是突变引起了某些重要蛋白质的结构和功能的改变，以致在某特定的温度下能发挥其功能，而在另一温度（一般为较高温度）下则无功能。

（4）形态突变型　指由于突变而产生的个体或菌落形态所发生的非选择性变异。前者可影响如孢子有无、孢子颜色、鞭毛有无或荚膜有无的突变，后者可引起如菌落表面光滑、粗糙、噬菌斑的大小或清晰度等的突变。

（5）抗原突变型　指由于基因突变而引起的抗原结构发生突变的变异类型。具体类型很多，包括细胞壁缺陷变异（L型细菌等）、荚膜变异或鞭毛变异等。

（6）产量突变型　通过基因突变而获得的在有用代谢产物产量上高于原始菌株的突变株，称为产量突变型，也称高产突变株。由于产量性状是由许多遗传因子决定的，因此，产量突变型的突变机制是很复杂的，产量的提高一般也是逐步累积的。这类突变在生产实践上异常重要。从提高产量的角度来看，产量突变型实际上有两类，一类是某代谢产物的产量比原始亲本菌株有明显的提高，可称为“正变株”；另一类是产量比亲本菌株有所降低，即称“负变株”。正如前面所述，产量突变株一般是不能通过选择性培养基筛选出来的。

2. 突变率

每一细胞在每一世代中发生某一性状突变的几率，称突变率。例如，突变率为10^{-8}的，即指该细胞在一亿次细胞分裂中，会发生一次突变。突变率也可以用每一单位群体在每一世代中产生突变株（mutant，即突变型）的数目来表示。例如，一个含 10^8 个细胞的群体，当其分裂为 2×10^8 个细胞时，即可平均发生一次突变的突变率也是 10^{-8}。

突变一般是独立发生的。某一基因发生突变不会影响其他基因的突变率。这表明要在同一细胞中同时发生两个基因突变的几率是极低的，因为双重突变型的几率只是各个突变几率的乘积。例如，假如一个基因的突变率是 10^{-8}，另一个基因的突变率是 10^{-6}，则同一细胞发生这两个基因双重突变的几率为 10^{-14}。

由于突变的几率一般都极低，因此，必须采用上述检出选择性突变株的手段，尤其要采用检出营养缺陷型的回复突变株，或抗性突变株特别是抗药性突变株的方法来加以测定。若干细菌某一性状的突变率见表 5-2。

表 5-2　若干细菌某一性状的突变率

菌　名	突变性状	突变率
Escherichiacoli（大肠杆菌）	抗 T1 噬菌体	3×10^{-8}
E. coli	抗 T3 噬菌体	1×10^{-7}
E. coli	不发酵乳糖	1×10^{-10}
E. coli	抗紫外线	1×10^{-5}
Staphylococcusaureus(金黄色葡萄球菌)	抗青霉素	1×10^{-7}
S.aureus	抗链霉素	1×10^{-9}
Salmonellatyphi（伤害沙门氏菌）	抗 25μg/L 链霉素	5×10^{-6}
Bacillusmegaterium（巨大芽孢杆菌）	抗异烟肼	5×10^{-5}

3. **基因突变的特点**

整个生物界，由于它们遗传物质的本质都是相同的，所以显示在遗传变异的特点上也都遵循着同样的规律，这在基因突变的水平上尤为明显。以下拟以细菌的抗药性或抗噬菌体的特性为例，来说明基因突变的一般规律。

细菌产生抗药性可通过三条途径，即基因突变、抗药性质粒（R 因子）的转移和生理上的适应性。这里要讨论的只是基因突变，它有以下 7 个特点。

（1）不对应性　突变的性状与引起突变的原因间无直接的对应关系。这是突变的一个重要特点，也是容易引起争论的问题。例如，细菌在含青霉素的环境下，出现了抗青霉素的突变体；在紫外线的作用下，产生了抗紫外线的突变体；在较高的培养温度下，出现了耐高温的突变体等。表面上看来，会认为正是由青霉素、紫外线或高温的“诱变”，才产生了相对应的突变性状。事实恰恰相反，这类抗性都可通过自发的或其他任何诱变因子诱发后获得。这里的青霉素、紫外线或高温实际上仅是起着淘汰原有非突变型（即敏感型）个体的作用。如果说它有诱变作用（例如上述的紫外线），也绝非只专一地诱发抗紫外线这一种变异，而是还可诱发任何其他性状的变异。

（2）自发性　各种性状的突变，可以在没有人为的诱变因素处理下自发地产生。

（3）稀有性　自发突变虽可随时发生，但其突变率却是极低和稳定的，一般在 10^{-6}～10^{-9} 之间。

（4）独立性　突变的发生一般是独立的，即在某一群体中，既可发生抗青霉素的突变型，也可发生抗链霉素或任何其他药物的突变型，而且还可发生其他任何性状的突变型。某一基因的突变，既不提高也不降低其他任何基因的突变率。例如，巨大芽孢杆菌抗异烟肼的突变

率是 5×10^{-5}，而抗氨基柳酸的突变率是 1×10^{-6}，对两者具有双重抗性的突变率是 8×10^{-10}，这正好近乎两者的乘积。这就指出两个基因突变是独立的，亦即说明突变不仅对某一细胞是随机的，而且对某一基因也是随机的。

（5）诱变性　通过诱变剂的作用，可以提高上述自发突变的几率，一般可提高 $10\sim10^5$ 倍。不论是通过自发突变或诱发突变（诱变）所获得的突变株，其间并无本质上的差别，这是因为，诱变剂仅起着提高诱变率的作用。

（6）稳定性　由于突变的根源是遗传物质结构上发生了稳定的变化，所以产生的新的变异性状也是稳定的、可遗传的。

（7）可逆性　由原始的野生型基因变异为突变型基因的过程，称为正向突变，相反的过程则称为回复突变或回变。实验证明，任何性状都可发生正向突变，也都可发生回复突变。

4. **基因突变的机制**

基因突变的原因是多种多样的，它可以是自发的或诱发的。诱变又可分为点突变和畸变。各种突变类型先可概括如下：

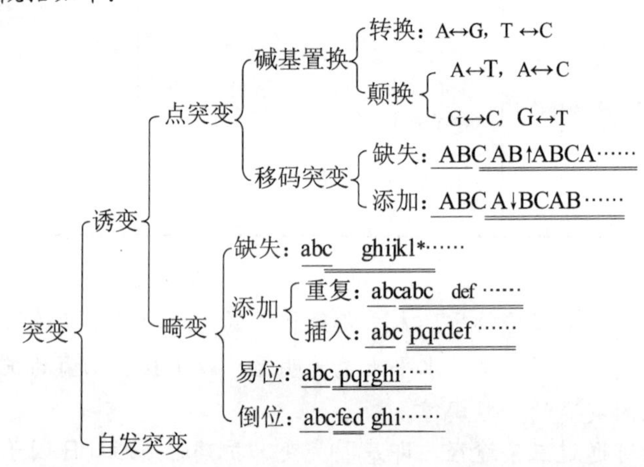

（1）诱变机制　凡能提高突变率的任何理化因子，都可称为诱变剂（Mutagen）。诱变剂的种类很多，作用方式多样。即使是同一种诱变剂，也常有几种作用方式。以下拟从遗传物质结构变化的特点来讨论几种有代表性的诱变剂的作用机制。

1）碱基的置换　对 DNA 来说，碱基的置换属于一种染色体的微小损伤，一般也称点突变。它只涉及一对碱基被另一对碱基所置换，又可分为两个亚类：一类叫转换，即 DNA 链中的一个嘌呤被另一个嘌呤或是一个嘧啶被另一个嘧啶所置换；另一类叫颠换，即一个嘌呤被另一个嘧啶或是一个嘧啶被另一个嘌呤所置换（图 5-11）。

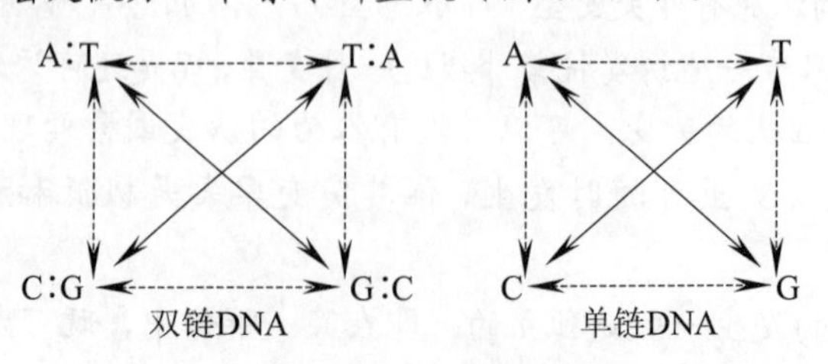

图 5-11　碱基的置换

（实线为对角线，代表转换；虚线为纵横线，代表颠换）

对某一具体诱变剂来说，既可同时引起转换与颠换，也可只具其中的一种功能。根据化学诱变剂是直接还是间接地引起置换，可把置换的机制分成以下两类来讨论。

① 直接引起置换的诱变剂：它们是一类可直接与核酸的碱基发生化学反应的诱变剂，不论在机体内或是在离体条件下均有作用。种类很多，例如亚硝酸、羟胺和各种烷化剂（硫酸二乙酯，甲基磺酸乙酯，N–甲基–N′–硝基–N–亚硝基胍，N–甲基–N–亚硝基脲，乙烯亚胺，环氧乙酸，氮芥等）。它们可与一个或几个碱基发生化学反应，从而引起 DNA 复制时碱基配对的转换，并进一步使微生物发生变异。

② 间接引起置换的诱变剂：引起这类变异的诱变剂都是一些碱基类似物，如 5–溴尿嘧啶（5–BU）、5–氨基尿嘧啶（5–AU）、8–氮鸟嘌呤（8–NG）、2–氨基嘌呤（2–AP）和 6–氯嘌呤（6–CP）等。它们的作用是通过活细胞的代谢活动掺入到 DNA 分子中后而引起的，故是间接的。

2）移码突变　指诱变剂使 DNA 分子中的一个或少数几个核苷酸的增添（插入）或缺失，从而使该部位后面的全部遗传密码发生转录和转译错误的一类突变。由移码突变所产生的突变株，称为移码突变株。与染色体畸变相比，移码突变也只能算是 DNA 分子的微小损伤。

吖啶类染料，包括原黄素、吖啶黄、吖啶橙等，以及一系列称为 ICR 类的化合物，都是移码突变的有效诱变剂（图 5–12）。

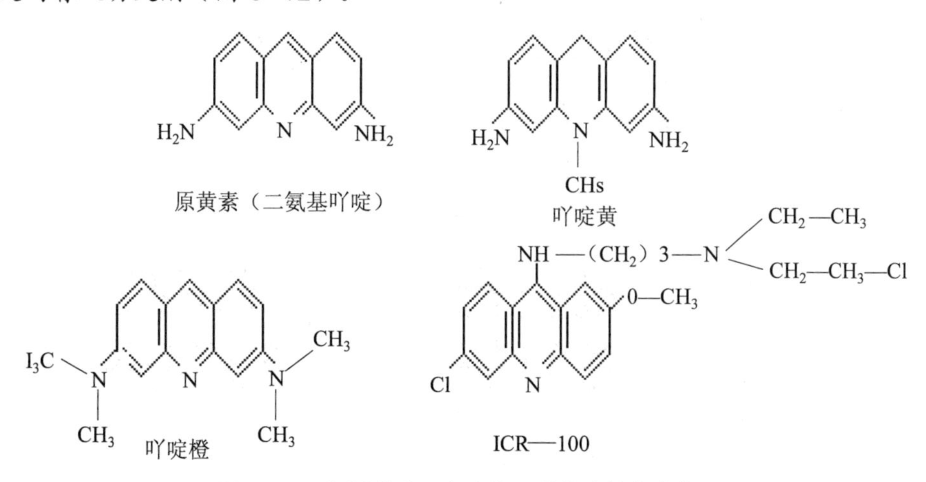

图 5–12　能诱发移码突变的几种代表性化合物

3）染色体畸变　某些理化因子，如 X 射线等的辐射及烷化剂、亚硝酸等，除了能引起点突变外，还会引起 DNA 的大损伤——染色体畸变，它既包括染色体结构上的缺失、重复、插入、易位和倒位，也包括染色体数目的变化。

染色体结构上的变化，又可分为染色体内畸变和染色体间畸变两类。染色体内畸变只涉及一条染色体上的变化。例如发生染色体的部分缺失或重复时，其结果可造成基因的减少或增加；又如发生倒位或易位时，则可造成基因排列顺序的改变，但数目却不改变。其中的倒位，是指断裂下来的一段染色体旋转 180° 后，重新插入到原来染色体的位置上，从而使其基因顺序与其他的基因顺序方向相反；易位则是指断裂下来的一小段染色体再顺向或逆向地

插入到同一条染色体的其他部位上。至于染色体间畸变，则指非同源染色体间的易位。

（2）自发突变机制　自发突变是指在没有人工参与下生物体自然发生的突变。称它为“自发”，绝不意味着这种突变是没有原因的，而只是说明人们对它还没有很好地或很具体地认识而已。通过对诱变机制的研究，启发了人们对自发突变机制的思索。以下讨论几种自发突变的可能机制。

1）背景辐射和环境因素的诱变　不少“自发突变”实质上是由于一些原因不详的低剂量诱变因素的长期综合诱变效应。例如，充满宇宙空间的各种短波辐射或高温诱变效应，以及自然界中普遍存在的一些低浓度的诱变物质（在微环境中有时也可能是高浓度）的作用等。

2）微生物自身有害代谢产物的诱变效应　过氧化氢是普遍存在于微生物体内的一种代谢产物。它对脉孢菌有诱变作用，这种作用可因同时加入过氧化氢酶而降低，如果在加入该酶的同时又加入酶抑制剂 KCN，则又可提高突变率。这就说明，过氧化氢很可能是“自发突变”中的一种内源性诱变剂。在许多微生物的陈旧培养物中易出现自发突变株，可能也是同样的原因。

3）互变异构效应　碱基能以互变异构体（酮式至烯醇式的互变异构效应）的不同形式存在，互变异构体能够形成不同的碱基配对。这或许就是发生相应的自发突变的原因。

4）DNA 复制过程中碱基配对错误引起的突变。

任务二　酒曲中酵母菌的分离和细胞计数

【相关知识】 常见酵母菌及其分类

一、发酵工业常用常见的酵母菌

1. 啤酒酵母

麦芽汁琼脂上菌落为乳白色，有光泽，平坦，边缘整齐。在加盖片的玉米琼脂上不生假菌丝或有不典型的假菌丝。营养细胞可直接变为子囊。每囊有 1～4 个圆形光面的子囊孢子。能发酵葡萄糖、麦芽糖、半乳糖及蔗糖，不能发酵乳糖和蜜二糖，不同化硝酸盐。麦芽汁 25℃培养 3 天，细胞为圆形、卵形、椭圆形和香肠形。啤酒酵母是啤酒生产上常用的典型发酵酵母。除了酿造啤酒、酒精及其他的饮料酒外，还可发酵面包。菌体维生素、蛋白质含量高，可作食用、药用和饲料酵母，又可提取细胞色素 C、核酸、麦角固醇、谷胱甘肽、凝血质等。在维生素的微生物测定中，常用啤酒酵母测定生物素、泛酸、硫胺素、吡哆醇及肌醇等。在生活中也可引起水果、蔬菜和含水量高的粮食及其制片发酵变质，产生酒味。

2. 卡尔斯伯酵母

因丹麦卡尔斯伯地方而得名，是啤酒酿造业中的典型底面酵母。麦芽汁 25℃培养 24h

后，细胞呈椭圆形或卵形，3～5μm×7～10μm，出芽的幼细胞连续生长，培养 3 天后产生沉淀，培养 2 个月后生薄皮膜，在麦芽汁琼脂斜面培养基上，菌落呈浅黄色，软质，具光泽，产生微细的皱纹，边缘产生细的锯齿状，孢子形成困难。

它与酿酒酵母在外形上的区别是，卡氏酵母部分细胞的细胞壁有一平端。另外，温度对这两类酵母的影响也不同。在高温时，酿酒酵母比卡氏酵母生长得更快，但在低温时卡氏酵母生长较快。酿酒酵母繁殖速度最高时的温度为 33℃，而卡氏酵母需在 36℃。但在 8℃时卡氏酵母较酿酒酵母繁殖速度几乎快一倍。

3．汉逊氏酵母属

细胞为圆形（4～7μm），或椭圆形、腊肠形，大小为（2.5～6）μm×（4.5～20）μm，甚至有长达 30μm 的长细胞，多边芽殖，发酵，液面有白色菌醭，培养液混浊，有菌体沉淀于管底。每个子囊有 1～4 个帽形孢子，子囊孢子由子囊内放出后常不散开。

生长在麦芽汁琼脂斜面上的菌落平坦，乳白色，无光泽，边缘呈丝状。子囊是由细胞直接变成的。此属酵母大多能产乙酸乙酯，并可自葡萄糖产生磷酸甘露聚糖，应用于纺织及食品工业。汉逊氏酵母也是酒类酵母的污染菌，它们在饮料表面生长，形成干而皱的菌醭。由于大部分的种能利用酒精为碳源，因此是酒精发酵工业的有害菌。

4．假丝酵母属

细胞圆形、卵形或长形。多边芽殖，形成假菌丝，也有真菌丝，可生成厚垣孢子。无节孢子、子囊孢子或掷孢子。不产色素，很多种有酒精发酵能力，有的种能利用农副产品或碳氢化合物生产蛋白质，供食用或饲料用。有的种能致病。

本属中的产朊假丝酵母，细胞呈圆形、椭圆形或腊肠形，大小为（3.5～4.5）μm×（7～13）μm。液体培养不产醭，管底有菌体沉淀。在麦芽汁琼脂斜面上，菌落乳白色，平滑，有或无光泽，边缘整齐或菌丝状。在加盖片的玉米粉琼脂培养基上，形成原始假菌丝或不发达的假菌丝，或无假丝。能发酵葡萄糖、蔗糖、棉子糖，不发酵麦芽糖、半乳糖、乳糖和蜜二糖。不分解脂肪，能同化硝酸盐。产朊假丝酵母的蛋白质含量和维生素 B 含量均高于啤酒酵母。它能以尿素和硝酸盐为氮源，不需任何生长因子。特别重要的是它能利用五碳和六碳糖，即能利用造纸工业的亚硫酸废液、木材水解液及糖蜜等生产人畜食用的蛋白质。

近来发现解脂假丝酵母、热带假丝酵母和白色假丝酵母等，能够以烃作为单一的碳源而生长，即可使石油发酵脱蜡，提高石油质量，又可利用石油发酵制取蛋白质、柠檬酸、4 赖氨酸和维生素等。

5．红酵母属

细胞圆形、卵形或长形，多边芽殖，有明显的红色或黄色色素，很多种因生荚膜而形成粘质状菌落。红酵母属的菌种均无酒精发酵能力，但能同化某些糖类，不能以肌醇为唯一碳源，产脂能力较强，可从菌体提取大量脂肪。有的种对正癸烷、正十六烷及石油有弱氧化作用，并能合成β-胡萝卜素。

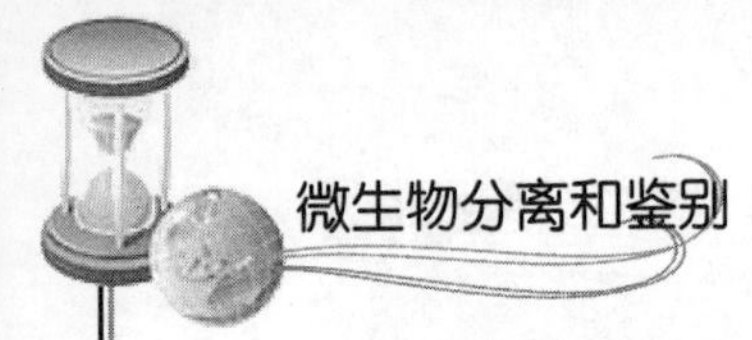

6．毕赤酵母属

细胞具不同形状，多芽殖，多数种形成假菌丝。在子囊形成前，与同型或异型接合，或不接合。子囊孢子球形、帽形或星形，常有一油滴在其中。子囊孢子表面光滑，有的孢子壁外层有疣点。每囊 1～4 个孢子，子囊容易破裂放出孢子。不同化硝酸盐，对正癸烷、十六烷的氧化力较强。日本曾用石油、农副产品和工业废料培养毕赤酵母生产蛋白质。毕赤酵母有的种能产生麦角固醇、苹果酸及磷酸甘露聚糖。该属酵母也是饮料酒类的污染菌，常在酒的表面生成白色干燥的菌醭。在酱油中生长，消耗酱油中糖分，使酱油表面生白花，颜色变褐，并产生沉淀。

二、酵母菌分类和鉴定的程序

酵母菌属于真菌门的子囊菌纲和不完全菌纲。酵母菌的分类较复杂，既要根据其形态特征，又要依据其生理生化特征。

1．营养性繁殖和生长特性

（1）具有营养性繁殖特点。

（2）营养细胞生长特点：①能在液体和固体培养基上生长的细胞形态；②有假菌丝和真菌丝的形成；③有无性内生孢子的形成；④有厚垣孢子的形成；⑤掷孢子的形成。

（3）具有细胞壁和横隔的结构。

2．有性特征

（1）子囊孢子的形成。

（2）担孢子的形成。

3．生理生化特征

（1）碳源的利用：①碳源的发酵；②碳源的同化；③熊果苷（Arbutin）的分解。

（2）氮源的同化。

（3）无维生素培养基的生长及需要的维生素。

（4）在 50%葡萄糖酵母汁琼脂和含 5%葡萄糖酵母培养基中加入 10%NaCl 的生长。

（5）在 37℃和其他温度条件下的生长，致死温度。

（6）自葡萄糖产酸的情况。

（7）淀粉利用试验。

（8）脲酶试验。

（9）脂肪的分解。

（10）酯的产生。

（11）放线菌酮的抗性。

（12）在 1%醋酸中的忍受力。

（13）明胶液化。

（14）DBB（重氮蓝 B）颜色试验。

（15）G+C 的分子百分比。

（16）辅酶 Q 的结构。

（17）核的染色。

（18）TTC 培养。

常见酵母的简捷分类主要通过观察菌落及用显微镜观察细胞进行。如图 5-13 所示。

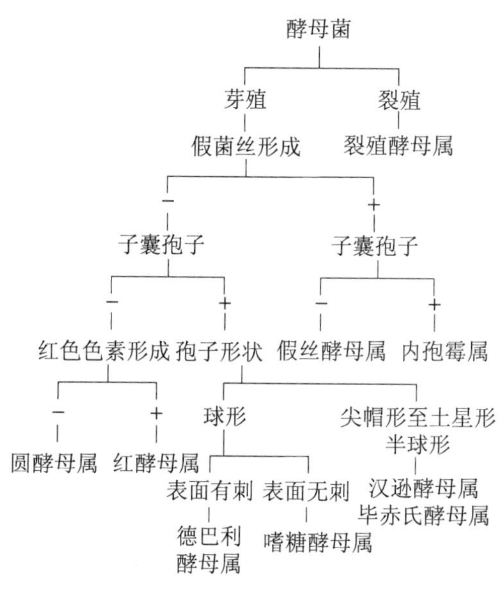

图 5-13　常见酵母的简捷分类

三、酵母菌与细菌的异同

酵母菌与细菌的异同如表 5-3 所示。

表 5-3　酵母菌与细菌的异同

特　征	酵　母　菌	细　菌
细胞形态	一般为单细胞，呈球形、卵形、椭圆形也有腊肠形等。有的有假菌丝或真菌丝	单细胞，呈球形或杆状
细胞大小	一般细胞直径或宽度为 3～6μm，长度为几十微米	一般细胞直径或宽度为 0.3～0.6μm，比酵母小得多
菌落形态	一般有奶油状的单细胞集群、有光泽或光滑、黏稠，易挑起	一般为易挑起的单细胞集群，有各种颜色，表面特征各异
繁殖方式	一般为芽殖，少量为裂殖、有的具有性繁殖	一般为裂殖
细胞结构	具有完整的细胞核和线粒体等，细胞壁组成主要为葡萄糖和甘露聚糖等	只含有核质体，细胞壁组成主要为肽聚糖、脂多糖等
生长 pH 值	偏酸性	中性偏碱

【实训过程】

一、材料准备

（1）仪器　高压蒸汽灭菌锅，托盘天平，普通光学显微镜，血球计数板。

（2）器皿　培养皿（直径 9cm），三角瓶 100mL，吸管（1mL 分度 0.01，10mL 分度 0.1）；盖玻片，试管，接种环，无菌毛细管等。

（3）培养基　酵母浸出粉胨葡萄糖琼脂培养基（YPD 或 YEPD），玫瑰红钠培养基，酸性蔗糖豆芽汁培养液。

（4）试剂　乳酸，无菌水等。

（5）样品　酒曲或发酵用酵母粉。

二、稀释涂布法分离酵母菌

1．富集培养

用无菌小刀割开酒曲块，从内部挖取米粒大小的一块，加入 10mL YEPD 培养液试管中，同时加入一滴乳酸摇匀后于 25℃培养 24h。而后 1mL 接种于另一支添加乳酸的 YEPD 培养液试管中，再行培养。在培养过程中若出现菌丝体应立即挑出，烧毁. 经过如此 3～4 次的转接即可分离。

2．酵母菌的分离

取最后一代酵母增殖液 1mL，以 10 倍稀释法稀释至 10^{-7}，然后取后两个稀释度的稀释液各 0.1mL 分别接于事先倒好的 PDA 培养基固体，用无菌涂布器依次涂布 2～3 个皿，25℃培养 48h。

3．酵母菌的选择

对平板上长出的典型酵母菌单菌落进行描述性记录，并同时制片镜检，然后选择不同类型的酵母菌落分别接于麦芽汁斜面，置 25℃培养 48h 备用。

4．纯化

将挑出的菌株采用平板分离的方法纯化，并观察分离得到的酵母菌菌落。

三、菌悬液制备

用无菌生理盐水将酵母菌菌落进行适当稀释制成合适浓度的菌悬液。

四、镜检血球计数板计数室

在加样前，先对计数板的计数室进行镜检。若有污物，则需清洗后才能进行计数。血球计数板（图 5–14），通常是一块特制的载玻片，其上由四条槽构成三个平台。中间的平台又被一短横槽隔成两半，每一边的平台上各刻有一个方格网，每个方格网共分九个大方格，中间的大方格即为计数室，微生物的计数就在计数室中进行。血球计数板的分区和分格如图 5–15。计数室的刻度一般有两种规格，一种是一个大方格分成 16 个中方格，而每个中方格又分成 25 个小方格；另一种是一个大方格分成 25 个中方格，而每个中方格又分成 16 个小方格。但无论是哪种规格的计数板，每一个大方格中的小方格数都是相同的，即 16×25=400 小方格。

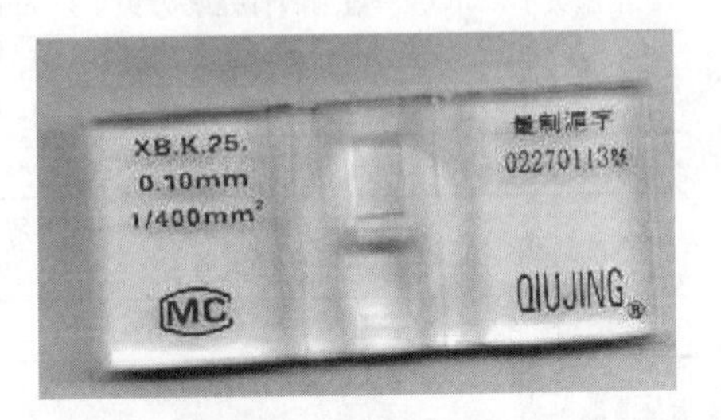

图 5–14　血球计数板

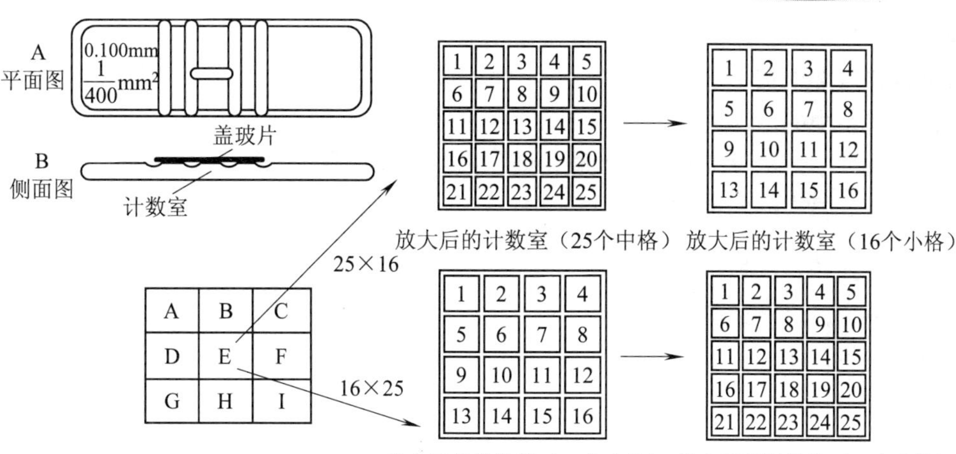

图 5-15　血球计数板的分区和分格

每一个大方格边长为 1mm，则每一大方格的面积为 $1mm^2$，盖上盖玻片后，载玻片与盖玻片之间的高度为 0.1mm，所以计数室的容积为 $0.1mm^3$。

在计数时，通常数 5 个中方格的总菌数，然后求得每个中方格的平均值，再乘上 16 或 25，就得出一个大方格中的总菌数，然后再换算成 1mL 菌液中的总菌数。

下面以一个大方格有 25 个中方格的计数板为例进行计算：设 5 个中方格中总菌数为 A，菌液稀释倍数为 B，那么，一个大方格中的总菌数因 $1mL=1cm^3=1\,000mm^3$，（即 $0.1mm^3$ 中的总菌数）为 $\frac{A}{5}\times25\times B$，故 1mL 菌液中的总菌数$=\frac{A}{5}\times25\times10\times1\,000\times B$个

$=50\,000A\cdot B$个

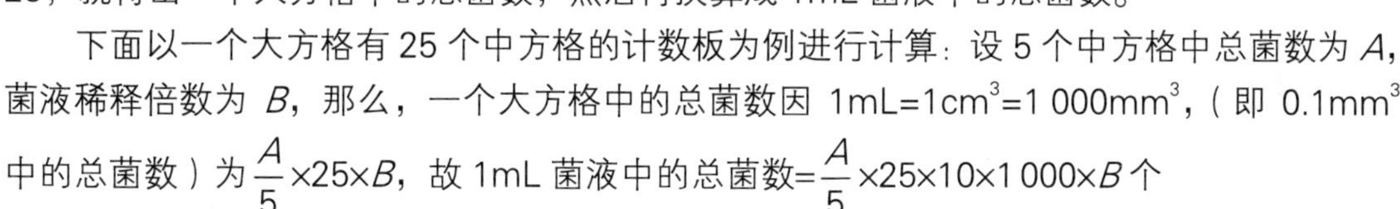

同理，如果是 16 个中方格的计数板，设五个中方格的总菌数为 A'，则

1mL 菌液中总菌数$=\frac{A'}{5}\times16\times10\times1\,000\times B'$个

$=32\,000A'\cdot B'$个

五、滴加酵母菌液

将清洁干燥的血球计数板盖上盖玻片，再用无菌的细口滴管将稀释的酿酒酵母菌液由盖玻片边缘滴一小滴（不宜过多），让菌液沿缝隙靠毛细渗透作用自行进入计数室，一般计数室均能充满菌液。注意不可有气泡产生。

【提示注意】

（1）血球计数板适用范围：个体较大细胞或颗粒，如血球、酵母菌等。不适用于细菌等个体较小的细胞，因为①细菌细胞太小，不易沉降；②在油镜下看不清网格线，超出油镜工作距离。

（2）由于酵母菌菌体无色透明，计数观察时应该仔细调节光线。

（3）加酵母菌菌液时，量不宜过多，不能产生气泡。

六、显微镜下酵母菌细胞计数

静止 5min 后，将血球计数板置于显微镜载物台上，先用低倍镜找到计数室所在位置，

然后换成高倍镜进行计数。在计数前若发现菌液太浓或太稀，需重新调节稀释度后再计数。一般样品稀释度要求每小格内约有 5～10 个菌体为宜。每个计数室选 5 个中格（可选 4 个角和中央的中格）中的菌体进行计数。位于格线上的菌体一般只数上方和右边线上的。如遇酵母出芽，芽体大小达到母细胞的一半时，即作两个菌体计数。计数一个样品要从两个计数室中计得的值来计算样品的含菌量。

七、清洗血球计数板

使用完毕后，将血球计数板在水龙头上用水柱冲洗，切勿用硬物洗刷，洗完后自行晾干或用吹风机吹干。镜检，观察每小格内是否有残留菌体或其他沉淀物。若不干净，则必须重复洗涤至干净为止。

【实训报告】

工作任务：酒曲中酵母菌的分离和细胞计数			
样品来源		实训日期	
实训目的			
实训原理			
实训材料			
实训过程			

结果报告：将酵母菌液计数结果记录于下表中，并计算出平均菌液浓度

次数	各中格中细胞数					5 个中格总细胞数	菌液稀释倍数	菌液浓度（个/mL）	平均菌液浓度
	1	2	3	4	5				
1									
2									
3									
4									

思考与讨论：

（1）根据你实训的体会，说明用血球计数板计数的误差主要来自哪些方面，应如何尽量减少误差，力求准确。

（2）血球计数板计数有哪些优缺点？

（3）利用血球计数板计数时，注入的菌液为什么不能过多？

【知识拓展】 微生物基因重组

凡把两个不同性状个体内的遗传基因转移到一起，经过遗传分子间的重新组合，形成新遗传型个体的方式，称为基因重组。重组可使生物体在未发生突变的情况下，也能产生新遗传型的个体。

基因重组是杂交育种的理论基础。由于杂交育种选用已知性状的供体菌和受体菌作为亲本。因此比诱变育种前进了一大步。同时也可消除某一菌株长期诱变导致产量上升缓慢现象。因此它是一种重要的育种手段。

一、原核微生物的基因重组

在原核微生物中，基因重组的方式主要有转化、转导、接合和原生质体融合几种形式，现分别加以介绍。

1. 转化（Transformation）

转化是细菌中最早被发现的遗传物质转移形式。转化是指受体菌直接吸收了来自供体菌的 DNA 片段，通过交换把它整合到自己的基因组中，从而获得了新的遗传特性的现象。受体细胞经复制分裂后出现了供体性状的子代称为转化子。

感受态是指细菌能够从周围环境中吸收 DNA 分子进行转化的生理状态。只有处于感受态的细菌才能吸收外源 DNA 实现转化。细菌的感受态是一种生理状态，它可以通过感受态因子（细菌生长到一定阶段分泌一种小分子的蛋白质）在细胞间的转移而获得。这种感受态因子与细胞表面受体相互作用，诱导一些感受态——特异蛋白表达，其中一种是自溶素，它的表达使细胞表面的 DNA 结合蛋白及核酸酶裸露出来，使其具有与 DNA 结合的活性。

现在可用人工的方法提高受体菌感受态的水平，通过以 $CaCl_2$、cAMP 等处理，后者可使感受态水平提高 10 000 倍。

转化过程主要通过 3 个步骤完成。转化过程示意图如图 5–16 所示。

（1）受态细胞的建立　可用人工方法提高受体菌的感受态水平，通常以 $CaCl_2$、cAMP 等处理菌体，后者可使感受态水平提高 10 000 倍。

（2）DNA 的结合和摄取　首先是供体双链 DNA 与受体细胞壁上的接受位点相结合。此反应的最初是可逆的，但随着与细胞膜蛋白的进一步作用，其与细胞壁的结合则变得十分稳定而不可逆。随后其中一条链被细胞表面上的核酸酶降解，降解产生的能量协助把另一条链推进受体细胞。亦发现有完整的双链被摄取的情况，如革兰氏阴性菌——嗜血杆菌。

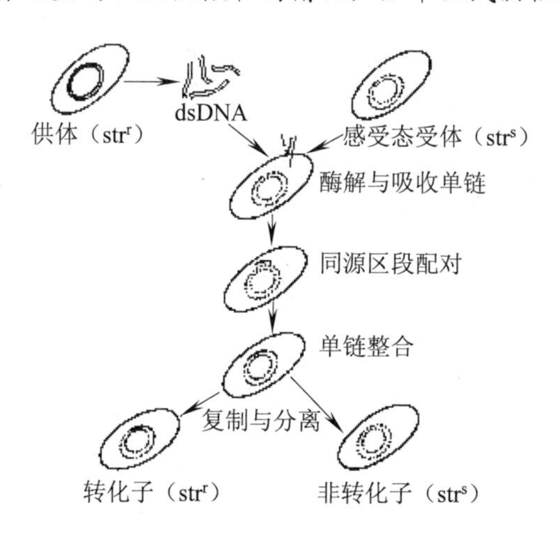

图 5–16　转化过程示意图

（3）转化因子与染色体重组　当单链进入受体细胞后，便与双链结构的受体染色体 DNA 同源片段发生交换重组。即与受体菌 DNA 整合，形成供体 DNA——受体 DNA 复合物，再通过 DNA 复制和细胞分裂而表现出转化性状，形成转化子。

在原核微生物中，转化是一种普遍现象，目前在肺炎链球菌、嗜血杆菌属、芽孢杆菌属、假单胞杆菌属、奈瑟氏球菌属、葡萄球菌属和根瘤菌属等 20 多种菌中发现具有转化现象。转化性状也多样：如形态变化、荚膜物质、糖发酵、耐药性、抗原性、致病力、代谢产物、营养需要等的变化。一般转化率为 0.1%～1%。

2. **转导**

通过完全缺陷或部分缺陷噬菌体为媒介，把供体细胞的 DNA 片段携带到受体细胞中，通过交换与整合，从而使后者获得前者部分遗传性状的现象，称为转导。获得新性状的受体细胞，称为转导子。携带供体部分遗传物质（DNA 片段）的噬菌体称为转导噬菌体。在噬菌体内仅含有供体菌 DNA 的称为完全缺陷噬菌体；在噬菌体内同时含有供体 DNA 和噬菌体 DNA 的称为部分缺陷噬菌体（部分噬菌体 DNA 被供体 DNA 所替换）。根据噬菌体和转导 DNA 产生途径的不同，可将转导分为普遍性转导和局限性转导。

（1）普遍性转导　通过完全缺陷噬菌体对供体菌任何 DNA 小片段的“误包”，而实现其遗传性状传递至受体菌的转导现象，称为普遍性转导。

普遍性转导的机制——“包裹选择模型”，当噬菌体侵染敏感细菌并在细菌内大量复制增殖时，亦把寄主 DNA 降解为许多小的片段，在装配时，少数噬菌体（10^{-6}～10^{-8}）错误地包装了宿主的 DNA 片段并能形成“噬菌体”，这种噬菌体称普遍性转导噬菌体（为完全缺陷噬菌体）。随着细菌的裂解，转导噬菌体也被大量释放。当这些转导噬菌体再次侵染受体菌时，其中的供体 DNA 片段被注入受体菌。

如果该 DNA 片段能与受体菌 DNA 同源区段配对，通过遗传物质的双交换而进行基因重组并形成稳定的转导子，称完全普遍性转导（图 5-17 和图 5-18）。如鼠伤寒沙门氏菌的 P22 噬菌体、大肠杆菌的 P1 噬菌体和枯草芽孢杆菌的 PBS1 和 SP10 等噬菌体中都能进行完全转导。

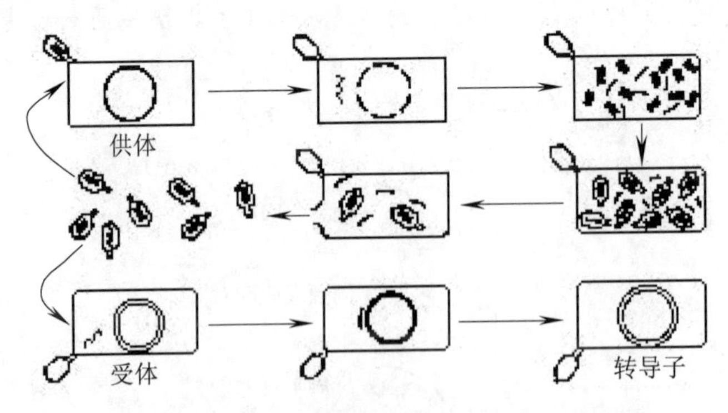

图 5-17　由 P22 噬菌体引起的完全普遍转导

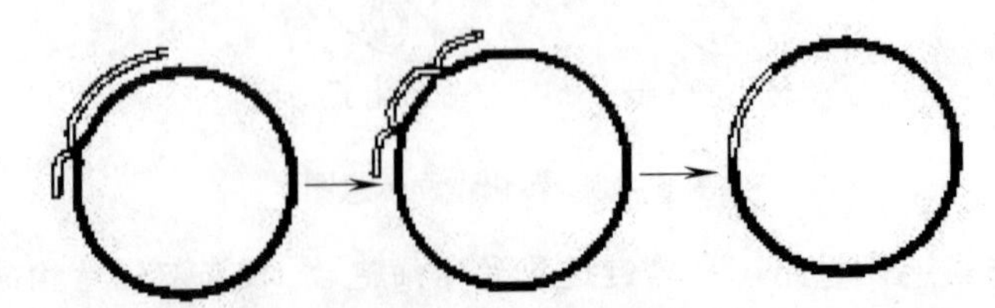

图 5-18　外源染色体片段（双链 DNA）通过双交换而形成一个稳定的转导子图示

如果该 DNA 片段不能与受体菌 DNA 进行交换、整合和复制，只以游离和稳定的状态存在，而仅进行转录、转译和性状表达，称流产转导。发生流产转导的细胞在其进行分裂后，只能将这段外源 DNA 分配给一个子细胞，而另一子细胞仅获得供体基因转录、转译而形成的少量产物——酶，因此在表型上仍可出现轻微的供体菌特征，每经分裂一次，就受到一次“稀释”。所以能在选择培养基上形成微小菌落就成了流产转导子的特点。流产转导示意图见图 5–19。

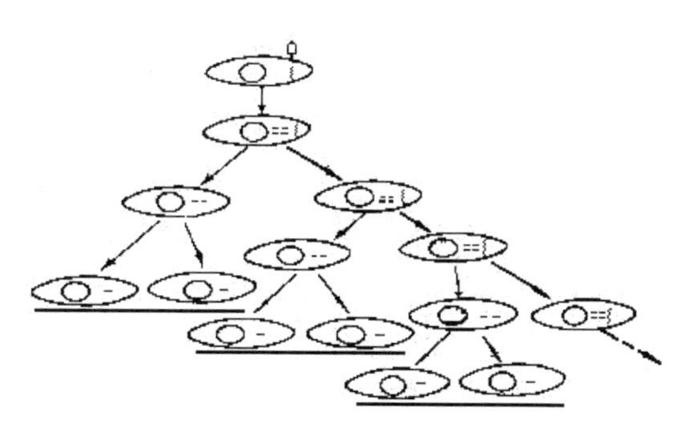

图 5–19　流产转导示意图

（2）局限性转导　通过部分缺陷的温和噬菌体把供体菌的少数特定基因携带到受体菌中，并获得表达的转导现象称为局限性转导。转导后获得了供体部分遗传特性的重组受体细胞称为局限转导子。

局限转导最初于 1954 年在大肠杆菌 K12 中发现。指通过部分缺陷的温和噬菌体把供体菌的少数特定基因携带到受体菌中，并获得表达的转导现象。它有这样几个特点：①只能转导供体菌的个别特定基因（一般为噬菌体整合位点两侧的基因）；②该特定基因由部分缺陷的噬菌体携带；③缺陷噬菌体是由于其在形成过程中所发生的低频率（可形成 10^{-5} 左右）“误切”，或由于双重溶源菌的裂解而形成，在后一情况下可形成 50%缺陷噬菌体。E.coli K12 的 λ 噬菌体可进行局限转导。普遍性转导和局限性转导比较见表 5–4。

表 5–4　普遍性转导和局限性转导比较

比 较 项 目	普遍性转导	局限性转导
转导的发生	自然发生	人工诱导
噬菌体形成	错误的装配	前噬菌体反常切除
形成机制	包裹选择模型	杂种形成模型
内含 DNA	只含宿主染色体 DNA	同时有噬菌体 DNA 和宿主 DNA
转导性状	供体的任何性状	多为前噬菌体邻近两端的 DNA 片段
转导过程	通过双交换使转导 DNA 替换了受体 DNA 同源区	转导 DNA 插入，使受体菌为部分二倍体
转导子	不能使受体菌溶源化 转导特性稳定	为缺陷溶源菌 转导特性不稳定

（3）溶源转变　这是一种表面上与转导相似但本质上却不同的特殊现象。当温和噬菌体感染其宿主而使其发生溶源化时，因噬菌体的基因整合到宿主的核基因组上，而使后者获得了除免疫性以外的新性状的现象，称为溶源转变。当宿主丧失这一噬菌体时，通过溶源转变而获得的新性状也就同时消失。由此可以看出，溶源转变与转导有着本质的不同。首先，这种温和噬菌体并不携带任何来自供体菌的外源基因，使宿主带来新性状的正是噬菌体本身的基因；其次，这种温和噬菌体是完整的，而不是缺陷的；第三，获得新性状的是溶源化的宿主细胞，而不是什么转导子；第四，获得的性状可随噬菌体的消失而同时消失。

溶源转变的典型例子是白喉棒杆菌不产白喉毒素的菌株，它在被温和噬菌体感染而发生溶源化时，就会变成产毒的致病菌株。肉毒梭菌经其特定温和噬菌体感染而成为溶源菌时，就会产生 C 型或 D 型肉毒毒素。

3. **接合**

指供体菌和受体菌完整细胞间的直接接触，而实现大段的 DNA 传递现象。

在细菌中，接合现象研究最清楚的是 E.coli，研究发现 E.coli 是有性别分化的，决定性别的是一种质粒，即 F 因子。现在根据 E.coli 细胞中是否存在 F 因子以及在细胞中的存在方式不同，可把大肠杆菌分成以下四种类型。F 因子的存在方式及其相互关系见图 5-20。

雌性细菌不含 F 因子，无相当数量的性菌毛，这样的细菌称为 F^-菌株；F 因子以游离状态存在，可独立于染色体进行自主复制。一般有 1～4 个，且细胞表面有相当数量的性菌毛，这样的细菌称为 F^+菌株；F 因子整合在宿主染色体的一定部位，并与宿主染色体同步复制，这样的细菌称为 Hfr 菌株；发现 Hfr 与 F^-菌重组的频率要比 F^+菌与 F^-菌重组的频率高得多。因为 F 因子整合到染色体上是一种可逆过程，当 F 因子从 Hfr 菌染色体上脱落时，会出现一定概率的错误基因交换，从而使 F 因子带上宿主染色体的遗传因子，这时的 F 因子称为 F′ 因子。三种雄性菌株与雌性菌株接合时，将产生三种不同结果。

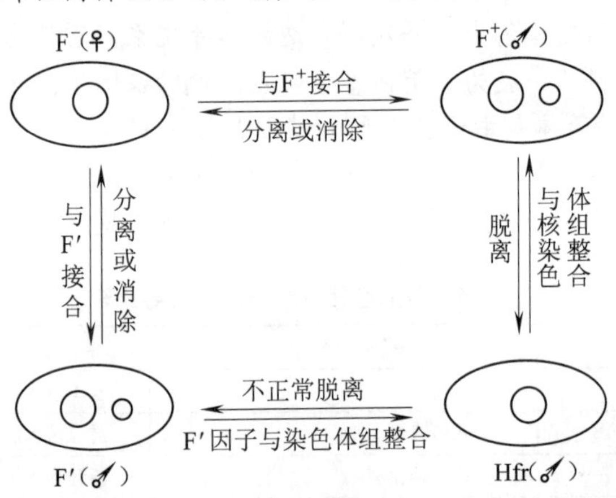

图 5-20 F 因子的存在方式及其相互关系

（1）$F^+ \times F^-$接合 通过 F^+菌产生的性菌毛把两者连接在一起，并在细胞间形成胞质桥（或称接管），F 因子通过胞质桥进入受体细胞，使重组体从 F^-变成了 F^+菌。其主要过程是，F 因子的一条 DNA 单链断裂（在特定位点上）、解链，并单向转移进入受体细胞，在此作为模板而形成新的 F 因子；另一条在供体细胞内的 DNA 链也成为模板并以滚环模型形式复制；最终供体菌及受体菌均成为 F^+菌。

（2）Hfr×F^-接合 当 Hfr 与 F^-菌株发生接合时，Hfr 的染色体双链中的一条单链在 F 因子处发生断裂，由环状变为线状，F 因子则位于线状单链 DNA 之末端。整段线状染色体也以 5-末端引导，等速转移至 F^-细胞。在没有外界因素干扰的情况下，这一转移过程的全部完成约需 100min。实际上在转移过程中，使接合中断的因子有很多，因此这么长的线状单链 DNA 常常在转移过程中发生断裂。处在 Ffr 染色体前端的基因进入 F^-的几率就越高，这类性状出现在接合子中的就越早。由于 F 因子位于线状 DNA 的末端，进入 F^-细胞的机会最少，故引起 F^-变成 F^+的可能性也最小。因此 Hfr 与 F^-接合的结果使其重组频率虽最高，但转化频率却最低。

（3）F′与 F^-接合 通过 F′与 F^-的接合就可以使后者变成 F′。它既可使后者获得前者的 F

因子，又可同时获得前者的部分遗传性状。

4．原生质体融合

通过人为的方法，使遗传性状不同的两细胞的原生质体发生融合，并进而发生遗传重组以产生同时带有双亲性状的、遗传性稳定的融合子的过程称为原生质体融合。

能进行原生质体融合的细胞是极其广泛的，不仅包括原核生物，而且还包括各种真核细胞，例如真核微生物的酵母菌、霉菌和蕈菌，以及各种高等动植物。原生质体融合的优越性在于：

（1）它打破了微生物的种属界限，可以实现远缘菌株的基因重组。1981 年 Yamada 有 PEG 诱导酵母原生质体与细菌细胞成功的融合，并使其固氮作用或光合作用实现了不稳定的表达。

（2）原生质融合可使遗传物质传递更为完整、获得更多基因重组体的机会，有利于提高育种速度。

二、真核微生物基因重组

在真核微生物中，基因重组主要有有性杂交、准性杂交、原生质体融合和转化等形式。

1. **有性杂交**

杂交是在细胞水平上发生的一种遗传重组方式。有性杂交是指性细胞间的接合和随之生的染色体重组，并产生新的遗传型后代的一种育种技术。凡能产生有性孢子的酵母菌或霉菌，原则都可应用与高等动植物杂交相似的有性杂交方法进行育种。

2. **准性杂交**

有一类不产生有性孢子的丝状真菌，不经过减数分裂就能导致基因重组的生殖过程称为准性生殖。可以认为准性生殖是在自然条件下，真核微生物体细胞间的一种自发性的原生质体融合现象。准性生殖主要包括异核体形成、核融合和杂合二倍体的形成、体细胞交换与单倍体化等 3 个阶段。半知菌的准性生殖示意图见图 5–21。

（1）异核体形成　用两个不同营养缺陷型突变株的混合孢子，大量接种到基本培养基表面，可得到少量原养型菌落，在这些菌落中的某一条菌丝或一个细胞内，若同时具有两种或两种以上基因型的细胞核，则称为异核体。这种现象称为异核现象。异核体在遗传上可应用于霉菌的杂交育种、测定菌株的突变为等位基因或非等位基因突变。

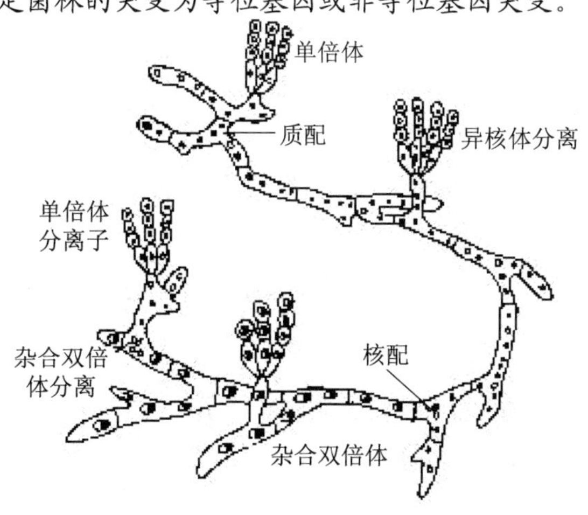

图 5–21　半知菌的准性生殖示意图

（2）核融合和杂合二倍体的形成　核融合是指异核体内两个不同基因型的单倍体细胞核

在繁殖过程中融合成一个二倍体细胞核的过程。这个机会是极少的（10^{-5}～10^{-7} 的概率）。杂合二倍体是指细胞核中含有 2 个不同来源染色体组的菌体细胞。

（3）体细胞交换与单倍体化　杂合二倍体极不稳定，在其进行有丝分裂过程中，有极少数细胞，其同源染色体的两条染色单体之间发生互换，在体细胞分裂时，产生一个或一个以上标记的纯合现象，从而形成具有新性状的单倍体杂合子。所谓单倍体化是指在一系列有丝分裂过程中一再发生的个别染色体减半，直至最后形成单倍体的过程。其单倍体化不是一次有丝分裂的结果，而是经过若干次有丝分裂过程，每次分裂都有可能从二倍体核中失去部分染色体，最后才恢复成单倍体核。分裂次数取决于染色体数目，数目越多则其单倍体化所需要的分裂次数也越多。准性生殖与有性生殖的比较见表 5-5。

表 5-5　准性生殖与有性生殖的比较

项　目	准性生殖	有性生殖
参与接合的亲本细胞	形态相同的体细胞	形态或生理上有分化的性细胞
独立生活的异核阶段	有	无
接合后双倍体的细胞形态	与单倍体基本相同	与单倍体明显不同
双倍体变为单倍体的途径	通过有丝分裂	通过减数分裂
接合发生的概率	偶然发生，概率低	正常出现，概率高

自我提高

一、单项选择题

1. 核苷酸是遗传变异的（　　）。

A. 功能单位　　B. 信息单位　　C. 交换单位　　D 分类单位

2. 下列哪项对原核生物质粒的叙述是不正确的？（　　）

A. 核染色体外的 DNA　　B. 可以自我复制

C. 具有重组功能　　D. 失去质粒的细菌不能生存

3. 移码突变是（　　）。

A. 染色体片段发生了添加或缺失

B. 一个或少数几个核苷酸发生了添加或缺失

C. 碱基中的一个嘌呤被另一个嘌呤取代

D. 碱基中一个嘌呤被另一个嘧啶取代

4. 碱基的转换是（　　）。

A. 染色体片段发生了添加或缺失

B. 一个或少数几个核苷酸发生了添加或缺失

C. 碱基中的一个嘌呤被另一个嘌呤取代

D. 碱基中一个嘌岭被另一个嘧啶取代

5. 一个无细胞的 DNA 片段转入到另一个细胞内，从而使后者获得新遗传性状的现象称（　　）。

A. 转化　　B. 转导　　C. 接合　　D. 溶源转变

6. 以噬菌体为媒介，将供体菌的 DNA 片段携带到受体菌中，并使后者获得前者部分遗传性状的现象称为（　　）。

A. 转化　　B. 转导　　C. 接合　　D. 溶源转变

7. 下列哪项不是细菌溶源转变的特性？（　　）

A. 由噬菌体引起的　　B. 被温和噬菌体溶源化

C. 噬菌体携带外源基因　　D. 产生新遗传特性

8. 下列哪种诱变剂不能直接引起细胞 DNA 中碱基对的置换？（　　）

A. 亚硝酸　　B. 羟胺　　C. 烷化剂　　D. 5—溴尿嘧啶

9. 酵母菌常用于酿酒工业中，其主要产物为（　　）。

A. 乙酸　　B. 乙醇　　C. 乳酸　　D. 丙醇

10. 以芽殖为主要繁殖方式的微生物是（　　）。

A. 细菌　　B. 酵母菌　　C. 霉菌　　D. 病毒

11. 酵母菌的细胞壁主要含（　　）。

A. 肽聚糖和甘露聚糖　　B. 葡聚糖和脂多糖

C. 几丁质和纤维素　　D. 葡聚糖和甘露聚糖

二、简答题

1. 历史上证明核酸是遗传物质基础的著名实验有几个？你能举出其中之一来加以说明吗？

2. 试从不同水平来认识遗传物质在细胞内的存在方式。

3. 何谓基因突变？它有哪几个共同特点？基因突变可分哪几类？什么是突变率？

4. 什么叫转化？什么是感受态？什么是转化因子？

5. 试述转化的一般过程。

6. 什么叫转导？试比较普遍转导和局限转导的异同。

7. 酵母菌有性繁殖的过程是什么？

8. 什么叫基因工程（遗传工程）？它的基本原理和操作是怎样的？

项目六　霉变食品中霉菌的分离和鉴别

霉菌是丝状真菌的一个通俗名称，意即“发霉的真菌”，通常指那些菌丝体比较发达而又不产生大型子实体的真菌。它们往往在潮湿的气候下大量生长繁殖，长出肉眼可见的丝状、绒状或蛛网状的菌丝体，有较强的陆生性，在自然条件下，常引起食物、工农业产品的霉变和植物的真菌病害。

霉菌自然生长状态下的形态，常用载玻片观察，此法是接种霉菌孢子于载玻片上的适宜培养基上，培养后用显微镜观察。此外，为了得到清晰、完整、保持自然状态的霉菌形态还利用玻璃纸透析培养法进行观察。此法是利用玻璃纸的半透膜特性及透光性，将霉菌生长在覆盖于琼脂培养基表面的玻璃纸上，然后将长菌的玻璃纸剪取一小片，贴放在载玻片上用显微镜观察。

本项目采用从不同霉变食品中分离得到青霉、曲霉、毛霉和根霉菌落，并用乳酸石炭酸棉蓝染色液对细胞进行染色观察鉴别；霉菌菌丝较粗大，细胞易收缩变形，而且孢子很容易飞散，所以制标本时常用乳酸石炭酸棉蓝染色液。此染色液制成的霉菌标本片特点是：①细胞不变形；②具有杀菌防腐作用，且不易干燥，能保持较长时间；③溶液本身呈蓝色，有一定染色效果。

【目标与要求】

（1）能用不同分离方法得到青霉、曲霉、毛霉和根霉菌落。

（2）会用接种针挑取霉菌菌落并观察。

（3）会用乳酸石炭酸对霉菌细胞染色。

（4）会鉴别不同霉菌形态结构和菌落特征。

任务一　根霉和毛霉的分离和鉴别

【相关知识】 霉菌的生物学特性

在地球上，几乎到处都有真菌的踪迹，而霉菌则是真菌的主要代表。它们的种类和数量惊人。在自然界中，真菌主要扮演着各种复杂有机物，尤其是数量最大的纤维素、半纤维素和木质素的分解者角色。由于它们具有广泛的生物化学转化活动，使数量巨大的动植物尤其是植物的残体，重新转变为生态系统中的生产者——绿色植物的养料，从而保证了地球上包括人类在内的一切异养生物即生态系统中消费者的需要，促进了整个生物圈的繁荣发展。

霉菌对工农业生产、医疗实践、环境保护和生物学基本理论研究等方面都有密切的关系。①工业应用：如柠檬酸、葡萄糖酸等多种有机酸，淀粉酶、蛋白酶和纤维素酶等多种酶制剂，青霉素、头孢霉素等抗生素，核黄素等维生素，麦角碱等生物碱，真菌多糖、酿造食品以及植物生长刺激素（赤霉素）等的生产；利用某些霉菌对甾族化合物的生物转化以生产甾体激素类药物；在生物防治、污水处理和生物测定等方面霉菌也有广泛的应用等。②生产各种传统食品：如酿制酱、酱油、干酪等。③基本理论研究：霉菌在基本理论研究中应用很广，最著名的例子是粗糙脉孢菌等在建立生化遗传学中的作用。④工业产品的霉变：食品、纺织品、皮革、木器、纸张、光学仪器、电工器材和照相胶片等，都易被霉菌所霉坏、变质。⑤引起植物病害：植物传染性病害的主要病原微生物是真菌。真菌约可引起 3 万种植物病害。如 19 世纪中叶在欧洲大流行的马铃薯晚疫病；我国于 1950 年发生的麦锈病和 1974 年发生的稻瘟病，使小麦和水稻分别减产了 60 亿 kg 等。⑥引起动物疾病；不少致病真菌可引起人体和动物的浅部病变（例如皮肤癣菌引起的各种癣症）和深部病变（例如既可侵害皮肤、粘膜，又可侵犯肌肉、骨胳和内脏的各种致病真菌）。在当前已知道的约 5 万种真菌中，被国际确认的人、畜致病菌或条件致病菌已有 200 余种（包括酵母菌在内）。

一、霉菌的形态与结构

霉菌的菌丝体很发达，它的菌丝可以分为气生菌丝、基内菌丝和生殖菌丝。生殖菌丝上还生着孢子。它的菌丝大多数有隔膜，其实一般来说有隔膜的菌丝已经算是比较高级的菌丝体，真菌的菌丝大多有隔膜，无隔的菌丝中没有隔膜，有许多核分散分布在细胞质内，被称为多核菌丝。

1. 菌丝和菌丝体

（1）菌丝　霉菌是异养的真核生物，具有丝状或管状结构，单个分支称为菌丝（图 6-1）。一般分成有隔菌丝和无隔菌丝。菌丝由坚硬的含壳多糖的细胞壁包被，内含大量真核生物的细胞器。在原生质膜包被的菌丝细胞质中有核、线粒体、核糖体、高尔基体以及膜包被的囊泡。菌丝内细胞质组分趋向于生长点的位置集中。菌丝较老的部位有大量液泡，并可能与较幼嫩的区域以横隔（称为隔膜）分开。

按结构分，可分为有隔菌丝和无隔菌丝两类。有隔菌丝有横隔膜将菌丝分隔成多个细胞，在菌丝生长过程中细胞核的分裂伴随着细胞的分裂，每个细胞含有 1 至多个细胞核。横隔膜可以使相邻细胞之间的物质相互沟通。无隔菌丝中无横隔膜，无隔的整根菌丝就是一个单细胞，其内含有多核。

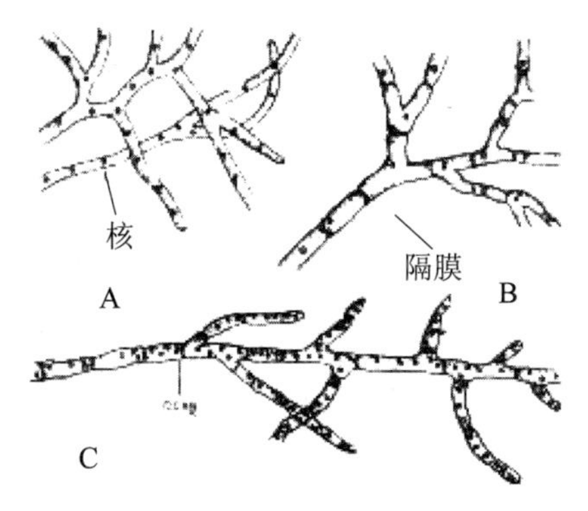

图 6-1　霉菌菌丝

A—无隔多核菌丝　B—有隔单核菌丝　C—有隔多核菌丝

在生长过程中只有核的分裂和原生质量的增加，没有细胞数目的增多，如：毛霉、根霉等。按着生位置分有基内（营养）菌丝（有的特化为假根、吸器等），气生菌丝，孢子（繁殖）菌丝。

（2）菌丝体　是许多分枝菌丝聚结在一起形成的网络状结构。

二、霉菌的繁殖及生活史

霉菌的菌丝生长主要以顶部生长为主，也就是在细胞壁上出现软化的部分，它们像芽一样膨出，生长成侧丝，然后很快变硬，接下来第二、第三枝以同样的方式形成。

霉菌的繁殖方式以孢子繁殖为主，它的孢子繁殖包括有性孢子和无性孢子。一般都是霉菌的菌丝生长到一定阶段，先进行无性繁殖，后期才形成有性孢子。

1. 无性孢子繁殖

无性孢子繁殖也就是不经过两性细胞融合，只是由菌丝分化或分裂而形成新子代个体的过程。霉菌的无性孢子有几种类型。

（1）孢囊孢子　孢囊孢子是被包裹在孢子囊里面的，孢囊是怎么形成的呢？首先是霉菌发育到一定阶段，菌丝延长，顶端菌丝膨大成圆形、椭圆形或梨形，成为囊状。孢囊里的细胞质和核逐渐增多，囊的下方有一层隔膜与菌丝分开形成孢囊的轴，囊轴伸入到孢子囊内部，而在孢子囊内，包围了许多核的原生质被切割成许多等份，每一小团的周围形成一层壁，将原生质包围起来，发育成孢囊孢子。孢囊孢子中有鞭毛的也叫作游动孢子（图 6-2a），大多是水生或在土壤中的真菌，无鞭毛的孢子叫静孢子，不能游动（图 6-2b）。

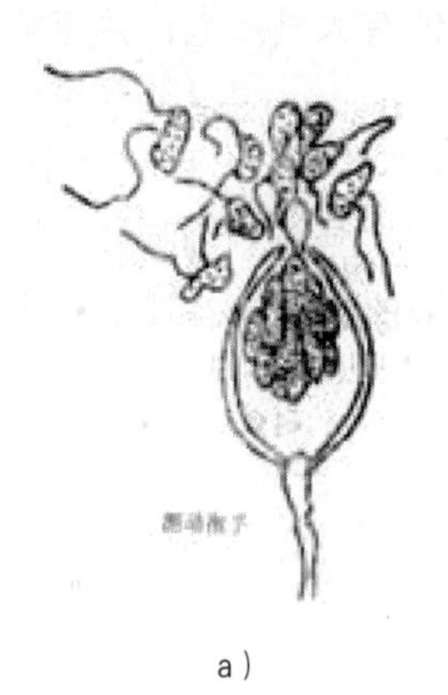

a）

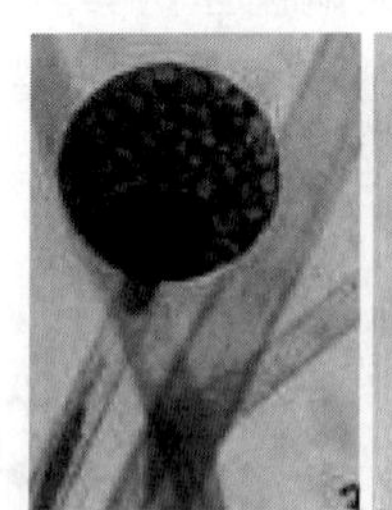

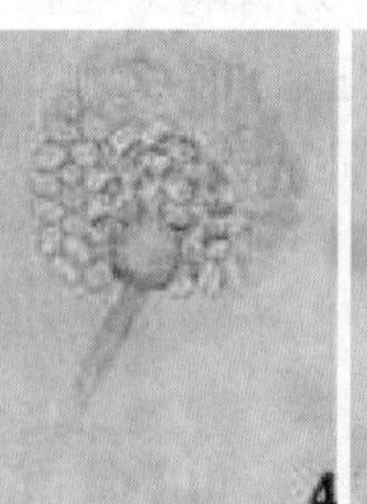

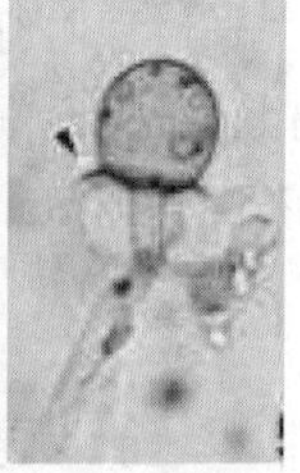

b）

左：毛霉的孢子囊　中：孢子囊壁破裂，露出静孢子　右：囊轴

图 6-2　霉菌的游动孢子和静孢子

a）霉菌的游动孢子　b）霉菌的静孢子

（2）分生孢子（图 6-3）　这种孢子是在外部形成，没有包裹物把它包在里面，所以是一种外生孢子，也是最常见的无性孢子。它通常是在特殊的菌丝，分生孢子梗的菌丝顶部或侧面生成的，孢子单生、成链状或成簇排列，孢子的形状也各种各样。

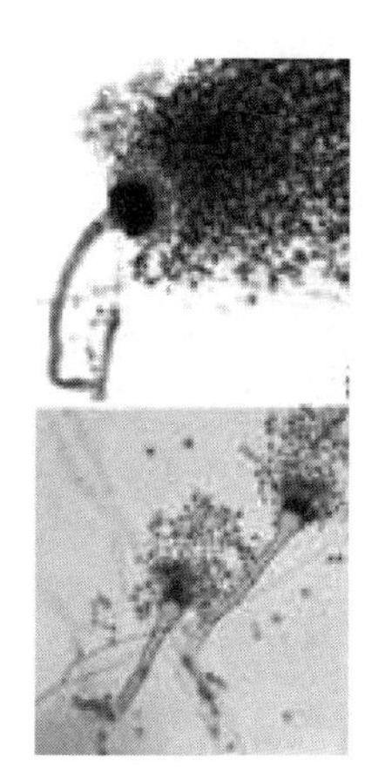

曲霉的分生孢子梗和
顶囊上的分生孢子

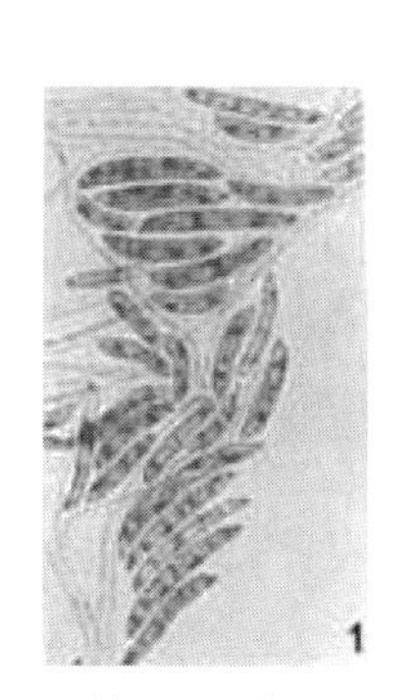

镰刀霉的镰刀
形大分生孢子

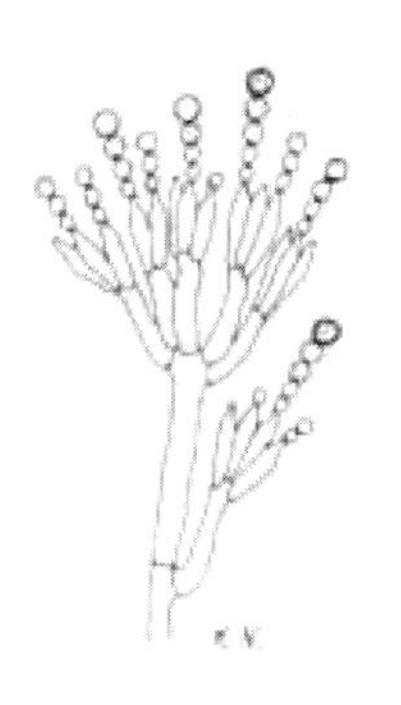

青霉的帚状分生
孢子梗和分生孢子

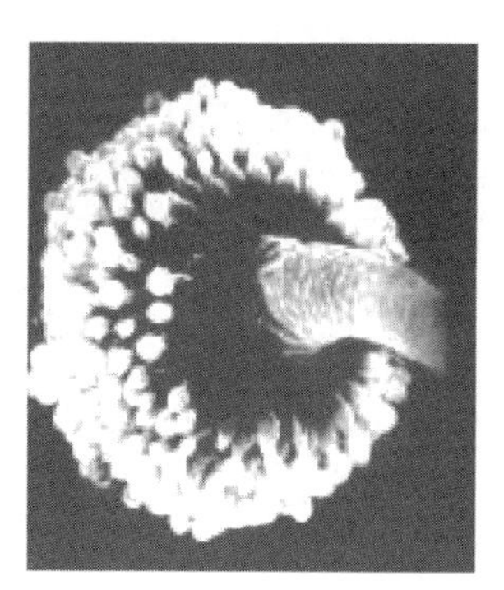

曲霉的分生孢子头彩图

图 6-3　分生孢子结构示意图

（3）节孢子（图 6-4a）　它是由菌丝断裂而成的，顺序是由菌丝顶端向基部一节一节断裂下来形成的。

（4）厚垣孢子（图 6-4b）　这种孢子的壁很厚，脂肪含量很高，它是霉菌的休眠体，能抵抗不良环境。当霉菌的菌丝的其他部分死亡时，它仍然可以存活。

a）

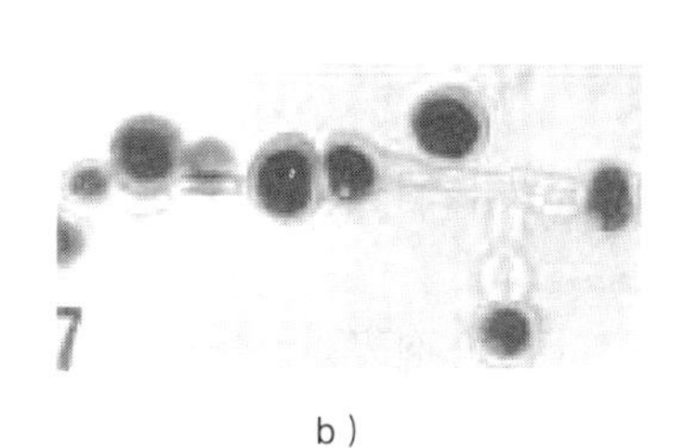

b）

图 6-4　节孢子和厚垣孢子示意图

a）霉菌的节孢子　b）霉菌的厚垣孢子

（5）芽生孢子　有些霉菌以芽生孢子的方式繁殖，菌丝细胞壁最柔软的部分像芽一样突起来，子细胞的核移入到芽里，然后细胞壁紧缩，最后与母细胞脱离。有时出芽速度太快了，来不及脱下来，就会形成假菌丝。

2. 有性孢子繁殖

真菌的有性孢子繁殖就是指两个性细胞结合而产生新的子代个体的过程。两个相同或不同的性细胞首先进行胞质融合，其次两个细胞的核质融合形成二倍体核，最后经减数分裂形成四个单倍体核。

真菌的有性孢子有哪些呢?

（1）卵孢子　卵孢子是由两个大小不同的配子囊结合后发育而成的。其小型配子囊称为雄器，大型的称为藏卵器。藏卵器中的原生质在与雄器配合以前，往往又收缩成一个或数个原生质团，名叫卵球。当雄器与藏卵器配合时，雄器中的内含物细胞质与细胞核通过受精管进入藏卵器与卵球配合，此后卵球生出外壁即成卵孢子。图 6-5 所示为卵孢子产生的过程。藻状菌中除毛霉目外，许多菌的有性繁殖方式是产生卵孢子。

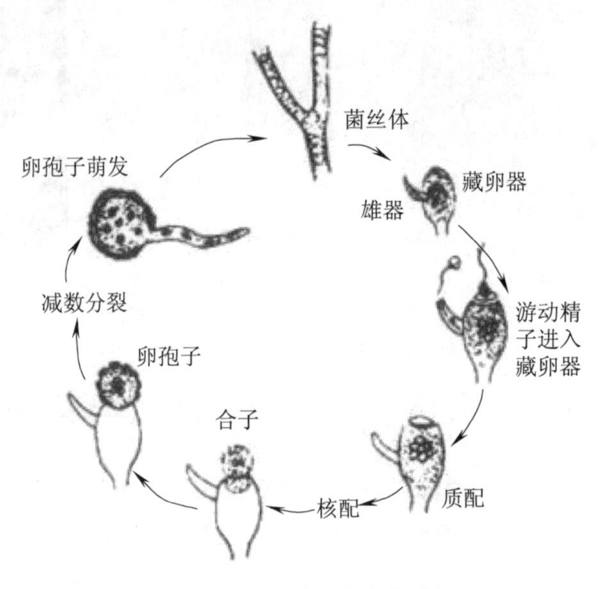

图 6-5　卵孢子产生的过程

（2）接合孢子　接合孢子是由菌丝生出形态相同或略有不同的配子囊接合而成的。两条相邻的菌丝相遇，各自向对方产生出极短的侧枝，称为原配子囊。原配子囊接触后，顶端各自膨大并形成横隔，分隔成一个称为配子囊的细胞。配子囊下面的部分称为子囊柄。相接触的两个配子囊之间的横隔消失，其细胞质与核互相配合，同时外部形成厚壁，此即接合孢子。这是毛霉目中的菌类产生有性孢子的形式。图 6-6 所示为毛霉属的接合孢子的形成过程。图 6-7 所示为根霉属的接合孢子。

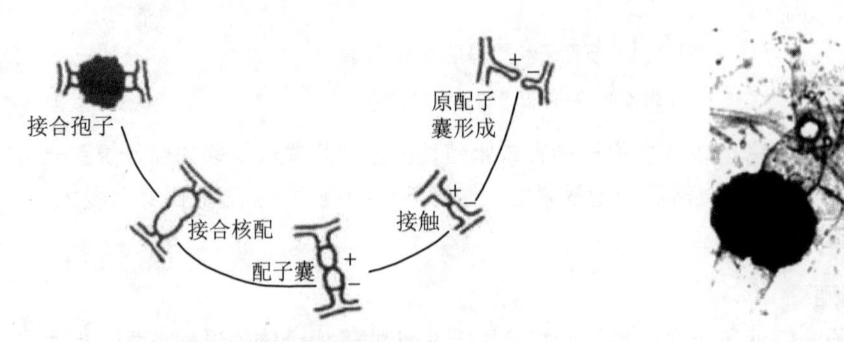

图 6-6　接合孢子的形成过程

图 6-7　根霉属的接合孢子

（3）子囊孢子　是在子囊中形成的有性孢子，子囊和子囊孢子在发育过程中，原来的精子器和藏卵器下面的细胞生成许多菌丝，它们有规则地将产囊丝包围起来，从而形成子囊果。

三、霉菌的菌落特征

霉菌菌落疏松，呈绒毛状、絮状或蜘蛛网状，比细菌菌落大几倍到十几倍；霉菌孢子的形状、构造和颜色以及产生的色素使得霉菌菌落表现出不同结构和色泽特征。菌落的颜色，有白色、黑色、青色等，常常菌落正反颜色不一。霉菌的菌落是鉴定霉菌的重要依据（见图6-8和图6-9）。

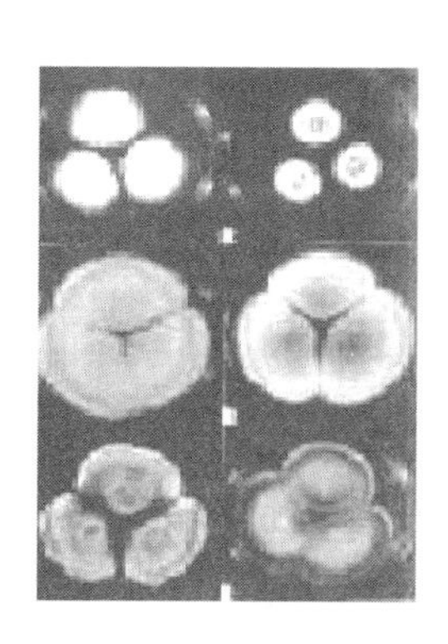
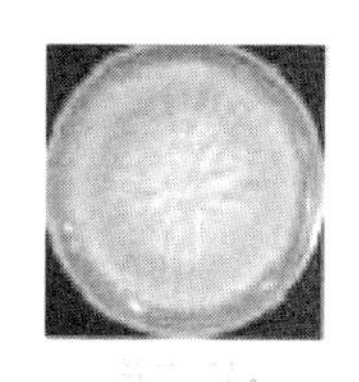
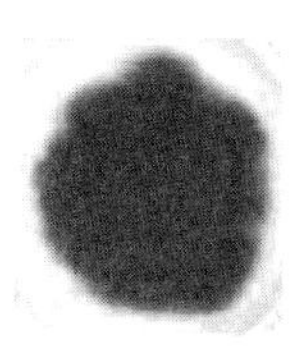
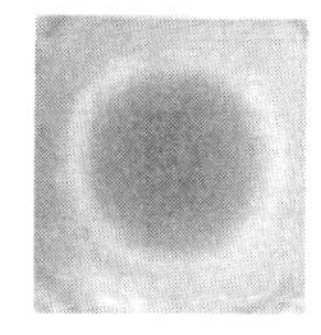
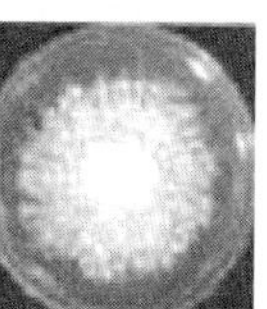

图6-8　各种曲霉的菌落

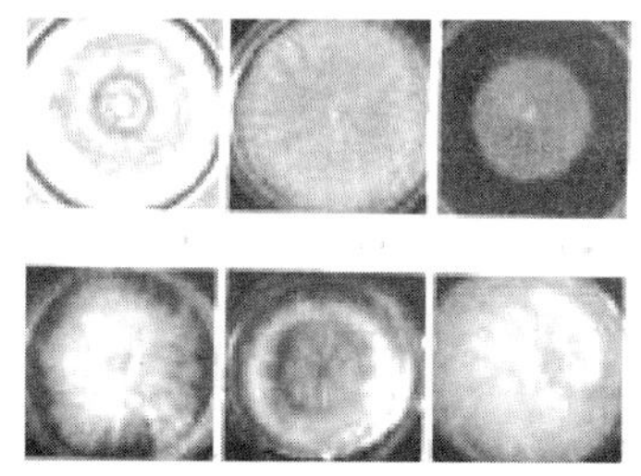
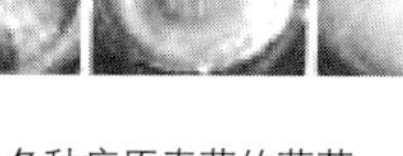

各种病原真菌的菌落

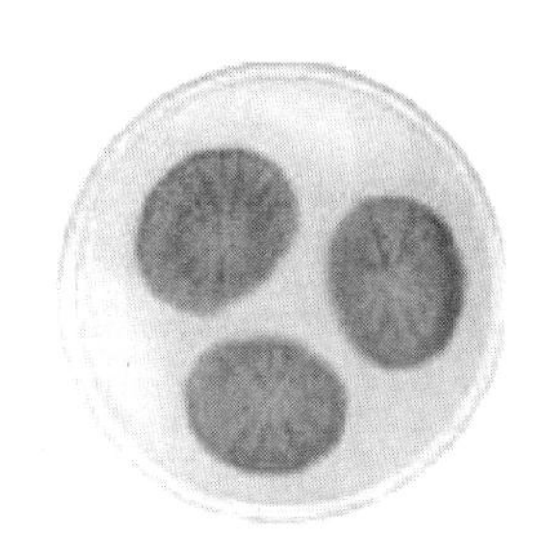

青霉的菌落

图6-9　各种病原真菌和青霉的菌落

菌落的特征是微生物鉴定的重要形态指标。现将细菌、放线菌、酵母菌和霉菌的菌落和细胞的基本特征作一比较（表6-1）。

表6-1　四大类微生物菌落和细胞形态特征的比较

菌落特征＼微生物类别			单细胞微生物		菌丝状微生物	
			细　菌	酵　母　菌	放　线　菌	霉　菌
主要特征	菌落	含水状态	很湿或较湿	较湿	干燥或较干燥	干燥
		外观形态	小而突起或大而平坦	大而突起	小而紧密	大而疏松或大而致密
	细胞	相互关系	单个分散或有一定排列方式	单个分散或假丝状	丝状交织	丝状交织
		形态特征	小而均匀*，个别有芽孢	大而分化	细而均匀	粗而分化

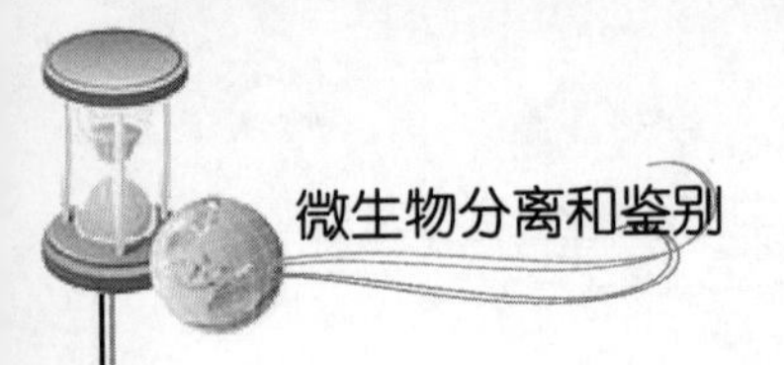

（续）

菌落特征 \ 微生物类别		单细胞微生物		菌丝状微生物	
		细　菌	酵 母 菌	放 线 菌	霉　菌
参考特征	菌落透明度	透明或稍透明	稍透明	不透明	不透明
	菌落与培养基结合程度	不结合	不结合	牢固结合	较牢固结合
	菌落颜色	多样	单调，一般呈乳脂或矿烛色，少数红或黑色	十分多样	十分多样
	菌落正反面颜色的差别	相同	相同	一般不同	一般不同
	菌落边缘**	一般看不到细胞	可见球状、卵圆状或假丝状细胞	有时可见细丝状细胞	可见粗丝状细胞
	细胞生长速度	一般很快	较快	慢	一般较快
	气味	一般有臭味	多带酒香味	常有泥腥味	往往有霉味

* “均匀”指在高倍镜下看到的细胞只是均匀一团；而“分化”指可看到细胞内部的一些模糊结构。

** 用低倍镜观察。

【实训过程】

一、材料准备

（1）仪器　高压蒸汽灭菌锅，托盘天平，普通光学显微镜。

（2）器皿　培养皿（直径 9cm），三角瓶 100mL，刻度吸管，试管，接种环，载玻片，盖玻片，解剖针等。

（3）培养基　查氏培养基平板，马铃薯培养基，玫瑰红钠培养基。

（4）试剂　乳酸石炭酸棉蓝染色液，无菌水等。

（5）样品　霉变米饭，面包，酒曲等。

二、培养基的配制和器皿包扎（参考项目一操作）

三、根霉的分离和鉴别

根霉在自然界的分布很广，空气、土壤以及各种器皿表面都有存在。并常常出现于淀粉质食品上，引起馒头、面包、甘薯等发霉变质，或造成水果蔬菜腐烂。由于根霉是食用甜酒曲的主要菌种，亦可从酒曲中分离到。

根霉是由营养菌丝体产生匍匐菌丝向四周蔓延，并由匍匐菌丝生出假根接触培养基，与假根相对方向上生长出孢囊梗，在其顶端形成孢子囊，内生孢囊孢子。根霉的菌丝内部无横隔，只有在匍匐菌丝上形成厚垣孢子时才发生横隔。孢子囊成熟后破裂，孢子囊的囊轴明显呈球形或近似球形。囊轴基部与柄相连出成囊托。根霉菌的个体形态如图 6-10 所示。

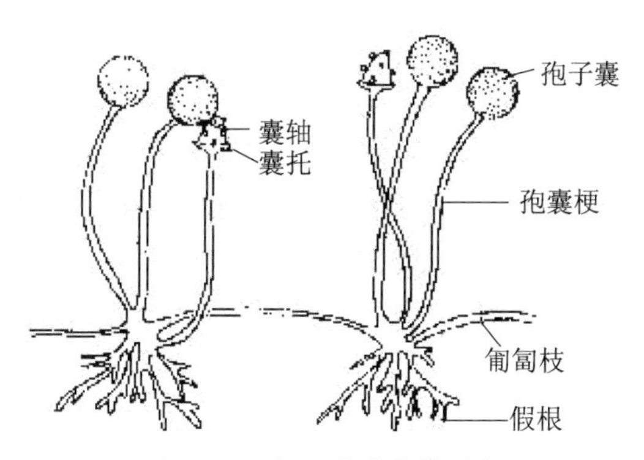

图 6–10　根霉菌的个体形态

（1）把酒曲（可从食品店购得）碾碎，（或用霉变的馒头、面包），称取 1 克，放入 9mL 无菌生理盐水，摇匀，制成 1:10 的稀释液。

（2）用无菌生理盐水，摇匀，制成 1:100 的稀释液。

（3）用无菌吸管从 1:100 的稀释液中吸取 1mL 注入 9mL 无菌生理盐水，摇匀，制成 1:1 000 的稀释液；然后用接种环沾取少量 1:1 000 的稀释液接种于马铃薯葡萄糖培养基平板上，25～28℃，4～7 天培养。

（4）根霉的形态观察，挑取部分菌落于载玻片上镜检或直接在低倍镜下观察。

（5）用肉眼观察根霉在斜面或平皿上的生长情况。

（6）置培养皿于显微镜下，用低倍镜观察孢子囊柄，孢子囊，假根等形态。

（7）在洁净的载玻片上，滴加乳酸石炭酸液一滴，用接种针挑取少量菌丝体，加盖盖玻片，置于显微镜下观察孢子囊柄、囊轴、孢子形状和厚垣孢子等形态。

如发现有黑色的孢子囊，有假根，且孢子囊梗直接从假根处生出，有匍匐枝，即为典型的匍枝根霉，即黑根霉，俗称面包霉、米根霉。挑取少量孢囊孢子接种马铃薯葡萄糖培养基斜面，25～28℃，4～7 天培养，置于 4～7℃冰箱中保存备用。

四、毛霉的分离和鉴别

毛霉分布于土壤、肥料中，也常见于水果，蔬菜以及各种淀粉食物和谷物上，引起霉腐变质。毛霉的菌丝体大多数为单细胞，在基质内外能广泛的蔓延，无假根和匍匐菌丝。孢囊梗直接由菌丝体生出，一般单生，分枝或较少不分枝的。分枝顶端都产生孢子囊，孢子囊呈球形、椭圆形。大多数种类孢子囊成熟后，其壁易消失或破裂，但留有残迹，囊内部有囊轴。

毛霉是低等真菌，菌丝白色，不具隔膜，不产生假根，是单细胞真菌。以孢囊孢子进行无性繁殖，孢子囊黑色或褐色，表面光滑。挑取少量孢囊孢子接种马铃薯葡萄糖培养基斜面，25～28℃，4～7 天培养，置于 4～7℃冰箱中保存备用。

（1）取豆腐胚（老豆腐或豆腐干 2×2×2cm）放一小碟内，通风保存 12～24h，置于 15～18℃温箱 5～7 天，待外观白色菌丝长遍整个豆腐胚。

（2）从长满毛霉菌丝的豆腐坯上取小块于 5mL 无菌水中，振摇，制成孢子悬液，用接种环取该孢子悬液在马铃薯葡萄糖琼脂培养基平板表面作划线分离，于 20℃培养 1～2 天，

以获取单菌落。

（3）菌落观察呈白色棉絮状，菌丝发达。

（4）于洁净载玻片上，滴一滴乳酸石炭酸棉蓝染色液，用解剖针从菌落边缘挑取少量菌丝于载玻片上，轻轻将菌丝体分开，加盖玻片，于显微镜下观察孢子囊、梗的着生情况。若无假根和匍匐菌丝或菌丝不发达，孢囊梗直接由菌丝长出，单生或分枝，则可初步确定为毛霉。

（5）小心地盖上盖玻片，注意不要产生气泡。置显微镜下先用低倍镜观察，必要时再换高倍镜。

【实训报告】

<table>
<tr><td colspan="4">工作任务：根霉和毛霉的分离和鉴别</td></tr>
<tr><td>样品来源</td><td></td><td>实训日期</td><td></td></tr>
<tr><td>实训目的</td><td colspan="3"></td></tr>
<tr><td>实训原理</td><td colspan="3"></td></tr>
<tr><td>实训材料</td><td colspan="3"></td></tr>
<tr><td colspan="4">实训过程</td></tr>
<tr><td colspan="4"></td></tr>
<tr><td colspan="4">结果报告：把所观察到的根霉、毛霉绘图并注明各部分的名称</td></tr>
</table>

菌种	低倍　放大　倍	高倍　放大　倍
根霉		
毛霉		

思考与讨论：

(1) 比较细菌、放线菌、酵母菌和霉菌形态上的异同。

(2) 指出根霉和毛霉的形态差异。

(3) 制水压片时如何避免产生气泡？

【知识拓展】 微生物育种和菌种保藏

一、诱变育种

从自然界直接分离的菌种，一般而言其发酵活力往往是比较低的，不能达到工业生产的要求，因此要根据菌种的形态、生理上的特点改良菌种。以微生物的自然变异为基础的生产选种的变异率太小，仅为 10^{-10}～10^{-6}。为了加大其变异率，采用物理和化学因素促进其诱发突变，以人工诱发突变为基础的育种就是诱变育种，微生物诱变育种具有速度快、收效大和方法简单等优点，是菌种选育的一个重要途径，诱变筛选方法相对简便，是菌种选育的基本、常规和经典方法。迄今为止国内外发酵工业中所使用的生产菌种绝大部分是人工诱变选育出来的。

1．出发菌株的选择

用来进行诱变或基因重组育种处理的起始菌株称为出发菌株。在诱变育种中，出发菌株的选择，会直接影响到最后的诱变效果，因此必须对出发菌株的产量、形态、生理等方面有相当的了解，挑选出对诱变剂敏感性大、变异幅度广、产量高的出发菌株。具体方法是选取自然界新分离的野生型菌株，它们对诱变因素敏感，容易发生变异；选取生产中由于自发突变或长期在生产条件下驯化而筛选得到的菌株，与野生型菌株较相似，容易达到较好的诱变效果；选取每次诱变处理都有一定提高的菌株，往往多次诱变可能效果叠加，积累更多的提高。另外，出发菌株还可以同时选取 2～3 株，在处理比较后，将更适合的菌株留着继续诱变。

2．制备单细胞或单孢子悬液

在诱变育种中，所处理的细胞必须是处于对数生长期且达到同步生长的细胞。

单细胞悬液制备时首先是要求具体合适的细胞生理状态，它对诱变处理会产生很大的影响，如细菌在对数期诱变处理效果较好；霉菌或放线菌的分生孢子一般都选择处于休眠状态的孢子，所以培养时间的长短对孢子影响不大，但稍加萌发后的孢子则可提高诱变效率。其次是所处理的细胞必须是均匀分散的单细胞悬液。分散状态的细胞可以均匀地接触诱变剂，又可避免长出不纯菌落。由于某些微生物细胞是多核的，即使处理其单细胞，也会出现不纯的菌落。一般用于诱变育种的细胞应尽量选用单核细胞，如霉菌或放线菌的孢子或细菌的芽孢。

3．诱变处理

在诱变过程中应选择简便有效、最适剂量的诱变剂。常用的诱变剂有两大类，即物理诱变剂和化学诱变剂。在物理因素中有紫外线、激光、X 射线、γ 射线和快中子等。化学诱变剂的种类极多，主要有烷化剂、碱基类似物和吖啶类化合物。其中的烷化剂因可与巯基、氨基和羧基等直接发生反应，所以更易引起基因突变。最常用的烷化剂有 N–甲基–N′–硝基–N–亚硝基胍（NTG）、甲基磺酸乙酯（EMS）、甲基亚硝基脲（NMU）、硫酸二乙酯（DES）、氮芥、乙烯亚胺和环氧乙烷等。

物理诱变剂中最常用的有紫外线。由于紫外线不需要特殊贵重设备，只要普通的灭菌紫

外灯管即能做到，而且诱变效果也很显著，因此被广泛应用于工业育种。紫外线的诱变作用是由于它引起DNA分子结构变化而造成的。这种变化包括DNA链的断裂，DNA分子内和分子间的交联，核酸与蛋白质的交联，嘧啶水合物和嘧啶二聚体的产生等，特别是嘧啶二聚体的产生对于DNA的变化起主要作用。

化学诱变剂的种类很多，根据它们对DNA的作用机制，可以分为三大类：第一类是烷化剂，它与一个或多个核酸碱基起化学变化，因而引起DNA复制时碱基配对的转换而发生变异。例如硫酸二乙酯、亚硝酸、甲基磺酸乙酯、N–甲基–N'–亚硝基胍、亚硝基甲基尿等。第二类是一些碱基类似物，它们通过代谢作用渗入到DNA分子中而引起变异，例如5–溴尿嘧啶、5–氨基尿嘌呤、2–氨基嘌呤、8–氮鸟嘌呤等。第三类是吖啶类，它造成DNA分子增加或减少一两个碱基，从而引起碱基突变点以下全部遗传密码在转录和翻译时产生错误。决定化学诱变剂剂量的因素主要有诱变剂的浓度、作用温度和作用时间。

由于诱变剂是用来提高突变率、扩大产量变异的幅度和使产量变异向正突变的方向移动，因此，凡在提高诱变率的基础上，既能扩大变异幅度，又能促使变异移向正变范围的剂量，就是合适的剂量。要确定一个合适的剂量，通常要经过多次试验。就一般微生物而言，诱变频率往往随剂量的增高而增高，但达到一定剂量后，再提高剂量会使诱变频率下降。因此，在诱变育种工作中，目前较倾向于采用较低剂量。在诱变育种时，有时可根据实际情况，采用多种诱变剂复合处理的办法，使它们产生协同效应，会取得更好的诱变效果。

4．分离和筛选

通过诱变处理，在微生物群体中会出现各种突变型个体，但其中绝大部分是负变株。要在其中把极个别的正变株筛选到，需要科学的筛选方法和筛选方案。在实际工作中，一般认为应采用把筛选过程分为初筛与复筛两个阶段的筛选方案为好。前者以量（选留菌株的数量）为主，后者以质（测定数据的精确度）为主。

初筛一般通过平板稀释法获得单个菌落，然后对各个菌落进行有关性状的初步测定，从中选出具有优良性状的菌落。在平板上进行，其优点是快速简便，工作量小，结果直观性强（例如可采用上述的变色圈、透明圈、抑制圈、生长圈或沉淀圈等方法测定某代谢产物的量）；缺点则是由于培养皿平板上的种种条件与摇瓶培养条件，尤其与发酵罐中进行液体深层培养时的条件有很大差别，所以有时两者结果很不一致。

对突变株的生产性能作比较精确的定量测定工作常称为复筛。一般是将微生物接种在三角瓶内的培养液中作振荡培养（即摇瓶培养），然后再对培养液进行分析测定。在摇瓶培养条件下，微生物在培养液内分布均匀，既能满足丰富的营养，又能获得充足的氧气（仅对好氧性微生物），还能充分排出代谢废物，因此与发酵罐的条件比较接近，所以测得的数据就更具有实际意义。此法的缺点是需要较多的劳力、设备和时间，故工作量难以大量增加。

二、基因工程育种

基因工程是指在基因水平上的遗传工程，它是用人为方法将所需要的某一供体生物的遗传物质 DNA 大分子提取出来，在离体条件下用适当的工具酶进行切割后，把它与作为载体的 DNA 分子连接起来，然后与载体一起导入某一更易生长、繁殖的受体细胞中，以让外源遗传物质在其中“安家落户”，进行正常的复制和表达，从而获得新物种的一种崭新的育种技术。所以，基因工程是人们在分子生物学理论指导下的一种自觉的、能像工程一样可事先设计和控制的育种新技术，是人工的、离体的、分子水平上的一种遗传重组的新技术，是一种可完成超远缘杂交的育种新技术，因而必然是一种最新、最有前途的定向育种新技术。

基因工程的主要操作步骤可概括在图 6–11 中。

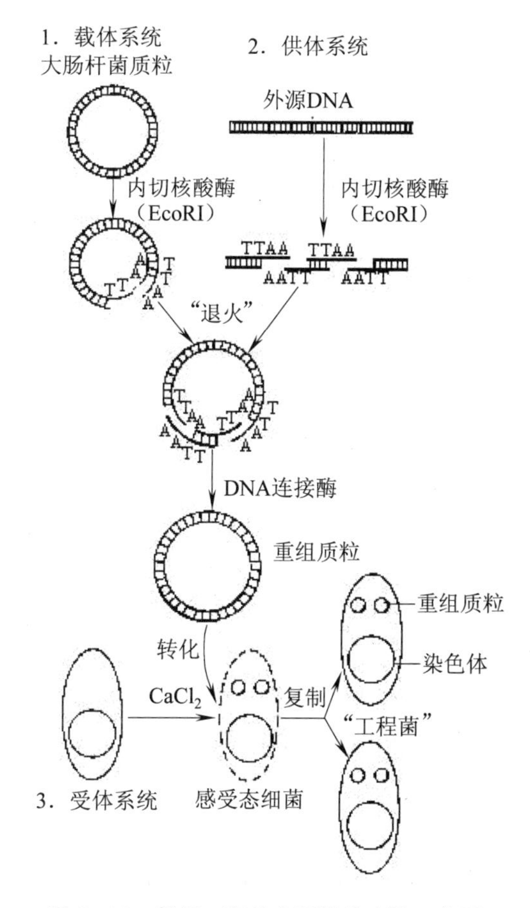

图 6–11　基因工程的主要操作步骤示意图

1. **基因工程的基本操作**

（1）提取目的基因　在进行基因工程操作时，首先必须取得有生产意义的目的基因，一般有三条途径：①从适当的供体细胞（各种动、植物及微生物均可选用）的 DNA 中分离；②通过反转录酶的作用由 mRNA 合成 cDNA（即互补 DNA）；③由化学方法合成特定功能的基因。

（2）载体的选择　有了目的基因后，还必须有符合要求的运送目的基因的载体，以便把它运载到受体细胞中进行增殖和表达。载体必须具有这几个条件：①是一个有自我复制能力的复制子；②能在受体细胞内大量增殖，即有较高的复制率；③载体上最好只有一个限制性内切核酸酶的切口，使目的基因能固定地整合到载体 DNA 的一定位置上；④载体上必须有一种选择性遗传标记，以便及时把极少数“工程菌”或“工程细胞”选择出来。目前有条件作为载体的，对原核受体细胞来说，主要有细菌质粒（松弛型）和λ噬菌体两类。对真核细胞来说，主要有 SV40 病毒。在正常情况下，SV40 是在猴体内繁殖的小型 DNA 病毒，有一分子量为 3×10^6Da 的环状双链 DNA，也能感染人和许多动物细胞。对植物细胞来说，主要是 Ti 质粒。

（3）目的基因与载体 DNA 的体外重组　采用限制性核酸内切酶的处理或人为地把 DNA 的 3′ –末端加上 polyA 或 polyT，就可使参加重组的两个 DNA 分子产生“榫头”和“卯眼”似的互补粘性末端。然后把两者放在较低的温度（5～6℃）下混合“退火”。由于每一种限制性核酸内切酶所切断的双链 DNA 片段的粘性末端都有相同的核苷酸组分，所以当两者相混时，凡粘性末端上碱基互补的片段，就会因氢键的作用而彼此吸引，重新形成双链。这时，在外界连接酶的作用下，供体的目的基因就与载体的 DNA 片段接合并被“缝补”（形成共价结合），形成一个完整的有复制能力的环状重组载体——嵌合体。

（4）重组载体引入受体细胞　上述在体外反应生成的重组载体，只有将其引入受体细胞后，才能使其基因扩增和表达。受体细胞可以是微生物细胞，也可以是动物或植物细胞。在所有受体细胞中，目前使用最广泛的还是微生物 E. coli。当然，另外两种微生物即枯草芽孢杆菌和酿酒酵母也正被越来越多地用作基因工程中的受体。

把重组载体 DNA 分子引入受体细胞的方法很多，若以重组质粒作载体时，可以用转化的手段；若以病毒 DNA 作为重组载体时，则要用感染的方法。

（5）复制、表达　在理想情况下，上述这种重组载体进入受体细胞后，能通过自主复制而得到大量扩增，从而使受体细胞表达出供体基因所提供的部分遗传性状，于是，这一受体细胞就成了“工程菌”。

（6）筛选繁殖　当前由于分离纯净的基因功能单位还比较困难，所以通过重组后的载体的性状是否都符合原定“蓝图”，以及它能否在受体细胞内正常增殖和表达等能力，还需进一步地仔细检查，以便能在大量个体中设法筛选所需性状的个体，之后才可加以繁殖和利用。

2．基因工程的应用和发展前景

基因工程虽然是在 20 世纪 70 年代初才开始发展起来的一个遗传育种新领域，但由于它反映了时代的要求，因而进展极快，至今已取得了不少成就。在原核微生物之间的基因工程早已获得成功，例如 1972 年时就有人把 Klebsiellapneumoniae（肺炎克雷伯氏菌）的固氮基因转移到大肠杆菌中。真核生物的遗传基因转移到原核生物的基因工程也取得了很多成果，例如果蝇、非洲爪蛙、海胆、兔、鼠和人的 DNA 转移到 E. coli 中早已成功。此外，还可用人工合成的 DNA 片段通过合适载体在受体菌中得到表达。今后，基因工程将不只局限于微生物间进行，还能在动、植物和微生物间进行任意的、定向的和超远缘的分子杂交和高效表达，从而将大大加快育种工作的速度和提高育种工作的自觉性。有人估计，用基因工程方法获取新种，要比它们自然进化的速度提高 1 亿至 10 亿倍。利用基因工程进行育种工作的出现，为遗传育种工作者提出了一系列具有吸引力的研究课题，同时也为有关工作展示了

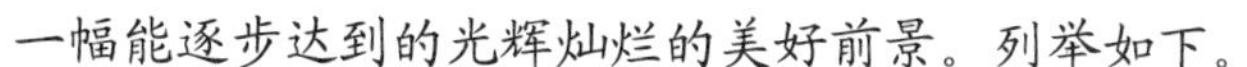

一幅能逐步达到的光辉灿烂的美好前景。列举如下。

（1）基因工程在工业上的应用 在工业上，由于用微生物进行发酵生产要比在大田中进行农牧业生产具有许多优越性，因而它已成为农牧业发展的一个远景方向。而要实现这一目标，基因工程将是最有效的手段。例如，有人设想并正在试验将抗生素生产菌放线菌或霉菌的有关遗传基因转移至发酵时间更短、更易于培养的细菌细胞中；将动物或人产胰岛素的遗传基因转移至酵母或细菌的细胞中；将家蚕产丝蛋白的基因引入细菌细胞中；把人或动物产抗体、干扰素、激素或白细胞介素等的基因转移至细菌细胞中；把不同病毒的表面抗原基因转移到细菌细胞中以生产各种疫苗；用基因工程手段提高各种氨基酸发酵菌的产量；构建分解纤维素或木质素以生产重要代谢产物的工程菌；以及用基因重组技术培育工业和医用酶制剂等高产菌的工作等。

这类工作如获成功，其经济效益将是十分显著的。例如，目前用 100 000g 胰脏只能提取 3～4g 胰岛素，而用“工程菌”进行发酵生产，则只要用几升发酵液就可取得同样数量的产品。1978 年，美国有两个实验室合作，使 E. coli 产生大白鼠胰岛素的研究已获成功。接着，又报道了通过基因工程使 E. coli 合成人胰岛素实验成功的消息。他们在实验室中曾将人胰岛素 A、B 两链的人工合成基因分别组合到 E. coli 的不同质粒上，然后再转移至菌体内。这种重组质粒可在 E. coli 细胞内进行正常的复制和表达，从而使带有 A、B 链基因的“工程菌”菌株分别产生人胰岛素的 A、B 链，然后再用人为的方法，在体外通过二硫键使这两条链连接成有活性的人胰岛素。另外，在 1977 年，国外已利用基因工程技术，使 E. coli 生产出一种名为生长激素释放因子“SRIH”的动物激素（一种十四肽，能抑制其他激素的释放和治疗糖尿病等），它原来要从羊的脑下垂体中提取，宰 50 万头羊也只能提取 5mg 的产品，而现在只要用 10L 发酵液就可获得同样的产量。

近年来，应用遗传工程获得这类产品的例子正与日俱增，尤其是多肽类物质，如脑啡肽（大脑中的镇痛物质）、卵清蛋白（即“OV”，389 肽）、干扰素（用于治疗病毒性感染）、胸腺素α-1（有免疫援助因子的作用，可治疗癌症）、乙型肝炎疫苗和口蹄疫病毒疫苗等。我国学者也急起直追，在脑啡肽、α-干扰素、γ-干扰素、人生长激素、乙型肝炎疫苗、含乙肝表面抗原基因的牛痘病毒株，以及青霉素酰化酶等的基因工程研究中，取得了一系列令人鼓舞的成果。

（2）基因工程在农业上的应用 基因工程在农业上应用的领域也十分广阔。有人估计，到 21 世纪末，每年上市的植物基因工程产品的价值，相当于医药产品的十倍。几个主要的应用领域包括：①将固氮菌的固氮基因转移到生长在重要作物的根际微生物或致瘤微生物中去，或是干脆将它引入到这类作物的细胞中，以获得能独立固氮的新型作物品种。根据估算，利用前一方法，其研究经费仅及通过常规方法发展氮肥工业以达到同样效果的 1/200～1/2 000；而后一途径则更省事，其成本还不到上述的 1/2 000；②将木质素分解酶的基因或纤维素分解酶的基因重组到酵母菌内，使酵母菌能充分利用稻草、木屑等地球上贮量极大并可永续利用的廉价原料来直接生产酒精，并可望为人类开辟一个取之不尽的新能源和化工原料来源；③改良和培育农作物和家畜、家禽新品种，包括提高光合作用效率以及各种抗性基因工程（植物的抗盐、抗旱、抗病基因以及鱼的抗冻蛋白基因）等。

（3）遗传工程在医疗上的应用 已经发现的人类遗传病有 3000 多种。在更多地重视优生学的前提下，适当利用基因工程技术来治疗某些遗传病，仍然是值得探索的问题。很早就有人做过这方面的动物试验或离体试验。例如，1971 年时，就有人对人类半乳糖血症遗传病患者的成纤维细胞进行过离体培养，然后将 E. coli 的 DNA 作为供体基因，并通过病毒作载体进行转移，结果使这一细胞的遗传病得到了“治疗”，因而它也能利用半乳糖了。

（4）基因工程在环境保护中的应用　在环境保护方面，利用基因工程可获得同时能分解多种有毒物质的新型菌种。例如，1975 年，有人把降解芳烃、萜烃和多环芳烃的质粒转移到能降解烃的 Pseudomonassp（一种假单胞菌）内，结果获得了能同时降解四种烃类的“超级菌”，它能把原油中约 2/3 的烃分解掉。这种新型“工程菌”在环境保护方面有很大的潜力。据报道，利用自然菌种分解海上浮油要花费一年以上的时间，而这种“超级菌”却只要几个小时就够了。

（5）基因工程与基本理论研究　基因工程技术的发展，对生物学基本理论的研究起着巨大的推动作用，尤其在基因的结构和功能的研究方面，它可为研究者提供足量的高纯度 DNA 样品，从而使过去望而生畏的 DNA 顺序分析研究工作简单化了。今后，它必将对真核生物的基因结构和表达、肿瘤的发生、细胞的分化和发育等重大生物学基本理论问题的解决作出新的贡献。

总之，从 20 世纪 70 年代初在国际范围内兴起的基因工程，其实质无非是创造了一种能利用微生物细胞的优越体制和种种优良的生物学特性，来高效地表达生物界中几乎一切物种的优良遗传性状的最佳实验手段。微生物和微生物学在遗传工程中的重要性是极其显著的，从以下五方面就可得到充分的证实：①能充当基因工程供体 DNA 载体的，如果不是微生物本身（如病毒和噬菌体），就必然是微生物细胞中的质粒；②被誉为遗传工程中的“解剖刀”和“缝衣针”的千余种特异工具酶，几乎均来自各种微生物；③作为基因工程中的受体，至今用得最多的都是具有优越体制、培养容易和能高效表达供体性状的各种微生物细胞，尤其是大肠杆菌、枯草杆菌和酿酒酵母三种常见微生物；④作为基因工程的直接成果仅是一株带有新性状的“工程菌”或“工程细胞”，而要它们进一步发挥巨大的经济效益和社会效益，就必须通过微生物工程（或称发酵工程）才能实现；⑤尽管基因工程中的供体可以是其他任何生物对象，但是，微生物却是一种常用的独特基因供体，而且整个微生物界将是一个最为富饶的供体基因库。

三、微生物菌种的退化和复壮

1．菌种的退化现象

随着菌种保藏时间的延长或菌种的多次转接传代，菌种本身所具有的优良的遗传性状可能得到延续，也可能发生变异。变异有正变（自发突变）和负变两种，其中负变即菌株生产性状的劣化或有些遗传标记的丢失，均称为菌种的退化。常见的菌种退化现象中，最易觉察到的是菌落形态、细胞形态和生理等多方面的改变，如菌落颜色的改变，畸形细胞的出现等；菌株生长变得缓慢，产孢子越来越少直至产孢子能力丧失，例如放线菌、霉菌在斜面上多次传代后产生“光秃”现象等，从而造成生产上用孢子接种的困难；还有菌种的代谢活动，代谢产物的生产能力或其对寄主的寄生能力明显下降，例如黑曲霉糖化能力的下降，抗生素产生菌产量的减少，枯草杆菌产淀粉酶能力的衰退等。所有这些都对发酵生产不利。因此，为了使菌种的优良性状持久延续下去，必须做好菌种的复壮工作，即在各菌种的优良性状没有退化之前，定期进行纯种分离和性能测定。

2．菌种退化的原因

菌种退化的主要原因是有关基因的负突变。当控制产量的基因发生负突变时，就会引起产量下降；当控制孢子生成的基因发生负突变时，则使菌种产孢子性能下降。一般而言，菌种的退化是一个从量变到质变的逐步演变过程。开始时，在群体中只有个别细胞发生负突变，这时如不及时发现并采用有效措施而一味移种传代，就会造成群体中负突变个体的比例逐渐增高，最后占优势，从而使整个群体表现出严重的退化现象。因此，突变在数量上的表现依赖于传代，即菌株处于一定条件下，群体多次繁殖，可使退化细胞在数量上逐渐占优势，于是退化性状的表现就更加明显，逐渐成为一株退化了的菌体。同时，对某一菌株的特定基因来讲，突变频率比较低，因此群体中个体发生生产性能的突变不是很容易的。但就一个经常处于旺盛生长状态的细胞而言，发生突变的几率比处于休眠状态的细胞大得多。因此，细胞的代谢水平与基因突变关系密切，应设法控制细胞保藏的环境，使细胞处于休眠状态，从而减少菌种的退化。

3．防止菌种退化的措施

（1）创造良好的培养条件　选育菌种时所处理的细胞应使用单核的，避免使用多核细胞；合理选择诱变剂的种类和剂量或增加突变位点，以减少分离回复；在生产实践中，创造和发现一个适合原种生长的条件可以防止菌种退化，如选择合适的培养基、温度和营养物等。

（2）控制传代次数　由于微生物存在着自发突变，而突变都是在繁殖过程中发生而表现出来的。所以应尽量避免不必要的移种和传代，把不必要的传代降低到最低水平，以降低自发突发的几率。菌种传代次数越多，产生突变的几率就越高，因而菌种发生退化的机会就越多。这要求不论在实验室还是在生产实践上，必须严格控制菌种的移种传代次数，并根据菌种保藏方法的不同，确立恰当的移种传代的时间间隔。如同时采用斜面保藏和其他的保藏方式（真空冻干保藏、砂土管、液氮保藏等），以延长菌种保藏时间。

（3）利用不同类型的细胞进行移种传代　在有些微生物中，如放线菌和霉菌，由于其菌的细胞常含有几个核或甚至是异核体，因此用菌丝接种就会出现不纯和衰退现象，而孢子一般是单核的，用它接种时，就没有这种现象发生。有人在实践中发现构巢曲霉如用分生孢子传代就容易退化，而改用子囊孢子移种传代则不易退化；还有人采用灭过菌的棉团轻巧地沾取“5406”孢子进行斜面移种，由于避免了菌丝的接入，因而达到了防止退化的效果。

（4）采用有效的菌种保藏方法　用于工业生产的一些微生物菌种，其主要性状都属于数量性状，而这类性状恰是最容易退化的。因此，有必要研究和制定出更有效的菌种保藏方法以防止菌种退化。

4．退化菌种的复壮

退化菌种的复壮可通过纯种分离和性能测定等方法来实现，其中一种是从退化菌种的群体中找出少数尚未退化的个体，以达到恢复菌种的原有典型性状。另一种是在菌种的生产性能尚未退化前就经常有意识地进行纯种分离和生产性能的测定工作，以使菌种的生产性能逐步提高。所以这实际上是一种利用自发突变，不断从生产中进行选种的工作。具体的菌种的复壮措施如下:

（1）纯种分离　采用平板划线分离法、稀释平板法或涂布法均可。把仍保持原有典型优良性状的单细胞分离出来，经扩大培养恢复原菌株的典型优良性状，若能进行性能测定则更好。还可用显微镜操纵器将生长良好的单细胞或单孢子分离出来，经培养恢复原菌株性状。

（2）通过寄主进行复壮　寄生型微生物的退化菌株可接种到相应寄主体内以提高菌株的活力。例如，经过长期人工培养的苏云金杆菌，会发生毒力减退和杀虫效率降低等现象。这时，可将已衰退的菌株去感染菜青虫等的幼虫（相当于一种活的选择性培养基），然后可从病死的虫体内重新分离出典型的产毒菌株。如此反复进行多次，就可提高菌株的杀虫效率。

（3）淘汰已衰退的个体　有人曾对“5406”抗生菌的分生孢子，采用 -10～-30℃的低温处理 5～7 天，使其死亡率达到 80%。结果发现，在抗低温的存活个体中，留下了未退化的健壮个体，从而达到了复壮的目的。

四、微生物菌种保藏方法

1. 菌种保藏的目的和原理

在发酵工业中，具有良好性状的生产菌种的获得十分不容易，如何利用优良的微生物菌种保藏技术，使菌种经长期保藏后不但存活健在，而且保证高产突变株不改变表型和基因型，特别是不改变初级代谢产物和次级代谢产物生产的高产能力，即很少发生突变，这对于菌种极为重要。菌种也是一个国家所拥有的重要生物资源，菌种保藏是一项重要的微生物学基础工作。

菌种保藏的具体方法很多，原理却大同小异。首先要挑选典型菌种的优良纯种，最好采用它们的休眠体（如分生孢子、芽孢等）；其次，还要创造一个适合其长期休眠的环境条件，诸如干燥、低温、缺氧、避光、缺乏营养以及添加保护剂或酸度中和剂等，使微生物生长代谢不活泼、生长受抑制。水分对生化反应和一切生命活动至关重要，因此，干燥尤其是深度干燥，在保藏中占有首要地位就不言而喻了。五氧化二磷、无水氯化钙和硅胶是良好的干燥剂，当然，高度真空还可同时达到驱氧和深度干燥的双重目的。

除水分外，低温乃是保藏中的另一重要条件。微生物生长的温度底限约在-30℃，可是，在水溶液中能进行酶促反应的温度底限则在-140℃左右。这或许就是为什么在有水分的条件下，即使把微生物保藏在较低的温度下，还是难以较长期地保藏它们的一个主要原因。在低温保藏中，细胞体积较大者一般要比较小者对低温更为敏感，而无细胞壁者则比有细胞壁者敏感，其原因同低温会使细胞内的水分形成冰晶，从而引起细胞结构尤其是细胞膜的损伤有关。如果放到低温（不是一般冰箱）下进行冷冻时，适当采用速冻的方法，可因产生的冰晶小而可减少对细胞的损伤。当从低温下移出并开始升温时，冰晶又会长大，故快速升温也可减少对细胞的损伤。在实践中，发现用较低的温度进行保藏时效果更为理想，如液氮温度（-195℃）比干冰温度（-70℃）好，-70℃又比-20℃好，而-20℃则比 4℃好。

2. 菌种保藏方法

（1）蒸馏水悬浮法　这是一种最简单的菌种保藏方法，只要将菌种悬浮于无菌蒸馏水中，将容器封好口，于 10℃保藏即可达到目的。好氧性细菌和酵母等可用此法保存。

（2）斜面传代保藏　斜面传代保藏方法是将菌种定期在新鲜琼脂斜面培养基上、液体培养基中或穿刺培养，然后在低温条件下保存。它可用于实验室中各类微生物的保藏，此法简单易行，且不要求任何特殊的设备。但此方法易发生培养基干枯、菌体自溶、基因突变、菌种退化、菌株污染等不良现象。因此要求最好在基本培养基上传代，目的是能淘汰突变株，同时转接菌量应保持较低水平。斜面培养物应在密闭容器中于 5℃保藏，以防止培养基脱水并降低代谢活性。此方法一般不适宜作工业生产菌种的长期保藏，一般保存时间为 3～6 个月。如放线菌于 4～6℃保存，每 3 个月移接一次；酵母菌于 4～6℃保存，每 4～6 个月移接一次；霉菌于 4～6℃保存，每 6 个月移接一次。

（3）石蜡油覆盖保藏法　此方法简便有效，可用于丝状真菌、酵母、细菌和放线菌的保藏。特别对难于冷冻干燥的丝状真菌和难以在固体培养基上形成孢子的担子菌等的保藏更为有效。是将琼脂斜面或液体培养物或穿刺培养物浸入石蜡油中于室温下或冰箱中保藏，操作要点是首先让待保藏菌种在适宜的培养基上生长，然后注入经 160℃干热灭菌 1～2h 或湿热灭菌后 120℃烘去水分的矿物油，石蜡油的用量以高出培养物 1cm 为宜，并以橡胶塞代替棉塞封口，这样可使菌种保藏时间延长至 1～2 年。以液体石蜡作为保藏方法时，应对需保藏的菌株预先做试验，因为某些菌株如酵母、霉菌、细菌等能利用石蜡为碳源，还有些菌株对液体石蜡保藏敏感。所有这些菌株都不能用液体石蜡保藏，为了预防不测，一般保藏菌株 2～3 年也应做一次存活试验。

（4）载体保藏法　此法适用于产孢子或芽孢的微生物的保藏。是将菌种接种于适当的载体上，如河砂、土壤、硅胶、滤纸及麸皮等，以保藏菌种。以砂土保藏用得较多，制备方法为：将河砂经 24 目过筛后用 10%～20%盐酸浸泡 3～4h，以除去其中所含的有机物，用水漂洗至中性，烘干，然后装入高度约 1cm 的河砂于小试管中，121℃间歇灭菌 3 次。用无菌吸管将孢子悬液滴入砂粒小管中，经真空干燥 8h，于常温或低温下保藏均可，保存期为 1～10 年。土壤法以土壤代替砂粒，不需酸洗，经风干、粉碎，然后同法过筛、灭菌即可。一般细菌芽孢常用砂管保藏，霉菌的孢子多用麸皮管保藏。

（5）冷冻保藏法　冷冻保藏是指将菌种于-20℃以下的温度保藏，冷冻保藏为微生物菌种保藏非常有效的方法。通过冷冻，使微生物代谢活动停止。一般而言，冷冻温度愈低，效果愈好。为了保藏的结果更加令人满意，通常在培养物中加入一定的冷冻保护剂；同时还要认真掌握好冷冻速度和解冻速度。冷冻保藏的缺点是培养物运输较困难。

普通冷冻保藏技术（-20℃）：将菌种培养在小的试管或培养瓶斜面上，待生长适度后，将试管或瓶口用橡胶塞严格封好，于冰箱的冷藏室中贮藏，或于温度范围在-20℃～-5℃的普通冰箱中保存。或者将液体培养物或从琼脂斜面培养物收获的细胞分别接到试管或指管内，严格密封后，同上置于冰箱中保存。用此方法可以维持若干微生物的活力 1～2 年。应注意的是经过一次解冻的菌株培养物不宜再用来保藏。这一方法虽简便易行，但不适宜多数微生物的长期保藏。

超低温冷冻保藏技术：要求长期保藏的微生物菌种，一般都应在-60℃以下的超低温冷藏柜中进行保藏。超低温冷冻保藏的一般方法是：先离心收获对数生长中期至后期的微生物细胞，再用新鲜培养基重新悬浮所收获的细胞，然后加入等体积的 20%甘油或 10%二甲亚砜冷冻保护剂，混匀后分装入冷冻指管或安瓿中，于-70℃超低温冰箱中保藏。若干细菌和真菌菌种可通过此保藏方法保藏 5 年而活力不受影响。

液氮冷冻保藏技术：近年来，大量有特殊意义和特征的高等动、植物细胞能够在液氮中长期保藏，并发现在液氮中保藏的菌种的存活率远比其他保藏方法高且回复突变的发生率极低。液氮保藏已成为工业微生物菌种保藏的最好方法。具体方法是，把细胞悬浮于一定的分散剂中或是把在琼脂培养基上培养好的菌种直接进行液体冷冻，然后移至液氮（–196℃）或其蒸汽相中（–156℃）保藏。进行液氮冷冻保藏时应严格控制制冷速度。液氮冷冻保藏微生物菌种的步骤是先制备冷冻保藏菌种的细胞悬液，分装 0.5～1mL 入玻璃安瓿或液氮冷藏专用塑料瓶，玻璃安瓿用酒精喷灯封口。然后以 1.2℃/min 的致冷速度降温，直到温度达到相对温度之上几度的细胞冻结点（通常为–30℃）。待细胞冻结后，将制冷速度降为 1℃/min，直到温度达到–50℃，将安瓿迅速移入液氮罐中于液相（–196℃）或气相（–156℃）中保存。如果无控速冷冻机，则一般可用如下方法代替：将安瓿或液氮瓶置于–70℃冰箱中冷冻 4h，然后迅速移入液氮罐中保存。在液氮冷冻保藏中，最常用的冷冻保护剂是二甲亚砜和甘油，最终使用浓度一般为甘油 10%、二甲亚砜 5%。所使用的甘油一般用高压蒸汽灭菌，而二甲亚砜最好为过滤灭菌。

（6）真空冻干保藏法　真空冷冻干燥的基本方法是先将菌种培养到最大稳定期后，一般培养放线菌和丝状真菌约需 7～10 天，培养细菌约需 24～28h，培养酵母约需 3 天。然后混悬于含有保护剂的溶液中，保护剂常选用脱脂乳、蔗糖、动物血清、谷氨酸钠等，菌液浓度为 10^{9}～10^{19} 个/mL，取 0.1～0.2mL 菌悬液置于安瓿管中冷冻，再于减压条件下使冻结的细胞悬液中的水分升华至 1%～5%，使培养物干燥。最后将管口熔封，保存在常温下或冰箱中。此法是微生物菌种长期保藏的最为有效的方法之一，大部分微生物菌种可以在冻干状态下保藏 10 年之久而不丧失活力。而且经冻干后的菌株无需进行冷冻保藏，便于运输。但操作过程复杂，并要求一定的设备条件。

（7）寄主保藏　用于一些难于用常规方法保藏的动植物病原菌和病毒。

3．菌种保藏机构

1979 年 7 月，我国成立了中国微生物菌种保藏管理委员会（CCCCM），委托中国科学院负责全国菌种保藏管理业务，并确定了与普通、农业、工业、医学、抗生素和兽医等微生物学有关的六个菌种保藏管理中心。各保藏管理中心从事应用微生物各学科的微生物菌种的收集、保藏、管理、供应和交流。以便更好地利用微生物资源为我国的经济建设、科学研究和教育事业服务。

（1）中国微生物菌种保藏管理委员会组织系统　中国微生物菌种保藏管理委员会办事处：中国科学院微生物研究所内，北京。

1）普通微生物菌种保藏管理中心（CCGMC）

① 中国科学院微生物研究所，北京（AS）：真菌、细菌。

② 中国科学院武汉病毒研究所，武汉（AS—IV）：病毒。

2）农业微生物菌种保藏管理中心（ACCC）　中国农业科学院土壤肥料研究所，北京（ISF）。

3）工业微生物菌种保藏管理中心（CICC）　中国食品发酵工业科学研究所，北京（IFFI）。

4）医学微生物菌种保藏管理中心（CMCC）

① 中国医学科学院皮肤病研究所，南京（ID）：真菌。

② 卫生部药品生物制品鉴定所，北京（NICPBP）：细菌。

③ 中国医学科学院病毒研究所，北京（IV）：病毒。

5）抗生素菌种保藏管理中心（CACC）

① 中国医学科学院抗菌素研究所，北京（IA）和四川抗菌素工业研究所，成都（SIA）：新抗菌素菌种。

② 华北制药厂抗菌素研究所，石家庄（IANP）：生产用抗菌素菌种。

6）兽医微生物菌种保藏管理中心（CVCC） 农业部兽医药品监察所，北京（CIVBP）。

（2）国外著名菌种保藏中心

1）美国标准菌种收藏所（ATCC），美国马里兰州，罗克维尔市。

2）冷泉港研究室（CSH），美国。

3）美国国立卫生研究院（NIH），美国，马里兰州，贝塞斯达。

4）美国农业部北方开发利用研究部（NRRL），美国，皮奥里亚市。

5）美国威斯康新大学，细菌学系（WB），美国，威斯康新州。

6）英国国立标准菌种收藏所（NCTC），英国，伦敦。

7）英联邦真菌研究所（CMI），英国，丘（园）。

8）荷兰真菌中心收藏所（CBS），荷兰，巴尔恩市。

9）日本东京大学应用微生物研究所（IAM），日本，东京。

10）日本发酵研究所（IFO），日本，大阪。

11）日本北海道大学农业部（AHU），日本，北海道札幌市。

12）日本科研化学有限公司（KCC），日本，东京。

13）丹麦国立血清研究所（SSI），丹麦。

14）世界卫生组织（WHO）。

任务二　青霉和曲霉的分离和鉴别

【相关知识】 常见霉菌及其分类

一、常用常见的霉菌

1．黑根霉（Rhizopus Nigricans）

此种霉菌分布于世界各地，在一切生霉的材料上都能发现它，尤其是在生了霉的食品上更容易找到它。此外，在土壤、空气、各种动物粪便中也常有分布，其菌落初期为白色，老熟后呈灰褐色或黑色。匍匐菌丝爬行，无色。假根非常发达，根状，褐色，孢囊梗直立，通常2～4株成束，较少单生或5～7株成束，不分枝，光滑或稍微粗糙，灰褐色到暗褐色，长500～3500μm，直径13～42μm。孢子囊呈球形或近似球形，老熟后呈黑色，直径50～360μm。囊轴为球形、近似球形、钝圆锥形或卵形，壁光滑，灰褐色，直径50～200μm或（185～216）μm×（165～200）μm。囊托大而明显，呈楔形。孢囊孢子呈球形、卵形、椭圆形，或其他不规则形状，多有棱角，条纹明显，灰色或略带灰蓝色，[7.5～20（～35）]μm×（5.5～13）μm。菌丝上一般不形成厚垣孢子。接合孢子呈球形，有粗糙的突起，直径 150～220μm。配囊柄对生，无色，无附属物；异宗配合。此菌在37℃不能生长，于30℃生长良好。它不能利用硝酸盐，在查氏培养基上不能生长或生长极弱，但可利用$(NH_4)_2SO_4$代替$NaNO_3$。

2. 米根霉（Rhizopus Oryzae）

在我国酒药和酒曲中常可见到这个种，在土壤、空气以及其他各种基物中亦常见。世界各地都有它的分布。该菌于 37～40℃能生长。菌落疏松或稠密，最初呈白色，后变为褐灰色或黑褐色。匍匐菌丝爬行，无色。假根发达，分枝呈指状或根状，呈褐色。孢囊梗直立或稍弯曲，2～4 株成束，较少单生或 5 株成束，有时膨大或分枝，壁光滑或粗糙，呈褐色，长210～2 500μm，直径 5～18μm。孢子囊呈球形或近似球形，壁有微刺，老后呈黑色，直径60～250μm。囊轴呈球形或近似球形或卵圆形，呈淡褐色，直径 30～200μm。囊托呈楔形。孢囊孢子呈椭圆形、球形或其他形，有条纹及棱角，呈黄灰色，直径 5～8μm。有厚垣孢子，其形状、大小不一致，未见接合孢子。

根霉的用途很广，在我国用它们制曲酿酒已有悠久历史，如米根霉、河内根霉、代氏根霉等，其淀粉酶活力相当强，多用来作糖化菌。我国最早用它们创立了淀粉发酵生产乙醇的方法。在酿酒时，它们除具糖化作用外，还能产生少量乙醇。

华根霉、无根根霉、米根霉等都能产生乳酸，尤其米根霉产 L（+）乳酸量最多，达 70%左右。匍枝根霉、无根根霉的某些菌株可以生产反丁烯二酸。匍枝根霉、米根霉、无根根霉还常用来发酵豆类和谷类食品，这三种根霉还能产生较大量的丁烯二酸。

无根根霉、代氏根霉产生脂肪酶。匍枝根霉等产生果胶酶，葡枝根霉还常导致果瓜蔬菜等在运输和储藏中腐烂。甘薯腐烂就是由它们造成的。

3. 总状毛霉（Mucor Racemosus）

是毛霉中分布最广的一种，几乎在各地土壤和空气中，以及各种粪便和一些生霉的材料上都能找到这个种。酒曲中常有它出现。菌落质地疏松，一般高度在 1cm 以内，灰色或浅褐灰色。孢囊梗最初不分枝，其后以单轴式生出不规则的分枝，长短不一，直径 8～20μm。孢子囊呈球形，直径 20～100μm，浅黄色或黄褐色，成熟时孢囊壁消解。囊轴呈球形或近似卵形，（17～60）μm×（10～42）μm。孢囊孢子呈短卵形或近似球形，（4～7）μm×（5～10）μm。接合孢子呈球形，有粗糙的突起，直径 70～90μm。配囊柄对生，无色，无附属物。异宗配合。总状毛霉最显著的特征是形成大量的厚垣孢子，在菌丝体、孢囊梗、甚至囊轴上都有。厚垣孢子形状大小不一，光滑，无色或黄色。

4. 鲁氏毛霉（Mucor Rouxianus）

这个种最初是从我国的小曲中分离出来的，也是毛霉中最早被用于阿明露法制造酒精的一个种。菌落在马铃薯培养基上呈黄色，在米饭上略带红色。孢囊梗具有短而稀疏的假轴状分枝。孢子囊直径 20～100μm，大多 50～70μm，呈黄色。成熟后孢囊壁消解。囊轴近似球形，（23～32）μm×（20～28）μm，无色。孢囊孢子椭圆形或拟椭圆形，（4～5）μm×（2.5～3.5）μm。厚垣孢子数量甚多，大小不一，呈黄色或褐色。未见接合孢子。

毛霉常出现在酒曲中，所以有些种能糖化淀粉，而且能生成少量乙醇，如鲁氏毛霉、爪哇毛霉等。它们大都产生蛋白酶，有分解大豆的能力，我国多用来做豆腐乳。四川的豆豉是用总状毛霉制成。

许多毛霉都产生草酸。鲁氏毛霉产生乳酸、琥珀酸及甘油等，但产量较低。总状毛霉、高大毛霉产 3-羟基丁酮。爪哇毛霉产果胶酶，高大毛霉产脂肪酸，还能产生较大量的琥珀酸，微小毛霉产凝乳酶。

5. 黑曲霉（Aspergillus Niger）

属黑曲霉群。菌落生长稍有局限，10～14 天直径可达 2.5～3cm，菌丝初为白色，常常出现鲜黄色区域，呈厚绒状，黑色，反面无色或中央部分略带黄褐色。分生孢子头幼时呈球形，渐变为放射形或裂成几个放射的柱状物，一般 700～800μm，褐黑色。分生孢子梗自基质生出，长短不一，一般为 1～3mm，直径 15～20μm，壁厚，光滑。其顶囊呈球形，一般直径为 47～75μm。小梗双层，自顶囊全面着生，褐色、梗基一般（20～30）μm×（5～61）μm，长者可达 60～70μm、宽 8～10μm，有时有横隔，小梗（7～10）μm×（3～3.5）μm。分生孢子呈球形，直径大多为 4～5μm，褐色色素沉积于内壁和外壁间，成为短棍状或块状而显现粗糙。有的菌系产生菌核，呈球形，白色，直径约 1mm。

这一类菌在自然界分布极为广泛，在各种基质上普遍存在。它能引起水分较高的粮食霉变，也是其他材料上常见的霉腐菌。黑曲霉具有多种活性很强的酶系，可用于工业生产，如淀粉酶可用于淀粉的液化、糖化，也可用作乙醇工业或制造葡萄糖和消化剂；它所产生的耐酸性蛋白酶可用于蛋白质分解或食品、消化剂的制造；果胶酶用于水解聚半乳糖醛酸、果汁澄清和植物纤维精制；柚苷酶和橙皮苷酶用于柑橘类罐头去苦味或防止白浊，葡萄糖氧化酶用于食品脱糖和除氧除锈，还可制造检糖试纸用于医疗诊断。黑曲霉产生的纤维素酶为 Cx 酶，粗制品中含有较强的蛋白酶及果胶酶，当底物 pH3.0 时它仍能起作用。黑曲酶还能分解有机质产生多种有机酸，如抗坏血酸、柠檬酸、葡萄糖酸和没食子酸等。黑曲霉还可用来测定锰、铜、钼、锌等微量元素和作为霉腐试验菌。

6. 米曲霉（Aspergillus Oryzae）

属于黄曲霉群。菌落生长较快，10 天内直径可达 5～6cm，质地疏松，初为白色，黄色，继而变为黄褐色至淡绿褐色，但不呈绿色，反面无色。分生孢子头呈放射形，直径 150～300μm，少有达 400～500μm 者，少有疏松柱状。分生孢子梗长度一般为 2mm 左右，近顶囊处直径可达 12～25μm，壁较薄，粗糙。顶囊近似球形或烧瓶形，通常 40～50μm。小梗一般为单层，（12～15）μm×（3～5）μm，偶有双层，梗基（8～12）μm×（4～5）μm，小梗（8～10）μm×（3～3.5）μm，也有单、双层小梗同时存在于一个顶囊的情况。分生孢子幼时呈洋梨形或椭圆形，老后大多变为球形或近似球形，一般 4.5～7μm，大者可达 8～10μm，粗糙或近于光滑。具很强的蛋白酶系，不产黄曲霉毒素，是酱油生产的主要菌种。

7. 黄曲霉（Aspergillus Flavus）

属于黄曲霉群。菌落生长较快，10～14 天直径可达 3～4cm 或 6～7cm，最初带黄色，然后变成黄绿色，老后颜色变暗，平坦或有放射状皱纹，反面无色或略带褐色。分生孢子头疏松，呈放射形，继而变为疏松柱状。分生孢子梗多直接自基质生出，极粗糙，长度一般小于 1mm，直径 10～20μm。顶囊呈烧瓶形或近似球形，10～65μm，一般为 25～45μm。小梗单层、双层或单、双层同时生于一个顶囊上，梗基（6～10）μm×（4～5.5）μm，小梗（6.5～10）μm×（3～

5）μm，在小型顶囊上只有一层小梗。分生孢子呈球形、近似球形或洋梨形，3～6μm，粗糙。有些菌系产生带黑色的菌核。与此菌十分相近的有寄生曲霉（Asp. parasiticus），它与黄曲霉的主要区别在于小梗是纯单层；还有溜曲霉（Asp. tamarii），其区别在于菌落的颜色，后者幼菌落为绿色，继而变为典型的褐色。

黄曲霉群在自然界分布极广，无论是土壤、腐败的有机质、储藏的粮食，还是各类食品都会出现。米曲霉则较多地发现于发酵食品。它们能产生淀粉酶、蛋白酶、果胶酶等，有的已做成酶制剂用于工业生产。它们还可以产生溶血酶类物质，用于消除动脉及静脉血栓。有些菌系能产生多种有机酸，如柠檬酸、苹果酸、延胡索酸等。该群的主要生化特点是都能产生曲酸，可用作杀虫剂及胶片的脱尘剂。黄曲霉能分解 DNA 产生 5′-脱氢胞苷酸、5′-脱氧胞苷酸、5′-脱氧鸟苷酸和 5′-脱氧胸啶酸，黄曲霉中的某些菌系能产生黄曲霉毒素，特别在花生或花生饼粕上易于形成，能引起家畜严重中毒以至死亡。由于黄曲霉素还能致癌，因此近年来引起人们极大的注意，各国对它都进行了很多研究。它们不少是从食品、饲料上分离到的野生菌。据日本近期的报道，他们的工业发酵生产用菌尚未发现能产生黄曲霉毒素的菌系，但从市售小麦粉、小豆粉以及自家酿造的酱等的污染菌中则分离到了能产生该毒素的黄曲霉。黄曲霉还可用作霉腐试验菌。

8．产黄青霉（Penicillum Chrysogenum）

它属于不对称青霉组，绒状青霉亚组，产黄青霉系。菌落生长快，10～12 天直径可达 3～5cm，致密绒状，有些则略现絮状，有明显的放射状沟纹，边缘呈白色，孢子很多，蓝绿色，老后有的呈现灰色或淡紫褐色。大多数菌系渗出液很多，聚成醒目的淡黄色至柠檬黄色的大滴，很具特色；无特殊气味；反面亮黄至暗黄色，色素扩散于培养基中。分生孢子梗（150～350）μm×（3～3.5）μm，光滑。帚状枝非对称，有的很复杂，由主轴（分生孢子梗）作 2～3 次分枝。副枝长短不等，一般（15～25）μm×（3～3.5）μm。梗基（10～12）μm×（2～3）μm，小梗 4～6 个轮生，（8～10）μm×（2～2.5）μm。分生孢子链呈相当明显的分散柱状，长度可达 200μm。分生孢子呈椭圆形，（2～4）μm×（2.8～3.5）μm，少有近似球形者，壁光滑。与此种相近者为特异青霉（Pen. Notatum），与产黄青霉区别在于它产生较简单的帚状枝，很少生副枝，分生孢子主要为球形或近似球形，3～3.5μm。

此菌普遍存在于空气、土壤及腐败的有机材料上，能产生多种酶类及有机酸。在工业生产上用以生产葡萄糖氧化酶或生产葡萄糖酸。它还能产生柠檬酸和抗坏血酸。目前应用非常广泛的青霉素生产菌就来自此菌系。从青霉素发酵下来的菌丝废料含有丰富的蛋白质、矿物质和 B 类维生素，可做家畜家禽的代用饲料。该菌还可做霉腐试验菌。

二、霉菌的分类

1．霉菌的鉴定依据

（1）用低倍放大镜观察菌落

1）生长和发育的速度　培养一定天数后，测量菌落的直径：以生长极慢、慢、中等和快来说明。

2）菌落的颜色　表面和底部菌丝的颜色及其变化，菌落背面的颜色及其变化等。

3）菌落的表面　平滑或有皱纹，致密或疏松，有无同心环或辐射状沟纹。菌落的全部、中心部分、中间部分以及边缘部分等形态。

4）菌落的质地　菌落的外观似毡状、棉絮状、羊毛状、束状、粉粒状、明胶状或皮革状等。

5）菌落的边缘　全缘、锯齿状、树枝状、纤毛状等。

6）菌落的高度　菌落扁平，丘状隆起、陷没，菌落中心部分凸起或凹陷。

7）渗出物　有些真菌，如青霉，常在菌落表面出现带颜色的液滴，其数量和色调各有不同。

8）培养基颜色变化　颜色变化是否仅限于菌丝体所覆盖的部分，或扩大到了其他部分。

9）气味　许多真菌在培养基中有霉味，土气味、芳香味等，亦有无味者。

（2）用显微镜观察孢子和子实体结构的形态

1）菌丝　气生菌丝和底部菌丝的宽度，有无横隔、色泽，特殊的菌丝器官（假根、足细胞、结节或隆起等）的特征。

2）子实体的形态　成熟后的子实体如孢子囊、子囊、担子果等的颜色、形状、大小、结构等。

3）孢子　无性孢子如孢囊孢子、分生孢子、节孢子、厚垣孢子等；有性孢子如卵孢子、接合孢子、子囊孢子等。它们的形状、颜色、表面的特征（纹饰或突起等），孢子有无分隔（由单细胞还是多细胞构成），孢子萌芽的类型（单极出芽，两极出芽或多极出芽等）。

（3）生理特征

1）温度　不同类型的真菌，对生长温度的反应也不同，有的较敏感。由于真菌生长所需的温度多有差异，因此可以将它们分成低、中、高温菌群。

2）对氮源的利用　能否利用硝态氮、亚硝态氮、氨态氮或有机氮等。

2. 霉菌的分类

（1）有运动细胞　孢子或配子能运动，营养体单细胞或菌丝状，有性世代的孢子为典型的卵孢子，游动孢子有两根鞭毛，细胞壁由纤维素组成，为腐霉属。

（2）无运动细胞

1）存在有性世代

① 有性世代的孢子为接合孢子，腐生性，为犁头霉属、毛霉属、根霉属。

② 有性世代的孢子为子囊孢子，营养菌丝一般有横隔（简单隔腹），稀有单细胞，经有性生殖过程在子囊内形成内生子囊孢子，有子囊果及产囊丝，营养体呈菌丝状，子囊一般为单囊壁结构。

（i）子囊一般是无规则地分散在闭囊果壳内，子囊壁可消失，红曲霉属。

（ii）子囊规则地排列在子囊果的底部或四周，子囊果一般在有口孔被子器内，往往隐藏在子座内，子囊无囊盖为脉孢霉属。

2）缺乏完全世代　营养体呈菌丝状；有横隔或单细胞；无有性生殖，有的有准性生殖过程，菌丝发育良好，营养体无出芽细胞，直接从菌丝上或大小分枝乃至特别分枝（分生孢子梗）上形成分生孢子，分生孢子梗以各种方式集合在一起，但不在分生孢子器或分生孢子盘中形成。分生孢子梗不形成组织化的束丝或分生孢子座。这类菌包括曲霉属、头孢霉属、镰孢霉属、青霉属、枝孢霉属、链格孢霉属、地霉属和长蠕孢属等。

3．霉菌的简捷分类

霉菌的简捷分类如图 6-12 所示。

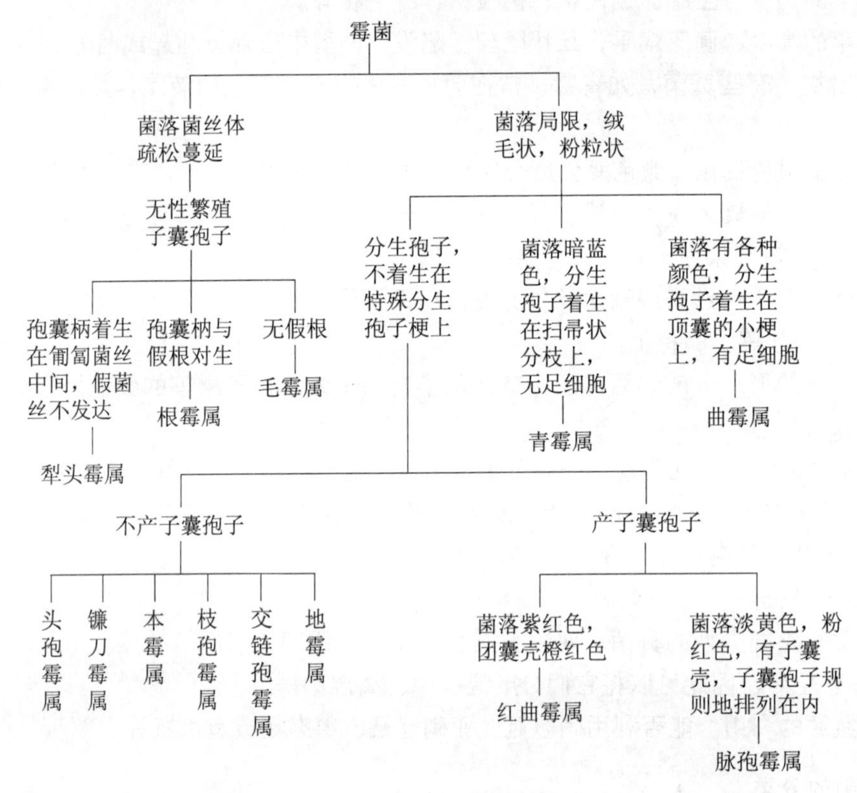

图 6-12　霉菌的简捷分类

4．霉菌与放线菌的异同

霉菌与放线菌的异同分别如表 6-2 所示。

表 6-2　霉菌与放线菌的异同

特　征	放线菌	霉　菌
菌体形态	为菌丝体，有气生菌丝和营养菌丝之分，菌丝宽度为 0.3～1.0μm	与放线菌同，但菌丝宽度远较放线菌大，为 3～10μm
细胞器	有核质体，无核膜，无线粒体	有完整的核、线粒体等
细胞壁组成	含肽聚糖，为革兰氏阳性菌	一般为几丁质，有的含有纤维素
菌落形态	表面呈绒毛状、粉状或颗粒状。菌落一般紧密，有皱褶，不易挑起	一般为绒状、毡状或网状的菌丝，孢子易沾起
繁殖方式	只有无性繁殖，有菌丝断裂、游动孢子和孢囊孢子等	有的为无性繁殖，有的为有性繁殖，具有多种孢子

【实训过程】

一、材料准备

（1）仪器　高压蒸汽灭菌锅，托盘天平，普通光学显微镜。

（2）器皿　培养皿（直径 9cm），三角瓶 100mL，吸管（1mL 分度 0.01，10mL 分度 0.1），试管，接种环，载玻片，盖玻片，解剖针等。

（3）培养基　查氏培养基平板，马铃薯培养基，玫瑰红钠培养基。

（4）试剂　乳酸石炭酸棉蓝染色液，无菌水等。

（5）样品　霉变橘子，苹果，花生等。

二、青霉的分离和鉴别

（1）挑取霉面包或柑橘上的青绿色孢子，划线接种到查氏培养基平板上，25～28℃，4～7 天培养。

（2）观察青霉染色形态。

1）用肉眼观察青霉菌菌落的颜色，组成同心环，汗珠，及菌落背面的颜色。

2）用低倍镜观察长于培养皿中青霉菌帚状的形态和分生孢子链特征。

3）制片观察菌丝的分隔情况，分生孢子柄，粗枝，细枝，大梗，小梗，分生孢子的形状、颜色。发现分生孢子穗为扫帚状的便能确定。分生孢子穗因分生孢子梗的着生方式不同可以分类为：即一轮青霉：分生孢子梗只有一轮分枝；二轮青霉：分生孢子梗产生两轮分枝；多轮青霉：分生孢子梗具三轮以上分枝；不对称青霉：分生孢子梗上不对称地产生或多或少轮层的分枝。挑取少量分生孢接种查氏培养基斜面，25～28℃，4～7 天培养，置于 4～7℃冰箱保存备用。

三、曲霉的分离和鉴别

（1）取 2～3 颗霉变的花生米（霉变的花生米几乎均含有黄曲霉），把花生掰开，放入装有 10 mL 无菌生理盐水的试管中。

（2）振摇几分钟后，然后用接种环沾取少量上述生理盐水接种于查氏培养基平板，25～28℃，4～7 天培养。

（3）观察曲霉的形态。

1）用肉眼观察曲霉在斜面或平皿上的生长情况。

2）用低倍镜观察长于培养基上的曲霉的分生孢子形状。

3）制片，用接种钩挑取菌落边缘的嫩菌丝，小心放在载玻片上，观察菌丝有无横隔及分生孢子着生情况。必要时用水或酒精洗去部分分生孢子。挑取部分菌落于载玻片上镜检或直接在低倍镜子下观察。如发现分生孢子穗为头状，并具有足细胞，可基本确定为曲霉。根据分生孢穗的颜色可初步确定为黄曲霉、黑曲霉或米曲霉。挑取少量分生孢子接种查氏基斜面，25～28℃，4～7 天培养，置于 4～7℃冰箱保存备用。

【实训报告】

<table>
<tr><td colspan="4">工作任务：青霉和曲霉的分离和鉴别</td></tr>
<tr><td>样品来源</td><td></td><td>实训日期</td><td></td></tr>
<tr><td>实训目的</td><td colspan="3"></td></tr>
<tr><td>实训原理</td><td colspan="3"></td></tr>
<tr><td>实训材料</td><td colspan="3"></td></tr>
<tr><td colspan="4">实训过程</td></tr>
<tr><td colspan="4"></td></tr>
<tr><td colspan="4">结果报告：把所观察到的青霉、曲霉绘图并注明各部分的名称
<table>
<tr><td>菌种</td><td>低倍　放大　倍</td><td>高倍　放大　倍</td></tr>
<tr><td>青霉</td><td>○</td><td>○</td></tr>
<tr><td>曲霉</td><td>○</td><td>○</td></tr>
</table></td></tr>
<tr><td colspan="4">思考与讨论：
（1）列表比较各类霉菌在形态结构上有何异同。
（2）如何区分霉菌与放线菌的菌落？</td></tr>
</table>

【知识拓展】 非细胞型微生物

非细胞型微生物包括病毒和亚病毒，后者又包括类病毒、拟病毒和朊病毒。

1892 年俄国学者伊万诺夫斯基首次发现烟草花叶病的感染因子能通过细菌滤器，病叶汁通过滤器后得到的滤液可再感染健康的烟草叶面使之发生花叶病。1898 年荷兰生物学家贝哲林克进一步肯定了伊万诺夫斯基的结果，并证实该致病因子可被乙醇从悬液中沉淀下来而不失去感染力，但在人工培养基上不能生长。于是他认为该病原体是比细菌小的“有传染性的，活的流质”，并给该病原体起名叫病毒。1935 年美国生物学家斯坦莱从烟草花叶病病叶中提取出了病毒结晶，该病毒结晶具有致病力，这表明一般被认为是生命的物质可以像简单的蛋白质分子那样处理。这件事成为分子生物学发展中的一个里程碑。他也因此荣获诺贝尔奖金。随着研究的进展，又证明了烟草花叶病毒结晶中含有核酸和蛋白质两种成分，而只有核酸具有感染和复制能力。这些发现不仅为病毒学的研究奠定了基础，而且为分子生物学的发展作出了重大贡献。

一、病毒

1．病毒的主要特征

病毒是一类超显微的，没有细胞结构的，专性活细胞内寄生的实体。它们在活细胞外具有一般化学大分子特征，一旦进入宿主细胞又具有生命特征。

病毒比其他微生物结构更简单，它是只有一种核酸，核酸构成病毒的基因组，病毒没有完整的酶系统。病毒不能在人工培养基上繁殖，必须进入活细胞中，依靠寄主细胞提供能量、养料、酶类等才能增殖，在寄主细胞内的增殖是以自我复制的方式形成新的病毒粒子。某些病毒的基因片断也可以整合到寄主细胞核染色体的基因组中，并随细胞 DNA 的复制而复制，引起潜伏感染。

在活细胞内生活的病毒，对于能干扰细胞代谢的各种因素具有明显的抵抗力。如对甘油有耐受作用，不像细菌等微生物那样可被甘油脱水而死亡，也能抵抗多种抗生素的作用，但干扰素可阻止它的生长和成熟。

2．病毒的形态与大小

病毒的形态有球形、卵圆形、砖形、杆状、丝状及蝌蚪状等。其中动物病毒多为：球形、卵圆形或砖形，如疱疹病毒、流感病毒。植物病毒多为杆状、丝状，如烟草花叶病毒、马铃薯丫病毒。细菌病毒多为蝌蚪状，如噬菌体。病毒形态模式见图 6–12 所示。

病毒的个体极微小，测量单位为 nm。大小可采用不同方法进行研究：电子显微镜法、分级过滤法、电泳法等。研究结果表明大多数病毒比细菌小得多，但比多数蛋白质分子大，而且病毒的大小相差很远，直径在 10～300nm 之间，通常为 100nm。最大的病毒如痘病毒直径达 200nm 以上，最小的病毒如菜豆畸矮病毒的直径只有 9～11nm 左右。

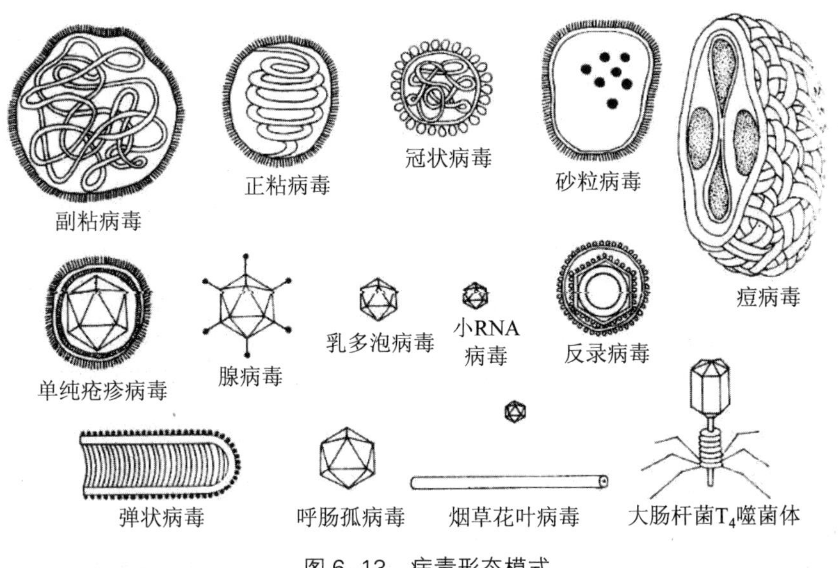

图 6–13　病毒形态模式

病毒虽然是无法用光学显微镜观察的，但当它们大量集在一起并使宿主细细胞发生病变时，就可用光学显微镜加以观察，例如动、植物细胞中的包涵体以及噬菌体的噬菌斑。

病毒感染寄主细胞后，所形成的在光学显微镜下可见的小体，称为包涵体。

它属于蛋白质性质，呈圆形、卵圆形或不定形。它们多数位于细胞质内，具嗜酸性，如天花病毒。少数位于细胞核内，具嗜碱性，如疱疹病毒。也有在细胞质和细胞核内都同时存在的，如麻疹病毒。有的包涵体还给予了特殊的名称，如天花病毒包涵体叫顾氏小体；狂犬病毒包涵体叫内基小体；烟草花叶病毒包涵体叫 X 小体。昆虫病毒形成的包涵体称多角体。

3．病毒的化学组成

病毒粒子是指一个结构和功能完整的病毒颗粒。大多数病毒由核酸和蛋白质组成，有些结构复杂的病毒还有脂类、多糖和少量的酶。

（1）核酸　一种病毒只含有一种核酸（DNA or RNA），动物病毒有些为 DNA、有的为 RNA。植物病毒多为 RNA，少数为 DNA。噬菌体多属 DNA，少属于 RNA。

核酸有单链和双链之分，在一般细胞型生物细胞中，DNA 往往是双链，而 RNA 是单链。可是病毒情况较为复杂。核酸是病毒粒子中最重要的成分，它是病毒遗传信息的载体和传递体，因此是病毒生命活动的主要物质基础。

（2）蛋白质　蛋白质是病毒的主要组成部分。自然界中常见的 20 种氨基酸在病毒的结构中都可找到，但是氨基酸的组合与含量因病毒的种类而异。比较简单的植物病毒大都只含有一种蛋白质。其他病毒均由一种以上的蛋白质构成。

蛋白质的功能：①蛋白质构成病毒粒子的外壳；②保护病毒核酸免受外界理化因子的破坏；③决定病毒感染的特异性；④决定病毒的抗原性。

二、病毒的结构

由于电子显微镜技术与生物化学、X射线衍射等分析技术的综合应用，逐步揭示了病毒粒子的亚显微结构。研究病毒的结构对于了解它们的功能，认识其本质，进行病毒的分类、鉴定，分析病毒的致病作用等有重要的意义。

病毒粒子系指完整的或结构完整、有感染性的病毒个体。在电子显微镜下呈现特定的形态。现已观察到很多病毒粒子具有一定的或共同的下列结构形式。

（1）衣壳粒　是构成病毒粒子的最小形态单位。每个衣壳粒是由 1～6 个同种多肽分子折叠而成的蛋白质亚单位。病毒粒子上不同部位的衣壳粒可由不同多肽分子组成。

（2）衣壳　由衣壳粒以对称的形式，有规律地排列成特定的形状，构成病毒的外壳。

（3）核衣壳　它是病毒蛋白质和核酸的合称。

（4）囊膜　有些病毒在衣壳的外面包裹着一层构造比较复杂的包膜。它由脂类和多糖组成。这种结构具高度的稳定性，可保护病毒核酸不致在细胞外环境中受到破坏。

（5）刺突　有些病毒粒子表面，尤其是在有囊膜的病毒粒子表面具有突起物。

三、病毒的对称性

由于衣壳粒排列组合的方式不同，使病毒粒子往往表现出不同的构型。

1．螺旋状对称

烟草花叶病毒（TMV）是衣壳粒螺旋对称病毒的典型代表，烟草花叶病毒呈直杆状，长

300nm，宽 15nm，中空内径 4nm，由 158 个氨基酸组成一个皮鞋状的衣壳粒，相对分子量为 17 500，总共 2 130 个衣壳粒，排列成 130 圈螺旋，TMV 的核酸核心是单链的 RNA，相对分子质量为 260 万，含有 6390 个核苷酸，每 3 个核苷酸与一个衣壳粒相结合，盘绕于蛋白质的中空内径中（图 6-14）。

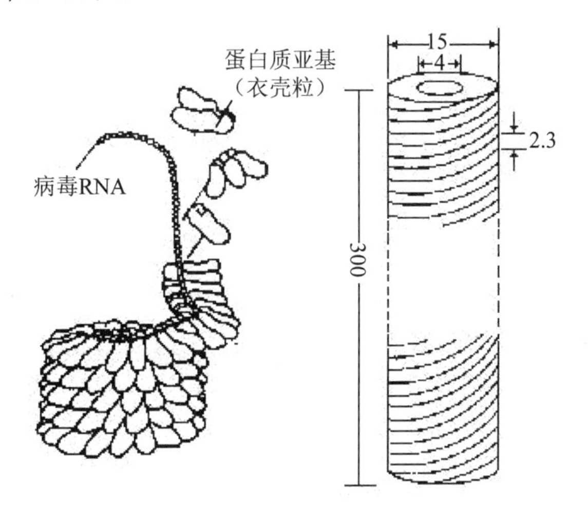

图 6-14　烟草花叶病毒的形态构造

2．20 **面体对称**

腺病毒这是一种动物病毒，于 1953 年首次从手术切除的小儿扁桃体中分离到。它可侵染呼吸道、眼结膜和淋巴组织，是急性咽类、咽结膜炎、流行性角膜结膜炎和病毒性肺炎等的病原体。腺病毒的种类很多，它们的自然宿主有人、猴、牛、犬、鼠、鸟和蛙等多组。腺病毒的外形呈典型的 20 面体，粗看像“球状”，没有包膜，直径为 70～80nm（图 6-15）。

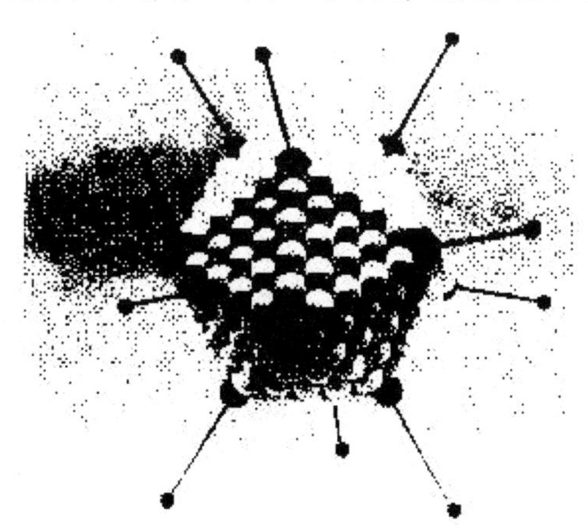

图 6-15　腺病毒的模式构造

腺病毒有 12 个角、20 个面和 30 条棱。衣壳由 252 个衣壳粒组成，每个五邻体上突出一根末端带有顶球的蛋白纤维，称为刺突。腺病毒的核心是由线状双链 DNA（dsDNA）构成的。所有的腺病毒，不管它们的天然宿主和血清型是什么，其基因组的大小都约为 36 500 个核苷酸对。

3．复合对称

T 偶数噬菌体——T_4由头部（核心是双链线状 DNA）、颈部和尾部（尾鞘、尾管、基板、刺突和尾丝）三个部分构成。由于头部呈 20 面体对称而尾部呈螺旋对称，故是一种复合对称结构。头部内的核心是线状 dsDNA。头部与尾部相连处有一构造简单的颈部，由颈环和颈须构成，其功能是裹住吸附前的尾丝。尾部是螺旋对称，外围是尾鞘，中为一空髓（图 6–16）。

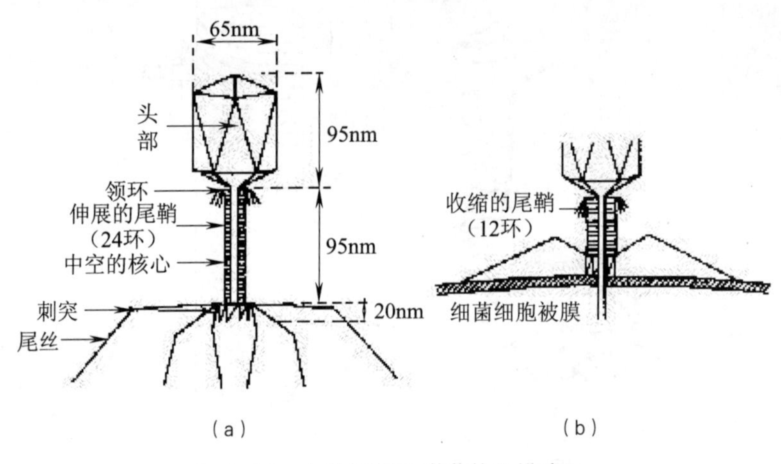

图 6–16　大肠杆菌 T_4 噬菌体的模式图

四、病毒的繁殖

病毒的繁殖方式与细胞型微生物不同。病毒是专性活细胞内寄生物，缺乏生活细胞所具备的细胞器，以及代谢必需的酶系统和能量。增殖所需的原料、能量和生物合成的场所均宿主细胞提供。在病毒核酸的控制下合成病毒的核酸、蛋白质等成分。然后在宿主细胞内装配成为成熟的、具有感染性的病毒粒子，再以种方式释放到细胞外，感染其他细胞。这种增殖方式称为复制。各类病毒的繁殖过程基本相似，现以大肠杆菌 T 系列噬菌体为例介绍其繁殖过程，该过程包括吸附、侵入、生物合成、装配和释放等阶段（图 6–17）。

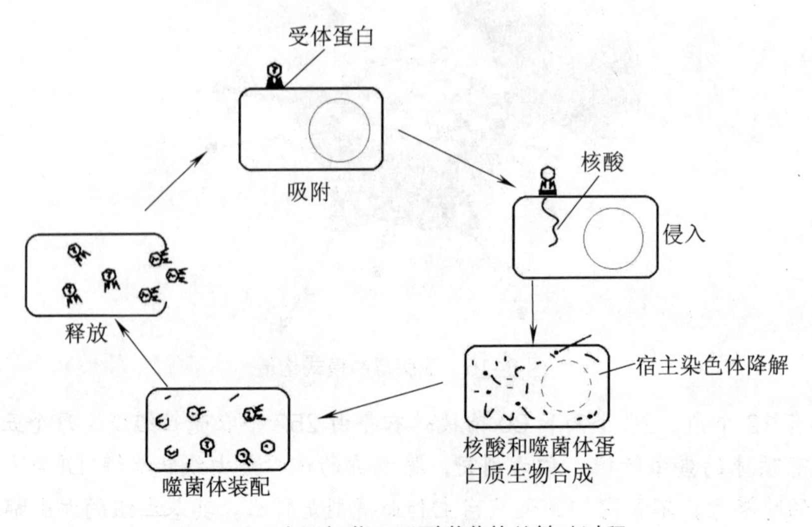

图 6–17　大肠杆菌 T 系列噬菌体的繁殖过程

（1）吸附　吸附是病毒感染宿主细胞的前提，具有高度的专一性。在通常情况下，敏感细胞表面具有特异性表面接受部位，可与相应的病毒结合。

（2）侵入　T系列噬菌体吸附到宿主细胞壁上后，尾部的溶菌酶水解宿主细胞壁的肽聚糖，使之形成小孔。然后通过尾鞘收缩，将头部的核酸注入宿主细胞中，而将蛋白质衣壳留在细胞外。

（3）生物合成　包括核酸的复制和蛋白质的合成。首先，噬菌体以其核酸中的遗传信息向宿主细胞发出指令并提供“蓝图”，使宿主细胞的代谢系统按次序地逐一转向合成噬菌体的组分和“部件”，合成所需“原料”可通过宿主细胞原有核酸等的降解、代谢库内的贮存物或从环境中取得。

（4）装配　病毒核酸的复制与病毒蛋白质的合成是分开进行的，由分别合成好的核酸与蛋白质组成完整的新的病毒粒子的过程。

（5）释放　成熟的病毒粒子从被感染细胞内转移到外界的过程称为病毒释放。病毒的释放是多样的，有的通过破裂，出芽作用或通过细胞之间的接触而扩散。

上述增殖生活周期是较短的，例如：E. Coli T系噬菌体在合适的温度下为15～25min。第一个宿主细胞裂解后所产生的子代噬菌体量称为裂解量。不同的噬菌体有不同的裂解量，例如：T2为150左右，T4约100，f2则可高达10000左右。

自我提高

一、单项选择题

1. 下列对曲霉的描述哪项是错误的？（　　）

   A. 菌丝由无隔膜、多核单细胞构成　　B. 具有足细胞和顶囊

   C. 产生分生孢子　　D. 无假根

2. 下列对青霉的描述哪项是错误的？（　　）

   A. 菌丝由有隔膜、单细胞构成　　B. 具有足细胞和顶囊

   C. 产生分生孢子　　D. 孢子穗呈扫帚状

3. 哪种微生物的菌丝是由有隔单核或多核细胞构成的？（　　）

   A. 放线菌　　B. 根霉　　C. 毛霉　　D. 青霉

4. 霉菌细胞壁的主要成分为（　　）。

   A. 几丁质　　B. 肽聚糖

   C. 脂多糖　　D. 葡聚糖和甘露聚糖

5. 黑曲霉产生的无性孢子是（　　）。

   A. 节孢子　　B. 孢囊孢子　　C. 分生孢子　　D. 厚垣孢子

6. 下列哪种孢子是酵母菌产生的有性孢子？（　　）

   A. 卵孢子　　B. 接合孢子　　C. 子囊孢子　　D. 担孢子

7. 下列哪种微生物的菌丝是无隔单细胞丝状体，具有假根，并产生胞囊孢子无性繁殖？（　　）

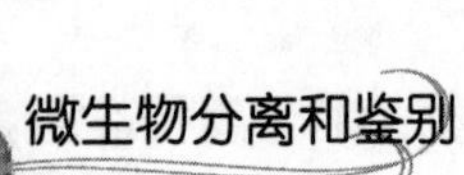

A. 毛霉　B. 根霉　C. 曲霉　D. 放线菌

8. 下列关于霉菌菌落特征的叙述哪项是错误的？（　　）

A. 较大，呈圆形　B. 棉絮状或绒毛状

C. 疏松　D. 正反两面可呈不同颜色

9. 下列哪项是酵母菌的菌落特征？（　　）

A. 大而厚，光滑湿润　B. 较小光滑湿润

C. 疏松而蔓延　D. 颜色各异

10. 腺病毒粒子是哪种构型的典型代表？（　　）

A. 20 面体　B. 螺旋对称体

C. 复合对称体　D. 具包膜病毒

11. 螺旋对称体病毒粒子的典型代表是（　　）。

A. 腺病毒　B. 噬菌体

C. 烟草花叶病毒　D. 痘类病毒

12. 下列哪种病毒具有包膜？（　　）

A. 腺病毒　B. 噬菌体

C. 烟草花叶病毒　D. 流感病毒

13. 病毒粒子的结构是有下列哪项组成？（　　）

A. 衣壳粒和衣壳　B. 衣壳粒和核衣壳

C. 衣壳和核髓　D. 包膜和核酸

14. 大多数噬菌体以下列哪种方式侵入宿主细胞？（　　）

A. 吞噬　B. 侵入　C. 饱饮　D. 穿入

15. 下列关于病毒粒子的叙述哪项是不正确的？（　　）

A. 个体极小　B. 专性寄生

C. 酶系极不完全　D. 含有四种核酸类型

二、简答题

1. 诱变育种的基本环节有哪些？整个工作的关键是什么？
2. 举例说明在微生物的诱变育种工作中，采用高效的筛选方案和方法的重要性。
3. 什么叫菌种衰退？有哪些方法可以防止菌种的衰退？
4. 何谓菌种复壮？如何达到复壮？
5. 根据方法的简便与否，保藏效果的好坏，保藏对象的范围，保藏的基本原理，以及保藏期的长短等方面，列表比较几种最常用的菌种保藏法。
6. 什么叫冷冻干燥保藏法？什么叫液氮保藏法？试简述其方法要点和主要优点。

项目七 拓展训练

通过前面一系列的微生物分离训练项目的操作，学生可以掌握微生物分离和鉴别的基本技能。作为技师学院或职业院校的学生，实训技能一定要扎实，且能够进行一些较复杂的微生物实训操作。故在前面实训基础上，安排了部分综合性、实用性的拓展项目，本项目以小组为单位，分工合作，共同完成自选实训项目。

任务一 微生物理化性能鉴定

【目标与要求】

（1）会紫外线杀菌的鉴别方法。

（2）会测定微生物最适生长温度的方法。

（3）会测定微生物最适 pH 值的方法。

（4）理解常用消毒剂的浓度和使用方法。

【相关知识】 环境对微生物生长的影响

微生物的生长繁殖受到各种环境因子的影响，适宜的环境条件是其旺盛生长的保证。当环境条件的改变，在一定限度内，可引起微生物形态、生理、生长、繁殖等特征的改变；当环境条件的变化超过一定极限时，则导致微生物的死亡。研究环境条件与微生物之间的相互关系，有助于了解微生物在自然界的分布与作用，也可指导人们在生产中有效地控制微生物的生命活动。影响微生物生长的环境因素有很多，包括营养物质、温度、pH 值、氧、电磁辐射等各种物理因素和化学因素。

1. 营养物质

营养物质不足导致微生物生长所需要的能量、碳、氮源、元机盐等成分不足，此时机体一方面降低或停止细胞物质合成，避免能量的消耗，或者通过诱导合成特定的运输系统，充分吸收环境中微量的营养物质以维持机体的生存；另一方面机体对胞内某些非必要成分或失效的成分进行降解以重新利用，这些非必需成分是指胞内贮存的物质、无意义的蛋白质与酶、mRNA 等。例如在氮、碳源缺乏时，机体内蛋白质降解速率比正常条件下的细胞增加了 7 倍，同时减少 tRNA 合成和降低 DNA 复制的速率，导致生长停止。

2. 温度

温度是影响微生物生长繁殖最重要的因素之一。在一定温度范围内，机体的代谢活动与生长繁殖随着温度的上升而增加，当温度上升到一定程度，开始对机体产生不利的影响，如再继续升高，则细胞功能急剧下降以至死亡。温度对微生物生长的影响具体表现在：①影响酶活性，微生物生长过程中所发生的一系列化学反应绝大多数是在特定酶催化下完成的，每种酶都有最适的酶促反应温度，温度变化影响酶促反应速率，最终影响细胞物质合成；②影响细胞质膜的流动性，温度高流动性大，有利于物质的运输，温度低流动性降低，不利于物质运输，因此温度变化影响营养物质的吸收与代谢产物的分泌；③影响物质的溶解度，物质只有溶于水才能被机体吸收或分泌，除气体物质以外，温度上升物质的溶解度增加，温度降低物质的溶解度降低，最终影响微生物的生长。

3．pH

pH 对微生物生命活动的影响主要是通过以下几个方面实现的：一是使蛋白质、核酸等生物大分子所带电荷发生变化，从而影响其生物活性；二是引起细胞膜电荷变化，导致微生物细胞吸收营养物质的能力发生变化；三是改变环境中营养物质的可给性及有害物质的毒性。不同微生物对 pH 条件的要求各不相同，它们只能在一定 pH 范围内生长。

4．氧

根据氧与微生物生长的关系可将微生物分为好氧、微好氧、耐氧型、兼性厌氧和专性厌氧五种类型，因此，在培养不同类型的微生物时，一定要采取相应的措施保证不同类型的微生物能正常生长。例如培养好氧微生物可以通过振荡或通气等方式使之有充足的氧气供它们生长；培养专性厌氧微生物则要排除环境中的氧，同时通过在培养基中添加还原剂的方式降低培养基的氧化还原电势；培养兼性厌氧或氧的耐氧型微生物，可以用深层静止培养的方式等。

（1）微生物与氧的关系（见表 7-1） 氧对于好氧微生物生长虽然可以通过好氧呼吸产生更多的能量，满足机体的生长需要，但另一方面，氧对一切生物都会使其产生有毒害作用的代谢产物，如超氧基化合物与 H_2O_2，这两种代谢产物互相作用还会产生毒性很强的自由基 OH。

表 7-1 微生物类型与 O_2 体积分数的关系

微生物类型	最适生长的 O_2 体积分数
好氧	等于或大于 20%
微好氧	2%～10%
氧的忍耐型	2%以下
兼性厌氧	有氧或无氧
专性厌氧	不需要氧、有氧时死亡

（2）自由基 自由基是一种强氧化剂，它与生物大分子互相作用，可导致产生生物分子自由基，从而对机体产生损伤或突变作用，直至死亡。氧之所以对专性厌氧微生物以外的其他四种类型微生物不产生致死作用，是因为它们具有超氧物歧化酶，可催化起氧化基化合物分解，最终分解成水。

5．电磁辐射

电磁辐射包括可见光、红外线、紫外线、X 射线和 γ 射线等均具有杀菌作用。在辐射能中无线电波最长，对生物效应最弱；红外辐射波长在 800～1 000nm，可被光合细菌作为能源；可见光部分的波长为 380～760nm，是蓝细菌等藻类进行光合作用的主要能源；紫外辐射的波长为 136～400nm，有杀菌作用。可见光、红外辐射和紫外辐射的最强来源是太阳，由于大气层的吸收，紫外辐射与红外辐射不能全部达到地面；而波长更短的X射线、γ射线、β射线和α射线（由放射性物质产生），往往引起水与其他物质的电离，对微生物起有害作用，故被作为一种灭菌措施。紫外线波长以265～266nm的杀菌力最强，其杀菌机理是复杂的，细胞原生质中的核酸及其碱基对紫外线吸收能力强，吸收峰为260nm，而蛋白质的吸收峰为280nm，当这些辐射能作用于核酸时，便能引起核酸的变化，破坏分子结构，主要是对DNA的作用，最明显的是形成胸腺嘧啶二聚体，妨碍蛋白质和酶的合成，引起细胞死亡。

紫外线的杀菌效果，因菌种及生理状态而异，照射时间、距离和剂量的大小也有影响，由于紫外线的穿透能力差，不易透过不透明的物质，即使一薄层玻璃也会被滤掉大部分，在食品工业中适于厂房内空气及物体表面消毒，也有用于饮用水消毒的。适量的紫外线照射，可引起微生物的核酸物质DNA结构发生变化，培育新性状的菌种。因此，紫外线常常作为诱变剂用于育种工作中。

【实训过程】

一、材料准备

（1）培养基　牛肉膏蛋白胨培养基或营养琼脂、营养肉汤培养基、玫瑰红钠培养基。

（2）菌种　利用前述项目分离得到的大肠杆菌、曲霉、酵母菌、枯草芽孢杆菌、乳杆菌等斜面菌种。

（3）器材　无菌培养皿，无菌滤纸片，试管，吸管，三角涂棒，无菌工作台、培养箱，擦镜纸，酒精灯，香柏油，乙醚–乙醇混合液，显微镜。

（4）试剂　2.5%碘酒，0.1%升汞，5%石炭酸，75%乙醇，5%甲醛，无菌生理盐水等。

二、培养基的配制和器皿包扎（参考项目一操作）

高压蒸汽灭菌，备用。

三、微生物受温度影响的鉴定

（1）制备培养基　按要求配制好营养琼脂和玫瑰红钠培养基，制成试管斜面备用。

（2）接种　分别取8支试管，然后按照斜面接种法接入大肠杆菌和黑曲霉，注意接种时不要把斜面划破。

（3）培养　然后把8支试管分为4组，分别放置在0℃、25℃、37℃和50℃条件下培养，24～48h后观察菌苔生长情况，并测量菌落直径。

四、微生物紫外线杀菌的鉴定

（1）将已经灭菌并冷却到50℃左右的营养琼脂培养基倒入无菌培养皿中，水平放置待凝固。

（2）用无菌吸管吸取0.1mL培养18h的大肠杆菌加入上述平板中，用无菌三角涂布棒涂布均匀。

（3）在超净工作台中，以无菌操作的方法将黑色纸片放入培养皿中，紫外线照射15min，盖好培养皿盖后取出，在37℃温室中培养24h后观察，记录并分析结果。

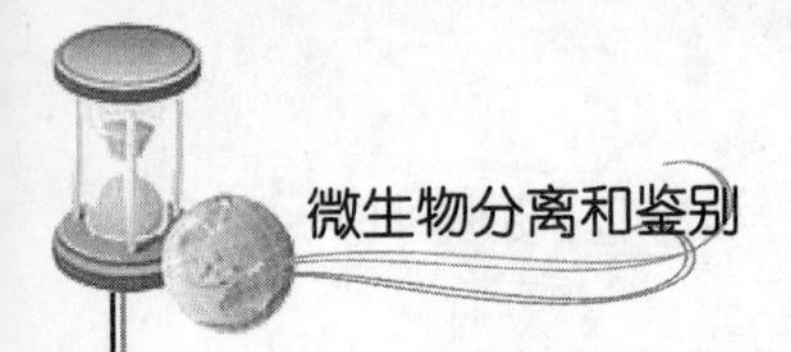

五、消毒剂对微生物影响的鉴定

（1）将已经灭菌并冷却到 50℃左右的营养琼脂培养基倒入无菌培养皿中，水平放置待凝固。

（2）用无菌吸管分别吸取 0.1mL 培养 18h 的细菌菌液加入上述平板中，用无菌三角涂棒涂布均匀。

（3）将已经涂布好的平板底皿划分为 4 等份，每一等份内标明一种消毒剂的名称。

（4）用无菌镊子将已灭菌的小圆滤纸片分别浸入装有各种消毒剂的试管中浸湿。

（5）将上述贴好滤纸片的含菌平板倒置放于 37℃条件下培养 24h 后观察抑菌圈的大小。

六、pH 对微生物影响的鉴定

（1）用 1mol/L NaOH 和 1mol/L HCl 调 pH 值分别为 3、5、7、9 的营养肉汤，各分装 5mL 到试管中。

（2）在大肠杆菌斜面培养基中加入适量无菌生理盐水制成菌悬液，调节 OD600nm 值均为 0.05。

（3）无菌操作吸取 0.1mL 菌悬液，接种于 5mL 的牛肉膏蛋白胨液体培养基的试管中，37℃条件下培养 24～48h。

（4）培养结束后，观察各试管内菌液混浊程度，可找出大肠杆菌生长的最适 pH 值，用分光光度计测定培养物的 OD600nm 值。

【实训报告】

<table>
<tr><td colspan="4">工作任务：微生物理化性能鉴定</td></tr>
<tr><td>样品来源</td><td></td><td>实训日期</td><td></td></tr>
<tr><td>实训目的</td><td colspan="3"></td></tr>
<tr><td>实训原理</td><td colspan="3"></td></tr>
<tr><td>实训材料</td><td colspan="3"></td></tr>
<tr><td colspan="4">实训过程</td></tr>
<tr><td colspan="4"></td></tr>
<tr><td colspan="4">结果报告：</td></tr>
<tr><td colspan="4">思考与讨论：
（1）观察和记录在不同 pH 值条件下大肠杆菌的生长情况，找出最适 pH 值。
（2）大肠杆菌和金黄色葡萄球菌的最适生长温度是多少？
（3）绘图说明紫外线的杀菌作用及原理。
（4）列表比较化学消毒剂对两种细菌的杀（抑）菌作用。</td></tr>
</table>

【知识拓展】 微生物与生物环境之间的互相关系

在自然界中，微生物极少单独存在，总是较多种群聚集在一起。当微生物的不同种类或微生物与其他生物出现在一个限定的空间内时，它们之间互为环境，相互影响，既有相互依赖又有相互排斥，表现出相互间复杂的关系，但从总的方面来看，大体上可分为以下 4 种关系。

一、互生

所谓互生，是指两种可以单独生活的生物，当它们生活在一起时，通过各自的代谢活动而有利于对方，或偏利于一方的一种生活方式。因此，这是一种“可分可合，合比分好”的相互关系。例如，在土壤中，纤维素分解菌与好氧性自生固氮菌生活在一起时，后者可将固定的有机氮化物供给前者需要，而前者因分解纤维素而产生的有机酸可作为后者的碳素养料和能源物质，两者相互为对方创造有利的条件，促进了各自的生长繁殖。

根际微生物与高等植物之间也存在着互生关系。存在于植物根系周围的微生物，称为根际微生物，以无芽孢杆菌居多。根际微生物的大量繁殖，会强烈地影响植物的生长发育。主要为：①改善了植物的营养条件；②分泌植物生长刺激物质；③分泌抗生素，以利于植物避免土居病原菌的侵染；④有时会对植物产生有害的影响，如当土壤中碳氮比例较高时，会与植物争夺氮、磷等营养，有时会分泌一些有毒物质抑制植物生长等。

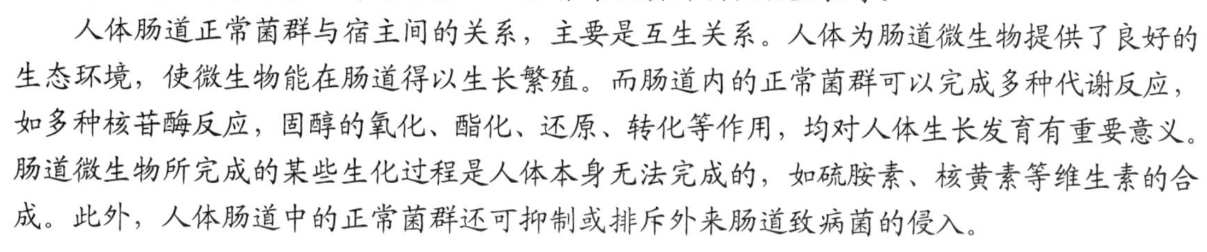

人体肠道正常菌群与宿主间的关系，主要是互生关系。人体为肠道微生物提供了良好的生态环境，使微生物能在肠道得以生长繁殖。而肠道内的正常菌群可以完成多种代谢反应，如多种核苷酶反应，固醇的氧化、酯化、还原、转化等作用，均对人体生长发育有重要意义。肠道微生物所完成的某些生化过程是人体本身无法完成的，如硫胺素、核黄素等维生素的合成。此外，人体肠道中的正常菌群还可抑制或排斥外来肠道致病菌的侵入。

二、共生

所谓共生，是指两种生物共居在一起，相互分工协作甚至达到难分难解、合二为一的一种相互关系。一旦彼此分离两者就不能很好地生活。地衣是微生物间共生的典型例子，它是真菌和藻类的共生体。地衣中的真菌一般都属于子囊菌，而藻类则为绿藻或蓝细菌。藻类或蓝细菌进行光合作用，为真菌提供有机营养，而真菌则以其产生的有机酸去分解岩石中的某些成分，为藻类或蓝细菌提供所必需的矿质元素。

根瘤菌与豆科植物共生形成根瘤共生体，这是一种典型的互惠共生关系。根瘤菌固定大气中的氮气，为植物提供氮素养料，而豆科植物根的分泌物能刺激根瘤菌的生长，同时，还为根瘤菌提供保护和稳定的生长条件。

有些真菌能在一些植物根上发育，菌丝体包围在根面或侵入根内形成了两者的共生体——菌根。菌根分为两大类，外生菌根和内生菌根。外生菌根的真菌在根外形成致密的鞘套，少量菌丝进入根皮层细胞的间隙中；内生菌根的菌丝体主要存在于根的皮层中，在根外较少。内生菌根又分为两种类型，一种是由有隔膜真菌形成的菌根，另一种是无隔膜真菌所形成的茵根. 后一种一般称为 VA 菌根，即“泡囊 - 丛枝菌根”。外生菌根主要见于森林树木，内生菌根存在于草、林木和各种作物中。陆地上 97%以上的绿色植物具有菌根。

微生物与动物共生的例子也很多，牛、羊、鹿、骆驼和长颈鹿等反刍动物与瘤胃微生物共生就是其中的一个例子。

三、拮抗

拮抗关系是指一种微生物在其生命活动过程中，产生某种代谢产物或改变环境条件，从而抑制其他微生物的生长繁殖，甚至杀死其他微生物的现象。根据拮抗作用的选择性，可将微生物间的拮抗关系分为非特异性拮抗关系和特异性的拮抗关系两类。

在制造泡菜、青贮饲料过程中，乳酸杆菌能产生大量乳酸导致环境的 pH 下降，从而抑制了其他微生物的生长发育，这是一种非特异拮抗关系，因为这种抑制作用没有特定专一性，对不耐酸的细菌均有抑制作用。许多微生物在生命活动过程中，能产生某种抗生素，具有选择性地抑制或杀死他种微生物的作用，这是一种特异性拮抗关系。如青霉菌产生的青霉素抑制革兰氏阳性菌，链霉菌产生的制霉菌素抑制酵母菌和霉菌等。

四、寄生

所谓寄生，一般指一种小型生物生活在另一种较大型生物的体内或体表，从中取得营养和进行生长繁殖，同时使后者蒙受损害甚至被杀死的现象。前者称为寄生物，后者称为寄主。有些寄生物一旦离开寄主就不能生长繁殖，这类寄生物称为专性寄生物。有些寄生物在脱离寄主以后营腐生生活，这些寄生物称为兼性寄生物。

在微生物中，噬菌体寄生于细菌是常见的寄生现象。此外，细菌与真菌，真菌与真菌之间也存在着寄生关系。土壤中存在着一些溶真菌细菌，它们侵入真菌体内，生长繁殖，最终杀死了寄主真菌，造成真菌菌丝溶解。真菌间的寄生现象比较普遍，如某些木霉寄生于丝核菌的菌丝内。

微生物寄生于植物之中，常引起植物病害。其中以真菌引起的病害最为普遍(约占 95%)，受侵染的植物会发生腐烂、猝倒、溃疡、根腐、叶腐、叶斑、萎蔫、过度生长等症状，严重影响作物产量。

任务二　酒药中糖化菌的分离和鉴别

【目标与要求】

(1) 掌握淀粉在糖化菌(根霉、毛霉和酵母菌)作用下制成甜酒酿的过程。

(2) 会微生物的分离、培养方法和无菌操作技术。

(3) 掌握糖化菌的菌落和细胞染色的鉴定。

【相关知识】 甜酒酿的制作

甜酒酿的制作是一个微生物学发酵过程。甜酒药中包含有糖化菌和酵母菌，糖化菌如根霉、毛霉在一定条件下能水解淀粉成单糖，然后酵母菌利用单糖在无氧条件下进行发酵产生酒精。甜酒酿即是在糖化菌和酵母菌的共同作用下酿制而出。

【实训过程】

一、材料准备

（1）材料　新鲜不变质的甜酒药。

（2）设备　糯米水果瓶或带盖搪瓷杯；高压锅、淘米水、脸盆、防水纸、绳子、凉开水；显微镜、载玻片、盖玻片、接种环、解剖针、酒精灯、镊子等。

（3）培养基　马铃薯—蔗糖—琼脂培养基（10mL/管）。

二、以平板划线法分离甜酒药中的糖化菌

（1）每组取无菌培养皿两套，先在培养皿中加入两滴 5 000U/mL 的链霉素液，而后用已融化的马铃薯—蔗糖—琼脂培养基倒平板，使链霉素与培养基充分混匀，制成平板。

（2）取已被碾碎的甜酒药粉 1 环在平板上划线，然后倒置于 28～30℃恒温箱中培养 4～6 天。

（3）观察平板上的菌落形态，用接种环挑取霉菌菌落的孢子或菌丝体于新鲜的马铃薯—蔗糖—琼脂平板上，再进行划线培养，直至获得纯培养，即平板上只有一种霉菌的菌落或菌苔。

（4）对已分离出的糖化菌进行个体形态的观察。打开皿底，用低倍镜直接观察分离菌各部分结构形态，如孢囊梗，假根，囊轴，菌丝等。

（5）取一干净的载玻片，滴一滴乳酚油，用解剖针挑取少量分离菌菌丝在悬滴液中，将菌丝分散平铺，然后盖上盖玻片，镜检观察。

三、甜酒酿的制作*

（1）浸米与洗米　将米浸泡在水中 12～24h，用自来水冲洗。浸米的目的使米中的淀粉粒子吸水膨胀，便于蒸煮糊化。

（2）隔水蒸煮　将洗净沥干水的米在高压锅中隔水蒸煮（1.05kg/cm^2）10～20min，常压 30～40mim。要求达到熟而不糊，外硬内软，内无向心，疏松易散，透而不烂，均匀一致。

（3）淋饭降温　用冷开水淋洗糯米饭降温至发酵微生物生长繁殖的温度，同时增加米饭含水量，并使熟饭表面光滑，易于扑入酒药，利于糖化发酵菌的繁殖。

（4）拌酒药搭窝　将冷却至 35℃左右的米饭，按量拌入酒药，装入瓶内，并在瓶中搭成喇叭形凹窝，上面再洒上一些酒药。用薄膜食品袋套住密封，薄膜袋内留有一定量的空气。

（5）保温保湿培养　25℃培养 36～40h，即可食用。

（6）甜酒药中的微生物及其作用　酒药系根霉、毛霉和酵母菌等微生物的混合糖化发酵剂。

$$\text{米饭淀粉} \xrightarrow[\text{好氧条件}]{\text{糖化菌}} \text{葡萄糖} \xrightarrow[\text{厌氧条件}]{\text{酵母菌}} \text{乙醇}$$

【实训报告】

工作任务：酒药中糖化菌的分离和鉴别			
样品来源		实训日期	
实训目的			
实训原理			
实训材料			
实训过程			
结果报告：绘制分离菌的形态图，注明各部分名称			
思考与讨论： 根据菌落和菌体形态特征，判断出该分离菌是何种真菌。			

【知识拓展】 微生物与环境保护

随着工业高度发展、人口急剧增长，在人类生活的环境中，大量的生活废弃物（粪便、垃圾和废水），工业生产形成的三废（废气、废渣和废水）及农业上使用化肥、农药的残留物等，特别是生活污水和工业废水，不经处理，大量排放入水体，给人类生存环境造成严重污染。环境污染对人畜健康、工业、农业、水产业等都有很大危害。所谓环境污染即是指生态系统的结构和机能受到外来有害物质的影响或破坏，超过了生态系统的自净能力，打破了正常的生态平衡，给人类造成严重危害。所以保护生态环境已成为人类最关心的大问题。

环境保护除保护自然环境外，就是防治污染和其他公害。水源的污染危害最大、污染范围最广、种类最多。包括生活污水、工厂有机废水、有毒有害污水。为了保护环境，节约水源，生活污水和工业废水必须先经处理，除去其杂质与污染物，待水质达到一定标准后，才能排放入自然水体或直接供给生产和生活重复使用。

污水的生物处理较有效、最常用的是微生物处理法。微生物不但处理污染物，还可用于环境监测。所以微生物在环境保护方面起重要作用。

一、微生物与污水处理

微生物处理污水的原理：利用各种生理生化性能的微生物类群间的相互配合而进行的一种物质循环的过程。

BOD_5：即“五日生化需氧量”，它是一种表示水中有机物含量的间接指标，一般指在20℃下，1L污水中所含的有机物，在进行微生物氧化时，5日内所消耗的分子氧的毫克数。

COD：使用强氧化剂使1L污水中的有机物质迅速进行化学氧化时所消耗氧的毫克数。

污水处理的方法有物理法、化学法和生物法。各种方法都有其特点，可以相互配合、相互补充。目前应用最广的是生物学方法，其优点是效率高、费用低、简单方便。

污水处理按程度可分为一级处理、二级处理和三级处理。一级处理也称为预处理，二级处理称为常规处理，三级处理则称为高级处理。一级处理主要通过格栅等过滤器除去粗固体。二级处理主要去除可溶性的有机物，方法包括生物方法、化学方法和物理方法。三级处理主要是除氮、磷和其他无机物，还包括出水的氯化消毒，也有生物、物理、化学方法。依处理过程中氧的状况，生物处理可分为好氧处理系统与厌氧处理系统。

1．好氧生物处理

微生物在有氧条件下，吸附环境中的有机物，并将有机物氧化分解成无机物，使污水得到净化，同时合成细胞物质。微生物在污水净化过程，以活性污泥和生物膜的主要成分等形式存在。

（1）活性污泥法　又称曝气法。是利用含有好氧微生物的活性污泥，由通气条件下，使污水净化的生物学方法。此法自1914年英国人Ardern和Lockett创建以来，至今已有80多年的历史。经过反复改造，发展至今，已成为处理有机废水最主要的方法。

所谓活性污泥是指由菌胶团形成菌、原生动物、有机和无机胶体及悬浮物组成的絮状体。在污水处理过程中，它具有很强的吸附、氧化和分解有机物的能力。在静止状态时，又具有良好的沉降性能。活性污泥是一种特殊的、复杂的生态系统，在多种酶的作用下进行着复杂的生化反应。活性污泥中的微生物主要是细菌，占微生物总数的90%～95%。常见的细菌主要有生枝动胶杆菌、假单胞菌属、无色杆菌属、黄杆菌属、节杆菌属、亚硝化单胞菌、原生动物以钟虫属最为常见。活性污泥与生物膜中的微生物基本相似，均以菌胶团的形式存在。

污水处理中由于污水性质不同，所以需要筛选、培养特殊的微生物，组建各种优势菌群，以处理相应的污水。例如处理含氰（腈）废水，需要筛选产生氰解酶和丙烯腈水解酶的细菌，主要有诺卡氏菌属、腐皮镰孢霉、假单胞菌属、棒杆菌属等。筛选特殊的微生物，降解相应的难分解的有毒污染物，以降低BOD_5去除率，提高污水处理质量。活性污泥法根据曝气方式不同，分多种方法，目前最常用的是完全混合曝气法。

污水进入曝气池后，活性污泥中主要细菌、动胶菌等大量繁殖，形成菌胶团絮体，构成活性污泥骨架，原生动物附着上面，丝状细菌和真菌交织在一起，形成一个个颗粒状的活跃的微生物群体。曝气池内不断充气、搅拌，形成泥水混合液，当废水与活性污泥接触时，废水中的有机物在很短时间（约10～30min）内被吸附到活性污泥上，可溶性物质直接透入细胞内。大分子有机物通过细胞内产生的胞外酶的作用将大分子有机物分解成为小分子物质后渗入细胞内。进入细胞内的营养物质在细胞内酶的作用下，经一系列生化反应，使有机物转化为CO_2、H_2O等简单无机物。同时产生能量。微生物利用呼吸放出的能量和氧化过程中产生的中间产物合成细胞物质，使菌体大量繁殖。微生物不断进行生物氧化，环境中有机物不

断减少，使污水得到净化。当营养缺乏时，微生物氧化细胞内贮藏物质，并产生能量，这种现象叫自身氧化或内源呼吸。

曝气池中混合物以低 BOD_5 溢流入沉淀池。活性污泥通过静止、凝集、沉淀和分离，将上清液处理好的水排放到系统外。沉淀的活性污泥一部分回流到曝气池与未生化处理的废水混合，重复上述过程。回流污泥可增加曝气池内微生物含量，加速生化反应过程。剩余污泥排放出去或进行其他处理后应用。

（2）生物膜法　生物膜法是以生物膜为净化主体的生物处理法。生物膜是附着在载体表面，以菌胶团为主体所形成的黏膜状物，由于膜中的微生物不断生长繁殖致使膜逐渐加厚。膜的形成有一定规律，初生、生长及老化剥落过程，脱落后再形成新的膜，这是生物膜的正常更新，剥落的膜随水排出。

膜中的微生物相与活性污泥中的基本原理相同，因膜有一定厚度，在膜的表面、底部和中间分布着不同类型的微生物。生物膜的净化原理是：生物膜的表面总是吸附着一层薄薄的污水，称为附着水层或结合水层；其外是能自由流动的污水，称为运动水层；当“附着水”中的有机物被生物膜中的微生物吸附、吸收、氧化分解时，附着水层中有机物质浓度随之降低，由于运动水层中有机物浓度高，便迅速地向附着水层转移，并不断地进入生物膜被微生物分解；微生物所需要的氧是从空气—运动水层—附着水层而进入生物膜，微生物分解有机物产生的代谢产物及最终生成的无机物以及 CO_2 等，则沿相反方向移动。

根据介质与水接触方式不同，有生物转盘法、塔式生物滤池法等。

（3）氧化塘　也称稳定塘，是利用自然生态系统净化污水的一处大面积、敞开式的污水处理池塘。氧化塘是利用细菌和藻类的共生关系来分解有机污染物的一种废水处理法。细菌利用藻类光合作用产生的氧和空气溶解在水中的溶解氧氧化分解塘内的有机污染物；藻类利用细菌氧化分解产生的无机物和小分子有机物作为营养源来繁殖自身。如此不断循环，使有机物逐渐减少，污水得以净化。过多的细菌和藻体易被微型动物捕食。

此外，流入污水中沉淀下来的固体及衰亡的细胞沉入塘底，这些有机物被兼性厌氧菌分解产生有机酸、醇等简单有机物，其中一部分被上层好氧菌或兼性厌氧菌继续分解，另一部分被污泥中的产甲烷细菌分解成 CH_4。只要上述各个环节保持良好的平衡，氧化塘这个生态系统就能相对稳定，污水得以不断净化。效果好的氧化塘，能使污水中 BOD 去除率达到 80%～95%，磷去除率 90%，氮去除率 80%以上。由于供氧量低，所以处理同量污水同暖气池、生物转盘相比，氧化塘需面积大、时间长，但氧化塘构筑简单，投资少，操作容易。此法适宜处理生活污水以及制革、造纸、石油化工、乙烯、焦化和农药等部门的工业废水，还可养藻、养鱼、养鸭、鹅等。

2．厌氧生物处理

厌氧生物处理是在缺氧条件下，利用厌氧性微生物（包括兼性厌氧微生物）分解污水中有机污染物的方法。因为发酵产物产生甲烷，又称甲烷发酵。此法既能消除环境污染，又能开发生物能源，所以备受人们重视。

污水厌氧发酵是一个极为复杂的生态系统，它涉及多种交替作用的菌群，各要求不同的基质和条件，形成复杂的生态体系，甲烷发酵包括 3 个阶段。

（1）液化阶段　厌氧或兼性厌氧的细菌将复杂有机物如纤维素、蛋白质、脂肪等分解为有机酸、醇等。

（2）产氢产乙酸阶段　由产氢产乙酸细菌群利用液化阶段产生的各种脂肪酸、醇等进一步转化为乙酸、H_2和CO_2。

（3）产甲烷阶段　产甲烷菌利用乙酸、甲酸、甲醇、CO_2、H_2等形成甲烷。产甲烷菌属于古细菌，严格厌氧，主要包括甲烷杆菌属、甲烷八叠球菌属和甲烷球菌属等。产甲烷菌是严格厌氧菌，故污水的厌氧处理必须在厌氧消化池中进行。

发酵后的污水和污泥分别从池的上部和底部排出，所产生的沼气则由顶部排出，可作为能源加以利用。发酵池中也可产生如H_2S、CO等一些有毒的气体，故不能贸然进入。

此法主要用于处理农业和生活废弃物或污水处理厂的剩余污泥，也可用于工业废水处理。

二、微生物对污染物的降解与转化

由于微生物代谢类型多样，所以自然界所有的有机物几乎都能被微生物降解与转化。随着工业发展，许多人工合成的新的化合物，掺入到自然环境中，引起环境污染。微生物以其个体小、繁杂、适应性强、易变异等特点，可随环境变化，产生新的自发突变株，也可能通过形成诱导酶、生成新的酶系，具备新的代谢功能以适应新的环境，从而降解和转化那些“陌生”的化合物。大量事实证明微生物有着降解、转化物质的巨大潜力。

1．环境中的主要污染物

所谓污染物，是指人类在生产生活中，排入大气、水体或土壤内的能引起环境污染，并对人和环境有不利影响的物质的总称。这些物质主要有农药、污泥、烃类、合成聚合物、重金属、放射性核素等。总体可归为无毒和有毒污染物两大类，前者如纤维素、淀粉等有机物和酸、碱等无机物，后者如苯酚、多氯联苯等有机毒物和氰化物、各种重金属等无机毒物。污染物对人类的危害是极其复杂的，有些污染物在短期内通过空气、水、食物链等多种媒介侵入人体，造成急性危害。也有些污染物通过小剂量持续不断地侵入人体，经过相当长时间，才显露出对人体的慢性危害或远期危害，甚至影响到子孙后代的健康。

2．微生物对农药等有毒污染物的降解

农药是除草剂、杀虫剂、杀菌剂等化学制剂的总称。我国每年使用50多万吨农药，利用率只有10%，绝大部分残留在土壤中，有的被土壤吸附，有的经空气、江河传播扩散，引起大范围污染。目前的农药多是有机氯、有机磷、有机氮、有机硫农药，其中有机氯农药危害性最大。这些有毒化合物在自然界存留时间长、对人畜危害严重。实验证明，环境中农药的清除主要靠细菌、放线菌、真菌等微生物的作用。

微生物降解农药的方式有两种，一种是以农药作为唯一碳源和能源，或作为唯一的氮源物质，此类农药能很快被微生物降解，如氟乐灵，这是一种新型除草剂，它可作为曲霉属的唯一碳源，所以很易被分解；另一种是通过共代谢作用，共代谢是指一些很难降解的有机物，虽不能作为微生物唯一碳源或能源被降解，但可通过微生物利用其他有机物作为碳源或能源的同时被降解的现象，如直肠梭菌降解666时需要有蛋白胨之类物质提供能量才能降解。微

生物降解农药主要是通过脱卤作用、脱烃作用，对酰胺及脂的水解、氧化作用、还原作用及环裂解、缩合等方式把农药分子的一些基本化学结构改变而达到的。

3．**重金属的转化**

环境污染中所说的重金属一般指汞、铜、铬、铅、砷、银、硒、锡等。微生物特别是细菌、真菌在重金属的生物转化中起重要作用。微生物可以改变重金属在环境中的存在状态，会使化学物毒性增强，引起严重环境问题，还可以浓缩重金属，并通过食物链积累。另一方面微生物直接和间接的作用也可以去除环境中的重金属，有助于改善环境。

汞所造成的环境污染最早受到关注，汞的微生物转化及其环境意义具有代表性。汞的微生物转化包括三个方面无机汞的甲基化；有机汞还原成汞；甲基汞和其他有机汞化合物裂解并还原成汞。包括梭菌、脉胞菌、假单胞菌等和许多真菌在内的微生物具有甲基化汞的能力。能使无机汞和有机汞转化为单质汞的微生物也被称为抗汞微生物，包括铜绿假单胞菌、金黄色葡萄球菌、大肠埃希氏菌等。微生物的抗汞功能是由质粒控制的，编码有机汞裂解酶和无机汞还原酶的是 mer 操纵子。

微生物对其他重金属也具有转化能力，硒、铅、锡、镉、砷、铝、镁、金、钝也可以甲基化转化。微生物虽然不能降解重金属，但通过对重金属的转化作用，控制其转化途径，可以达到减轻毒性的作用。

4．**固体废物的生物处理**

固体废弃物处理的方法有物理法、化学法和生物法，其中生物法主要是利用微生物分解有机物，制作有机肥料和沼气。且在发酵过程 70～80℃高温能杀死病原菌、虫卵及杂草种子，达到无害化目的。根据微生物与氧的关系，可分为好氧性堆肥法和厌氧发酵法两大类。

（1）好氧堆肥法　好氧堆肥法是指有机废弃物，在好氧微生物作用下，达到稳定化，转变为有利于土壤性状改良并利于作物吸收和利用的有机物的方法。所谓稳定化是指病原性生物的失活，有机物的分解及腐殖质的生成。从堆肥到腐殖质的整个过程中有机污染物发生复杂的分解与合成的变化，可分为 3 个阶段。

1）发热阶段　堆肥初期，中温性好氧细菌和真菌，充分利用堆肥中易分解、可溶性物质（淀粉、糖类）而旺盛增殖，释放出热量，使堆肥温度逐渐上升。

2）高温阶段　堆肥温度上升到 50℃以上进入高温阶段。中温性微生物逐步被高温性微生物取代，堆肥中除剩余的或新形成的可溶性有机物继续被分解转化外，复杂有机物也开始分解，腐殖质开始形成。在 50℃左右，堆肥中的微生物主要是嗜热性真菌和放线菌，温度达到 60℃时，真菌几乎全部停止活动，只有嗜热放线菌和细菌活动，当温度升到 70℃时，微生物大部分死亡，或进入休眠状态。高温可使有机物快速腐熟，并可杀灭病原性生物。

3）降温腐熟保温阶段　当高温持续一段时间后，易分解或较易分解的有机物已大部分被利用，剩下难分解物质（如木质素）和新形式的腐殖质。此时微生物活动减弱，产生热量少，温度下降，中温性微生物逐渐形成优势种群。残留物质进一步被分解，腐殖质积累不断增加，堆肥进入腐熟阶段。为避免堆肥有机物矿化损失肥效，应把堆肥压紧，造成厌氧状态。

（2）厌氧发酵法　厌氧发酵法包括厌氧堆肥法和沼气发酵。厌氧堆肥法是指在不通气条件下，微生物通过厌氧发酵将有机弃废物转化为有机肥料，使固体废物无害化的过程。

堆制方式与好氧堆肥法基本相同。但此法不设通气系统、有机废弃物在堆内进行厌氧发酵，温度低，腐熟及无害化所需时间长。利用固体废弃物进行沼气发酵与污水的厌氧处理情况基本相似。

三、微生物与环境监测

环境监测是测定代表环境质量的各种指标数据的过程。它包括环境分析、物理测定和生物监测。所谓生物监测就是利用生物对环境污染所发生的各种信息作为判断环境污染状况的一种手段。生物长期生活在自然界中，不仅可反映多种因子污染的综合效应，而且还能反映环境污染的历史状况。故生物监测可以弥补物理、化学分析测试的不足，特别是微生物具有得天独厚的特点，与环境关系极为密切，因此微生物学方法在生物监测中占有特殊的地位。

1．粪便污染指示菌

粪便污染指示菌的存在，是水体受过粪便污染的指标。根据对正常人粪便中微生物的分析测定结果，认为采用大肠菌群及粪链球菌作为指标较为合适，其中以前者较为广用。

大肠菌群是指一大群与大肠杆菌相似的好氧及兼性厌氧的革兰氏阴性无芽孢杆菌，它们能在 48h 内发酵乳糖产酸产气，包括埃希氏菌属、柠檬酸杆菌属、肠杆菌属、克列氏菌属等。测定大肠菌群的常用方法有发酵法和滤膜法两种。

大肠菌群数量的表示方法有两种，其一是“大肠菌群数”，亦称“大肠菌群指数”，即 1L 水中含用的大肠菌群数量；其二是“大肠菌群值”是指水样中可检出 1 个大肠菌群数的最小水样体积（mL 数）。该值越大，表示水中大肠菌群数越小。

2．水体污染指示生物带

一般的生物多适宜于清洁的水体，但是有的生物则适宜于某种程度污染的水体。在各种不同污染程度的水体中，各有其一定的生物种类和组成。根据水域中的动、植物和微生物区系，可推该水域中的污染状况，污水生物带便是通过以上检测而确定的。通常把水体划分为多污带、中污和寡污带。中污带又分为甲型中污带和乙型中污带。

3．致突变物与致癌物的微生物检测

人们在生活过程中不断地与环境中的各种化学物质相接触，这些物质对人类影响与危害怎样，特别是致癌效应如何，是人们普遍关心的问题。

据了解，80%～90%的人类癌症是由环境因素引起的，其中主要是化学因素。目前世界上常见的化学物质有 7 万多种，其中致癌性研究较充分的仅占 1/10，而每年又至少新增千余种新的化合物。采用传统的动物实验法和流行病学调查法已远不能满足需要，至今世界上已发展了上百个快速测试法，其中以致突变试验应用最广，测试结果不仅可反映化学物质的致突变性，而且可以推测它的潜在致癌性。应用于致突变的微生物有鼠伤寒沙门氏菌、大肠埃希氏菌、枯草杆菌、脉胞菌、酿酒酵母、构巢曲霉等。目前以沙门氏菌致突变试验应用最广。

Ames 试验，全称沙门氏菌/哺乳动物微粒体试验，亦称沙门氏菌/Ames 试验，是美国 Ames 教授于 1975 年研究与发表的致突变试验法。其原理是利用鼠伤寒沙门氏菌组氨酸营

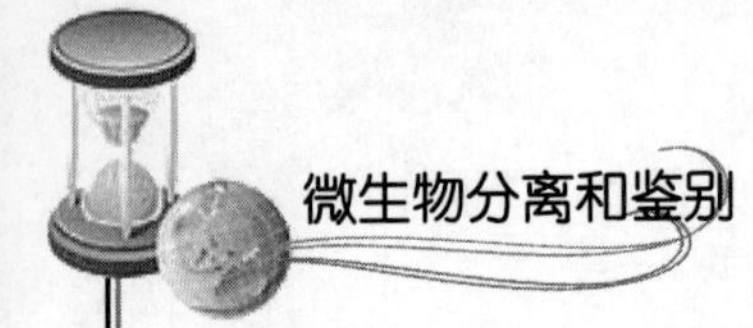

养缺陷型菌株发生回复突变的性能，来检测物质的致突变性。在不含组氨酸的培养基上，它们不能生长。但当受到某致突变物作用时，因菌体 DNA 受到损伤，特定部位基因突变，由缺陷型回复到野生型，在不含组氨酸的培养基上也能生长，故可根据菌落形成数量，检查受试物是否为致突变物。

Ames 试验常用纸片法和平板掺入法。

Ames 试验，准确性较高、周期短、方法简便，可反应多种污染物联合作用的总效应。通过对亚硝胺类、多环芳烃、芳香胺、硝基呋喃类、联苯胺、黄曲霉毒素等 175 种已知致癌物进行 Ames 试验，结果阳性吻合率为 90%；用 108 种非致癌物进行测定，其阴性吻合率为 87%。有人将 180 种物质进行 Ames 试验，其中已知致癌物有 26 种，经 Ames 试验测得 25 种为阳性，其吻合率达 95%。人们称此法是一种良好的潜在致突变物与致癌物的初筛报警手段。

任务三　大肠杆菌生长曲线的测定

【目标与要求】

（1）会使用分光光度计测定光密度值。

（2）会培养不同浓度的菌液。

（3）会使用恒温摇床培养细菌。

（4）能用已测定的光密度值绘制大肠埃希菌生长曲线。

【相关知识】 细菌的生长

细菌的生长一般指群体的生长，常常具有一定的规律性。描述细菌在液体培养基中的生长规律的曲线叫做生长曲线，即将一定量的细菌接种到一定容积的液体培养基中，在适宜的条件下进行培养，以培养时间为横坐标，以菌数的对数为纵坐标进行作图得到的曲线。典型的生长曲线可分为延迟期、对数生长期、稳定期和衰亡期四个时期。

细菌培养物在生长过程中，由于原生质含量的增加，会引起培养物混浊度的增高。细菌悬液的混浊度和透光度成反比、与光密度成正比，透光度或光密度可借助光电比浊计精确测出，本项目用光电比浊计测定细胞悬液的光密度（OD 值），表示该菌在特定实验条件下的细菌相对数目，进而反映出其相对生长量。

【实训过程】

一、材料准备

（1）菌种　分离得到大肠埃希菌（E.coli）16～18h 液体培养物。

（2）培养基　营养肉汤培养基，生理盐水。

（3）其他　721 型光电比色计、1mL 无菌移液管、摇床、无菌平皿、酒精灯、培养箱、接种环等。

二、大肠杆菌接种、培养

采用无菌操作技术用移液管向每个 100mL 营养肉汤培养基的三角瓶中准确加入大肠埃希菌悬液 2mL，轻轻振荡混匀，另设一空白对照组（不加大肠埃希菌悬液）。

将接种后的 9 组三角瓶置于摇床上，37℃，220r/min，振荡培养。间隔一定时间，即 0、2、4、6、8、10、12、14、16、18h 后，从摇床上取下其中一瓶三角瓶培养物（标记时间），置 4℃冰箱保存。

三、分光光度计比浊测定

每组取 10 支干净小试管，从不同时间培养菌液中摇匀各取 3mL，将大肠埃希菌培养液进行适当稀释，使光密度在 0.1～0.65 之间，以没有接种的空白对照组液体培养基调零点，在 550nm 或 600nm 波长，1cm 比色杯中依次进行测定 OD 值。测定从最稀浓度的菌悬液开始，依次测定。

经稀释后测定的 OD 值要乘以稀释倍数，才是培养液的实际 OD 值。

四、绘制生长曲线

以光密度（OD 值）为纵坐标，培养时间为横坐标，绘制大肠埃希菌的生长曲线。

注意事项：测定 OD 值前，将待测的培养液振荡，使细胞均匀分布。测定 OD 值后，将比色杯的菌液倾入容器中，用水冲洗比色杯，冲洗水也收集于容器中进行灭菌，最后用 75% 酒精冲洗比色杯。

【实训报告】

工作任务：大肠杆菌生长曲线的测定			
样品来源		实训日期	
实训目的			
实训原理			
实训材料			
实训过程			

结果报告：将测定的 OD_{600} 值填入下表

培养时间	对照	0	2	4						
光密度值 OD										

思考与讨论：

（1）以培养时间为横坐标，以 OD_{600} 为纵坐标，绘制大肠杆菌的生长曲线。

（2）生长曲线中，为什么会出定期和衰现延迟期、稳亡期？

（3）为什么可采用比浊法来表示细菌的相对生长状况？

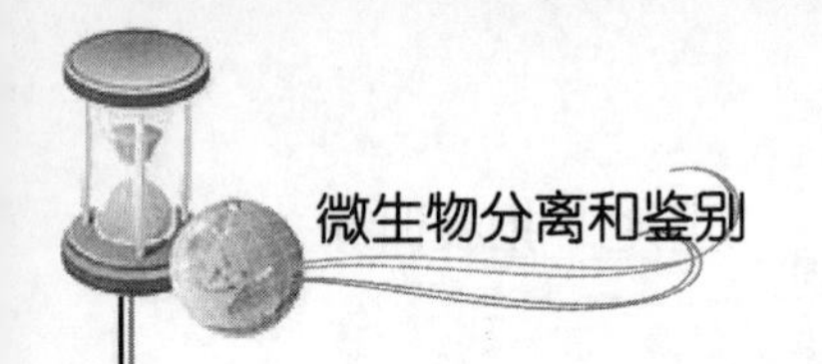

【知识拓展】 微生物的分类和命名

生命的进化经历了几个重要阶段，最初的生命应是非细胞形态的生命，在细胞出现之前，必须有个“非细胞”或“前细胞”的阶段。病毒就是一类非细胞生物，只是关于它们的来历，是原始类型，还是次生类型，仍未定论。

从非细胞到细胞是生物发展的第二阶段。早期的细胞是原核细胞，早期的生物称为原核生物（细菌、蓝细菌）。原核细胞构造简单，没有核膜，没有复杂的细胞器。

从原核到真核是生物发展的第三阶段。真核细胞具有核膜，整个细胞分化为细胞核和细胞质两个部分：细胞核内具有复杂的染色体结构，成为遗传中心；细胞质内具有复杂的细胞器结构，成为代谢中心。由核质分化的真核细胞，其机体水平远远高于原核细胞。

一、微生物在生物界中的地位

人类在发现和研究微生物之前，把一切生物分成截然不同的两大界——动物界和植物界。随着人们对微生物认识的逐步深入，从两界系统经历过三界系统、四界系统、五界系统甚至六界系统，直到20世纪70年代后期，美国人Woese等发现了地球上的第三生命形式——古生菌，才导致了生命三域学说的诞生。该学说认为生命是由古生菌域、细菌域和真核生物域所构成。

古生菌域包括嗜泉古菌界、广域古菌界和初生古菌界；细菌域包括细菌、放线菌、蓝细菌和各种除古菌以外的其他原核生物；真核生物域包括真菌、原生生物、动物和植物。除动物和植物以外，其他绝大多数生物都属微生物范畴。由此可见，微生物在生物界级分类中占有特殊重要的地位。

生命进化一直是人们所关注的热点，有人认为生命的共同祖先是一个原生物。原生物在进化过程中产生两个分支，一个是原核生物（细菌和古菌），一个是原真核生物，在之后的进化过程中细菌和古菌首先向不同的方向进化，然后原真核生物经吞食一个古菌，并由古菌的DNA取代寄主的RNA基因组而产生真核生物。

从进化的角度，微生物是一切生物的老前辈。微生物在生物界中的地位不同时期不同学者有不同表述，而且还在讨论中。为了使微生物学初学者易于理解，这里以表7-2加以说明。

表7-2 微生物在生物界中的地位

生物界名称	主要结构特征	微生物类群名称
病毒界	无细胞结构，大小为纳米（nm）级	病毒、类病毒等
原核生物界	为原核生物，细胞中无核膜与核仁的分化，大小为微米（μm）级	细菌、蓝细菌、放线菌、支原体、衣原体、立克次氏体、螺旋体等
原生生物界	细胞中具有核膜与核仁的分化，为大、小型真核生物	单细胞藻类、原生动物等
真菌界	单细胞或多细胞，细胞中具核膜与核仁的分化，为小型真核生物	酵母菌、霉菌、蕈菌等
植物界 动物界	细胞中具核膜与核仁的分化，为大型非运动真核生物 细胞中具核膜与核仁的分化，为大型能运动真核生物	

二、微生物的分类和鉴定方法

分类学的任务是分类（Classification）、鉴定（Identification）和命名（Nomenclature）。一个科学的分类系统需经过有关个体的资料统计、思考和归纳，并为学者所认可和采用。鉴定是一个从一般到特殊或从抽象到具体的过程，要通过一定规则观察和描述一个未知纯种微生物的各种性状特征，然后查找对应的模式株分类系统，以达到对其分类和命名的目的。这期间新发现的微生物命名也在其中。

1．分类学的规则

分类就是遵循分类学原理和方法，对生物的各种类群进行命名和等级划分。近代分类学诞生于18世纪，它的奠基人是瑞典植物学家林奈（Linnaeus，1707～1778年），他建立了双名制的学名。

双命名法包括属名和种名，属名在前，字首大写，种名在后，字首小写。有时在种名后还有附加部分。属名规定了微生物的主要形态特征和生理特征等，而种名往往补充说明微生物的颜色性状和用途等次要特征。种名是由一个特征性形容词组成，属名为名词或用作名词的形容词（单数形式组成，字首大写）。相比之下，特征性形容词字首不大写。特征性形容词或是形容词必须在语法上与属名一致，如枯草芽孢杆菌（Bacillus subtilis）、细尖克勒氏酵母（Kloeckera apilata）；或是主格名词与属名并列如逗号弧菌（Vibrio comma）、凸形假单胞菌（Pseudomonas Convexa）；或是遗传学的名词如醋化醋杆菌（Acetobacter Aceti）。

物种的命名必须准确而完整，应该引用第一位命名者的名字，这样才能便于日期的核对。当属名或种名被改变了而仍保留它的名字或特征性的描述，则原命名者必须用圆括号括起，在后面写上更改者的名字：Sacchoromyces（Meyen）Reess，Aureoobasidium pullmans（de Bary）Arnaud。一个属或种（包括种下单元）只能有一个学名，一个学名只能用于一个对象（或种），如果有两个或多个对象者，便是“异物同名”，必须用于其中核定最早的命名对象，而其他的同名对象则另取新名。

学名=属名+种名加词+（首次定名人）+现名定名人+现名定名年份

斜体字　正体字（一般省略）

当描述一个物种时，可通过收藏株中某一培养物来描述该物种名所指的最原始培养物，称作主模式株，其他培养物称为补模式株。命名一个新的微生物，要用拉丁文名称。一个收藏菌中的某一种菌有时会死掉或它的表观型发生变化，可由类似于原始培养物的另一种培养物代替原始培养物，该培养物称为新模式株。

近代微生物分类体系通常包括七个主要层次：界、门、纲、目、科、属、种（表7-3）。种（物种）是基本单元，近缘的种归合为属，近缘的属归合为科，科隶于目，目隶于纲，纲隶于门，门隶于界。随着研究的进展，分类层次又有增加，如亚纲、亚目、亚科、族（介于亚科和属之间）、亚种等。“种”（Species）是该体系的基本单元，由有着共同祖先（其类似的行为，近似的遗传特征）的微生物组成，在外界环境条件的不断自然选择过程中，逐渐区别于其他微生物。

特征对比是分类的基本方法。所谓对比是异同的对比：“异”是区分种类的依据，“同”是合并种类的理由。分析分类特征，首先要考虑反映共同起源的共同特征。

一个微生物种类可以划分为亚种、变种或型，这些构成了物种的亚结构。亚种、变种和型的名称属名及其后依次为特征性形容词，次要性状形容词。如果一个种被划分为两种或更多的次种或变种，具有这一典型的一类物种应用特征性形容词表明。

表 7-3　微生物分类系列

分类体系	后　缀	举　例
种 species		Saccharomyces Cerevisiae
属 genus		Saccharomyces
科 family	-aceae	Saccharomycetaceae
目 order	-ales	Endomycetales
纲 class	-pHyceae（藻类）-mycetes（真菌）	Ascomycetes
门 pHylum	-pHyta（藻类）-mycetes（真菌）	Eumycota
界 kingdom		Fungi

当某种微生物是一个亚种（subspecies，简称“subsp.”）或变种（variety，简称“var.”，是亚种的同义词）时，学名就应按三名法拼写，即

学名=属名+种名加词+符号 subsp.或 var.+*亚种或变种的加词*

斜体字　正体字（可省略）斜体

分类学同其他学科规则一样具有专门术语。一个经常用的术语是型（type），它有好几种意思。其一是表观型，一种表观型也许是一个微生物的许多可测量特征或显著特征，例如，群体培养表观形态，涂片颜色，酶的产生、发酵产糖能力以及其他。相比之下，一个个体所有遗传密码（基因）组成了它的基因型。基因不能直接判断出来但可以通过表观型的表达得以发现。型的另一个意思是命名法，这类命名法是根据《国际细菌学手册》命名的任一类群的微生物。

在研究和生产过程中常采用菌株（strain）这个词。菌株又称品系，它表示任何由一个独立分离的单细胞繁殖而成的纯遗传型群体及其一切后代。因此，一种微生物的每一不同来源的纯培养物（pure culture）或纯分离物（pure isolate）均可称为某菌种的一个菌株。

有时同一菌株可能有几种不同命名。例如，Torula utilis，Torulopsis utilis，Candida utilis。在这种情况下，应按规定使命名统一，其中之一为准确的，其余为同义词命名。上面例中准确命名为产朊假丝酵母（Candida utilis），另外两种命名为同义词命名。最后，可能发生两种不同微生物有相同的命名。例如，Dozya 是真菌（fungus）的名字，同时也是一种地衣（moss）的名字。该情况下哪个先用这一命名，则为有效命名。上面例子 Dozya 是 moss 的有效命名，这种共同名称为同系同义词。

第一次从自然界分离出的标本微生物不一定就是一个一般类型，它也可能是一个极端变异种，处于一类菌株的范围边缘。

有时一个属中较大种类中的个体可能发生重叠，很难确定一个过渡类型的菌株归属于哪一种类，这种在分类学上的连续性是由于自然变异造成的，国际命名法是通过建立一个新物种名称来解决这个问题的。有时也会发生关系密切的两个物种在某一行为方式上显著不同，这是分类间断性，同时也是死亡或未被发现存在的证据。

微生物学中“个体”指什么？单细胞细菌和真菌都可以视为一个“个体”。但对于一个个体细胞，只能采用显微镜甚至电子显微镜来评价它的一些特性，这种分类法有片面性，且几乎没有操作价值，但是微生物个体的群落，无性繁殖的群体（或纯培养）可避免以上缺点。微生物的培养物可能有许多特征，一类微生物区别于另一种微生物，但其他性质又类似。红酵母属（Rhodotorula）因为它的类胡萝卜素颜色而不同于酿酒酵母属（Saccharomyces），特性的差异影响到微生物的多样性。微生物特征的变化是独立进行的，红酵母区别于粉红色酵母、黄色酵母、黑色酵母，但颜色的差异取决于外界环境的影响，外界环境改变三种主要类胡萝卜素化合物在酵母中的浓度。

2．微生物分类鉴定的方法

通常可把微生物的分类鉴定方法分成 4 个不同水平。

（1）细胞的形态和习性水平，例如，用经典的研究方法，观察微生物的形态特征、运动性、酶反应、营养要求、生长条件、代谢特性、致病性、抗原性和生态学特性等。

（2）细胞组分水平，包括细胞壁、脂类、醌类和光合色素等成分的分析，所用的技术除常规技术外，还使用红外光谱、气相色谱、高效液相色谱（HPLC）和质谱分析等新技术。

（3）蛋白质水平，包括氨基酸序列分析、凝胶电泳和各种免疫标记技术等。

（4）核酸水平，包括（G+C）mol%值的测定，核酸分子杂交，16S 或 18SrRNA 寡核苷酸序列分析，重要基因序列分析和全基因组测序等。

在微生物分类学发展的早期，主要的分类、鉴定指标尚局限于利用常规方法鉴定微生物细胞的形态、构造和习性等表型特征水平上，这可称为经典的分类鉴定方法。通常在工业微生物的研究和生产中常用微生物的分类鉴定还是采用形态和生理特征为基础的方法。

3．经典鉴定内容

微生物的经典鉴定内容如表 7-4 所示。

表 7-4 微生物的经典鉴定内容

鉴 定 项 目	检 测 内 容
培养特征	菌落的形状、大小、颜色、隆起、表面状况、质地、光泽、水溶性色素等，在半固体或液体培养基中的生长状态
形态特征	个体细胞形态、大小、排列方式、运动性、特殊构造和染色反应等
生理、生化反应	营养要求：能源、碳源、氮源、生长因子等 酶：产酶种类和反应特性等 代谢产物：种类、产量、颜色和显色反应等环境要求：温度、氧、pH 值、渗透压、宿主等对药物的敏感性
繁殖方式与生活史	无性与有性繁殖
血清学反应	
噬菌体敏感性	
其他	

微生物鉴定指标若用常规的方法，对某一未知纯培养物进行鉴定，不仅工作量大，而且对技术熟练度的要求也高。为此，出现了多种简便、快速、微量或是自动化的鉴定技

术，如鉴定各种细菌用的“API”系统、“Enterotube”系统和“Biolog”全自动和手动系统等。

4．**近代鉴定技术**

微生物的近代鉴定技术如表 7-5 所示。

表 7-5　微生物的近代鉴定技术

鉴定技术	方法	重要性及其作用
核酸分析	DNA 碱基比例的测定 核酸分子杂交法 rRNA 寡核苷酸编目分析 微生物全基因组序列的测定	是目前发表任何微生物新种时所必须具有的重要指标 是目前发表任何微生物新种时所必须具有的重要指标 通过分析原核或真核细胞中最稳定的 rRNA 寡核苷酸序列同源性程度，以确定不同生物间的亲缘关系和进化谱系 微生物全基因组测序，是当前国际生命科学领域中掌握全部遗传信息的最佳途径
细胞化学成分	细胞壁的化学成分 全细胞水解液的糖型 磷酸类脂成分	原核微生物细胞壁成分的分析对菌种鉴定有一定的作用 放线菌全细胞水解液可分 4 类主要糖型 位于细菌、放线菌细胞膜上的磷酸类脂成分，在不同属中有所不同，可为鉴别属的指标
数值分类法		依据数值分析的原理，借助计算机技术对拟分类的微生物对象大量采用一套共同的可比特征，包括形态、生理、生化、遗传、生态和免疫学等特征表型性状的相似性程度进行统计和归类

任务四　产蛋白酶和淀粉酶芽孢杆菌的分离和鉴别

【目标与要求】

（1）能从自然界中分离产酶微生物。

（2）培养学生自行设计实训流程，判断实验结果的能力。

（3）对所学过的微生物实训方法进行综合技能训练。

【相关知识】酶

酶是生物体内进行生物化学反应的催化剂，在生物体中已发现的酶有 2 500 多种。由于酶促反应的特异性强，反应条件温和，安全，无毒，环境污染少，人们早就开始从动物脏器和植物体提取胰蛋白酶，胃蛋白酶，木瓜蛋白酶，菠萝蛋白酶等酶，用于科学研究和生产实践。而不同类型的微生物由于自身生长的需要，产生并向胞外分泌能水解大分子蛋白和淀粉的酶类，使不能透过微生物细胞的大分子物质经酶解后形成小分子糖，小肽和氨基酸，可为微生物提供碳素和氮素营养。由于微生物体积小，生长速度快，易于大规模生产，从微生物中制取酶已成为发酵工业的一个新兴领域。目前能由工业生产的 50 多种酶制剂，大部分是由霉菌，细菌，链霉菌和酵母菌产生的。酶制剂中的蛋白酶，脂肪酶，果胶酶，纤维素酶，葡萄糖异构酶在食品，洗涤剂，皮革，纺织，造纸，诊断，药用等领域具有广泛的应用价值。特别值得一提的是，用于 PCR 反的高温 DNA 聚合酶 Taq 酶是从古生菌中的水生栖热菌中取出，此酶可耐 80～90℃高温。

在自然界的土壤中有可能分布着能产蛋白酶和淀粉酶的芽孢杆菌，通过土壤稀释悬液、杀死非芽孢杆菌、平板分离法可获得细菌的单菌落，经革兰氏染色，芽孢染色判断菌落是否为芽孢杆菌。将单菌落接种到含有酪蛋白或淀粉的平板，凡是具有产蛋白酶能力的芽孢杆菌水解酪蛋白生成酪氨酸，在酪蛋白平板上菌落周围出现透明的水解圈，而具有产淀粉酶能力的芽孢杆菌，水解淀粉生成小分子糊精和葡萄糖，在淀粉平板上菌落周围也会出现水解圈，但肉眼不易分辨，滴加碘液，未水解的淀粉呈蓝色，水解圈无色。由此可将产蛋白酶或产淀粉酶的菌株分离。分离后的菌株通过产酶培养基发酵产酶，按特定方法可检测出分离菌株的酶活力。

【实训过程】

一、材料准备

（1）菌种　自行分离筛选产蛋白酶和淀粉酶的芽孢杆菌。

（2）培养基

1）保存斜面、平板分离培养基：牛肉膏蛋白胨琼脂固体培养基。

2）酪素培养基：牛肉膏 0.3g，NaCl 0.5g，酪素 1.0g，琼脂 2.0g，蒸馏水 100mL，pH 6.5～7.0 需在沸水浴中加热并搅拌。

3）淀粉培养基：牛肉膏 0.5g，可溶性淀粉 2g，蛋白胨 1.0g，琼脂 2.0g，NaCl 0.5g，蒸馏水 100mL，pH 7.2～7.4。

配制方法：先用少量蒸馏水将可溶性淀粉在沸水浴中煮沸，至淀粉液透明，补足水量，将其他成分融入，调 pH 值，灭菌备用。

二、采样

从地表下 10～15cm 的土壤中用无菌小铲，纸袋取土样，并记录取样的位置，植被情况等。

三、富集培养

取土样平摊于一干净的纸上，从四个角和中央各取一点土，混匀，称取 1g，置于 15mL 肉汤培养基的 250mL 三角瓶中，于 80～90℃热水浴中保温 10～15min，然后在 30℃摇床上（120r/min）振荡培养 24h。

四、涂布分离（或倾注分离）

（1）将培养液再一次经过热处理后，以 10 倍稀释法将土壤液稀释到 10^{-6}，取 10^{-4}、10^{-5}、10^{-6} 稀释液各取 0.1mL 于无菌的酪素培养基或淀粉培养基平板中，每个稀释度做两个平皿。

（2）用无菌涂布棒涂布均匀，倒置 30℃培养箱中培养 24～48h。

五、观察菌落

观察酪素平板上菌落周围的透明圈，卢戈氏碘液检测淀粉平板水解圈.挑取表面干燥，粗

糙，不透明，污白色或微带黄色的菌落接入斜面培养基，30℃培养 24h。

六、纯种鉴定

通过革兰氏染色，芽孢染色，判断所选菌落是否为芽孢杆菌。

（1）制备菌液　加 1～2 滴无菌水于小试管中，用接种环从斜面上挑取 2～3 环的菌体于试管混匀。

（2）滴加染色液　5%孔雀绿溶液 2～3 滴于小试管，混合均匀。

（3）加热　沸水浴（烧杯），加热 15～20min。

（4）涂片　用接种环从试管底部挑数环于干净的载玻片上。

（5）固定　酒精灯火焰 3 次。

（6）脱色　用水洗直到流出的水中无孔雀绿颜色为止。

（7）复染　加番红溶液染色 5min，倾去染色液，不用水洗，用吸水纸吸干。

（8）镜检　先低倍，再高倍，最后用油镜观察。

结果：芽孢呈绿色，芽孢囊和菌体为红色。

七、观察水解圈

从已判断为芽孢杆菌的菌落处，分别点接酪素平板和淀粉平板，培养后，目测观察酪素平板的水解圈，卢戈氏碘液检测淀粉平板水解圈。

【实训报告】

工作任务：产蛋白酶和淀粉酶芽孢杆菌的分离和鉴别			
样品来源		实训日期	
实训目的			
实训原理			
实训材料			
实训过程			
结果报告：绘制菌体形态图，计算透明圈直径大小			
思考与讨论： （1）你认为自然界中哪些地点更容易采集和分离到本试验的目标菌株？ （2）还有哪些方法对样品进行预先处理，有益于本试验目标菌株的获得？			

任务五　谷氨酸产生菌的分离和鉴别

【目标与要求】

（1）能从土壤中分离得到谷氨酸产生菌。

（2）会对谷氨酸产生菌进行性能鉴定。

【相关知识】 谷氨酸产生菌

谷氨酸产生菌在自然界中广泛存在，尤以中性或含有机质丰富的土壤中最多。目前味精生产使用的谷氨酸产生菌多以棒杆菌属，短杆菌属，小杆菌属的细菌为主，它们在分类学上虽系不同种属，但都有共同的特性。

1. 培养特征

菌落一般为乳白色，淡黄色或黄色，表面光滑，圆形，中央略隆起，中等生长。

2. 个体特征

细胞形态为类球形，短杆至棒状，呈八字排列.无鞭毛，不运动，不形成芽孢，革兰氏染色阳性。

3. 生理特征

生物素缺陷型，在通气条件下培养，产生谷氨酸。

谷氨酸产生菌的分离筛选要控制生物素的亚适量。在平板分离培养基添加 0.1%的葡萄糖和适量的溴百里酚蓝（BTB）指示剂，该指示剂的变色范围在 pH6.8～pH7.8（酸性呈黄色，碱性呈蓝色），生酸菌在此种培养基上菌落及周围的培养基变为黄色。再通过控制生物素亚适量，从中可进一步筛选谷氨酸产生菌。谷氨酸可用纸层析法鉴别。

【实训过程】

一、材料准备

1. 样品

含有机质较丰富的土壤。

2. 培养基

（1）BTB 肉汤培养基　蛋白胨 1%，牛肉膏 0.5%，NaCl 0.5%，葡萄糖 0.1%，0.4%的溴百里酚蓝（BTB），酒精溶液 2.5%，琼脂 2%。pH7.0～pH7.2，121℃灭菌 30min。配制时，待 pH 校正后，再加入 BTB 试剂。

（2）初筛培养基　葡萄糖 5%，K_2HPO_4 0.1%，$MgSO_4 7H_2O$ 0.05%，玉米浆 0.2%，

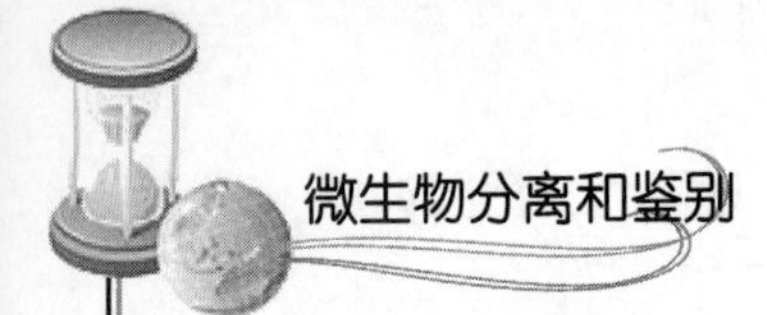

$FeSO_4$ 2mg/kg，尿素 1.2%，pH7.0～7.2，分装大试管，用纱布作塞，121℃灭菌 30min。

注：尿素要单独灭菌，115℃灭菌 15min。

（3）复筛培养基　葡萄糖 2%，，K_2HPO_4 0.1%，$MgSO_4$ $7H_2O$ 0.05%，玉米浆 0.5%，$FeSO_4$ 2mg/kg，尿素 0.5%，PH6.8～7.2，分装大试管，用纱布作塞，121℃灭菌 30min。

3. 试剂

0.4%溴百里酚蓝酒精液，0.5%茚三酮溶液，正丁醇，冰醋酸，标准谷氨酸溶液，无菌水。

4. 器皿

平皿，涂布器，吸管，三角瓶，玻璃珠，层析缸，新华 1 号滤纸，信封等。

二、采样

到田园用无菌小铲采集离地面 5～10cm 深处的土壤若干，装入无菌信封中，记录时间，地点，植被情况。

三、分离

（1）水浴熔化 BTB 肉汤琼脂培养基，稍冷后倒平板，每皿大约 12mL。

（2）取土样 1g 于 200mL 无菌三角瓶中，内加 99mL 无菌水及数粒无菌玻璃珠，置摇床上振荡 5～10min，用无菌纱布过滤，收集滤液。

（3）将滤液适当稀释，取后两个稀释度的稀释液各 0.1mL 于 BTB 肉汤琼脂平板上，用无菌涂布器依次涂布 2～3min，然后置 32℃培养 48h。

（4）将生酸的典型菌落移接到肉汤琼脂斜面上，32℃培养 24～48h。

四、性能测定

将上述各分离株分别接至初筛培养管中，各接 1 支，30℃培养 24～48h。

（1）镜检细胞个体均匀，单个呈八字排列，无鞭毛，无芽孢，棒状略弯曲，革兰氏染色阳性。

将具有此特征的菌落挑出。

（2）谷氨酸的鉴定，点样，平衡，展开。

1）展开剂　正丁醇：冰醋酸：水＝4:1:1

2）显色剂　0.1～0.5%茚三酮丙酮溶液。

3）显色方法　层析完毕，取出层析纸，晾干喷射显色剂，待丙酮挥发后，置于 105℃烘箱加热 5～10min，氨基酸呈现紫色斑点。分别测量发酵液于标准谷氨酸斑点 Rf 值，与标准谷氨酸 Rf 相同者为谷氨酸产生菌。

五、纯化

以涂布法或划线法进一步纯化，从中选出理想的菌株。

【实训报告】

工作任务：			
样品来源		实训日期	
实训目的			
实训原理			
实训材料			
实训过程			
结果报告：绘制谷氨酸产生菌菌体形态图，并记录实验结果			
思考与讨论： 查找相关资料，还有哪些方法可以分离谷氨酸产生菌？			

任务六 污染食品微生物来源的分析与判断

【目标与要求】

（1）掌握微生物污染食品的途径。

（2）会对面包的生产原料及生产过程进行检测。

（3）会判断污染食品微生物的来源。

（4）了解不同种类食品微生物污染途径的差异。

【相关知识】 食品污染及其污染途径

食品在食用前的各个环节中，被微生物污染往往是不可避免的。不同食品的加工原料、工艺及包装业不同，污染的微生物种类及污染途径也不同。由于微生物在环境中无处不在，因此微生物污染食品的途径有很多。

食品在生产加工、运输、贮藏、销售以及食用过程中都可能遭受到微生物的污染，其污染的途径可分为两大类：内源性污染和外源性污染。凡是作为食品原料的动植物体在生活过程中，由于本身带有的微生物而造成食品的污染称为内源性污染，也称第一次污染。如畜禽在生活期间，其消化道、上呼吸道和体表总是存在一定类群和数量的微生物。当受到沙门氏菌、布氏杆菌、炭疽杆菌等病原微生物感染时，畜禽的某些器官和组织内就会有病原微生物的存在。当家禽感染了鸡白痢、鸡伤寒等传染病，病原微生物可通过血液循环侵入卵巢，在蛋黄形成时被病原菌污染，使所产卵中也含有相应的病原菌。食品在生产加工、运输、贮藏、销售、食用过程中，通过水、空气、人、动物、机械设备及用具等使食品发生微生物污染称为外源性污染，也称第二次污染。

通过分析原辅料引起的污染，最终产品中的微生物及设备上的微生物有助于分析污染食品的微生物主要来源，从而利于采取适宜的措施。对于原辅料引起的污染，需要通过更换原料、改变原辅料的储藏条件、工艺参数的改进等方式来减少；对于由加工设备引起的污染，需要对设备进行严格的清洗消毒处理；对于由于二次污染引起的污染，则需要强化食品的包装环节，改进产品的包装材料或方式，改进产品的储藏条件等。如果在水产品中发现了沙门菌属，一般认为是外来污染，应对该产品的生产，加工过程进行分析、检测，从而找到污染源。

由于食品的种类繁多、原料差异大、加工工艺及方法和贮藏条件不尽相同，致使微生物在不同食品中呈现的种类及变化特点也不可能完全相同。充分掌握各种污染食品的微生物来源，对于指导食品的生产及保证产品的质量具有重要的意义。本实训以污染食品的细菌来源进行分析和判断。

【实训过程】

一、材料准备

（1）培养基　营养琼脂培养基。

（2）样品　食品原料、生产设备、生产用水、包装材料、工人手部。

（3）仪器设备　恒温培养箱、天平、高压蒸汽灭菌锅、超净工作台。

（4）器皿　吸管、三角瓶、培养皿、试管、均质杯。

（5）试剂　生理盐水、70%乙醇、NaOH，HCl。

二、原辅料中菌落总数的测定

参考项目四任务一 进行原辅料中菌落总数的测定。如果菌落总数较高可判断原辅料是导致产品菌落总数较高的来源之一。可对原辅料更换或采用一定的预处理以减少原辅料中的菌落总数。

三、生产设备表面菌落总数的测定

采用涂抹法进行测定。取无菌棉球在与食品或原料直接接触的部位进行涂抹一定的面积，一般涂抹 $100cm^2$。然后将棉球用无菌生理盐水稀释液进行适当稀释，按照实训测定设备单位面积上菌落总数。如果菌落总数较高，则说明设备为污染源。可能由于清洗不充分，或灭菌不充分等原因导致。

四、生产用水菌落总数的测定

参考项目四任务一进行生产用水菌落总数的测定。如果菌落总数较高，可判断水是导致产品菌落总数较高的来源之一。可对水源进行适当的杀菌处理减少菌落总数，直至满足生产用水的要求。

五、包装材料菌落总数的测定

采用涂抹法进行测定。同设备表面菌落总数的测定。如果菌落总数较高，可采用臭氧、紫外线、乙醇等方式进行杀菌处理，或者更换包装材料。同时加强对包装材料的储藏、卫生管理。

六、工人手部菌落总数的测定

采用涂抹法进行测定。同设备表面菌落总数的测定。如果菌落总数较高，需要求工人进行严格洗手消毒程序，减少菌落总数，加强对员工的卫生意识，加强监督管理。

【实训报告】

工作任务：污染食品微生物的来源与判断			
样品来源		实训日期	
实训目的			
实训原理			
实训材料			
实训过程			

结果报告：将面包生产各环节的菌落总数结果记录于下表

项　　目	菌落总数/cfu/g 或 cm^2	项　　目	菌落总数/ cfu/g 或 cm^2
原辅料		水	
和面机		手部	
醒发机		包装材料	

思考与讨论：

（1）微生物污染食品的主要途径有哪些？

（2）对不同食品加工环节的污染源可能的处理方式有哪些？

（3）从以上结果分析哪个环节最有可能导致面包微生物含量超标？

自我提高

一、单项选择题

1. 自然界微生物主要分布在（　　）。

   A. 土壤　　B. 水域　　C. 空气　　D. 生物体

2. 土壤中三大类群微生物的数量排序为（　　）。

   A. 放线菌>真菌>细菌　　B. 细菌>真菌>放线菌

   C. 细菌>放线菌>真菌　　D. 真菌>细菌>放线菌

3. 研究不同微生物群落及其环境之间的关系的是（　　）。

A. 微生物进化　　B. 微生物生理学

C. 微生物生态学　　D. 微生物生物化学

4. 酸菜腌制后可以保存相当长的时间，这是人们利用了微生物之间的（　　）。

A. 捕食关系　　B. 寄生关系

C. 非专一性拮抗关系　　D. 专一性拮抗关系

5. 弗来明发现青霉素是由于观察到在产黄青霉菌菌落周围不见有革兰氏阳性细菌生长，而再深入研究创造奇迹的。这是人类首次观察到的微生物之间的（　　）。

A. 寄生关系　　B. 捕食关系

C. 专一性拮抗关系　　D. 非专一性拮抗关系

6. 空气并不是微生物良好的栖息繁殖场所，因为（　　）。

A. 缺乏营养　　B. 高 pH　　C. 夏季高温　　D. 无固定场所

7. 海水中的微生物具有的特点是（　　）。

A. 嗜酸　　B. 嗜碱　　C. 嗜热　　D. 嗜盐

8. 纤维分解菌与自生固氮菌之间由于前者为后者提供碳源，后者为前者提供氮源而构成了（　　）。

A. 偏利共栖关系　　B. 互利共栖关系　　C. 共生关系　　D. 寄生关系

9. 微生物分批培养时，在延迟期（　　）。

A. 微生物的代谢机能非常不活跃　　B. 菌体体积增大

C. 菌体体积不变　　D. 菌体体积减小

10. 发酵工业上为了提高设备利用率，经常在（　　）放罐以提取菌体或代谢产物。

A. 延滞期　　B. 对数期　　C. 稳定期末期　　D. 衰亡期

11. 根据你所掌握的知识，你认为形态学特征在以下几类微生物中的哪一类分类鉴定中显得更加重要？（　　）

A. 病毒　　B. 细菌　　C. 酵母菌　　D. 霉菌

12. 现在自动化程度最高、功能最多的微生物专用检测仪是（　　）。

A. 气相色谱仪　　B. 高压液相色谱仪

C. 自动微生物检测仪　　D. 激光拉曼光谱仪

13. 目前微生物的快速检测和自动化分析中，广泛地采用的免疫学技术是（　　）。

A. DNA 探针　　B. 聚合酶链反应技术

C. DNA 芯片　　D. 酶联免疫吸附测定法

二、简答题

1. 什么叫生物体的正常菌群？试分析肠道正常菌群与人体的关系。
2. 试各举一例，说明什么是微生物之间或微生物与生物之间的共生、拮抗和寄生关系。
3. 用微生物学方法处理污水的基本原理是什么？
4. 何谓纯培养？微生物的纯种分离法有何重要性？
5. 为什么说土壤是微生物的“天然培养基”？

附　　录

附录 A　常用试剂和指示剂的配制

1．0.1%酚红（中性红）水溶液

0.1g 酚红（中性红），1mol/L NaOH 1mL，再加入蒸馏水 99mL。

2．1.6%溴甲酚紫（溴百里香草酚兰）溶液

溴甲酚紫（溴百里香草酚兰）1.6g,溶于 50mL95%的乙醇中，再加蒸馏水 50mL，过滤后使用。

3．2.5%石蕊溶液

石蕊 2.5g，溶于 100mL 蒸馏水中，过滤后使用。

4．甲基红（M.R）试剂

甲基红 0.04g，95%乙醇 60mL，蒸馏水 40mL。

甲基红先用 95%乙醇溶解，再加入蒸馏水，变色范围 pH4.4～6.0。

5．5%a-萘酚

a-萘酚 5g 溶解于 100mL 无水乙醇中，保存于棕色瓶。该试剂易氧化，只能随配随用。

6．吲哚试剂

对—二甲基氨基苯甲醛 2g，95%乙醇 190mL，浓盐酸 40mL。

7．硝酸盐还原试剂（格里斯试剂）

溶液 A：对氨基苯甲酸 0.5g 溶解于 30%醋酸溶液 150mL，保存于棕色瓶中。

溶液 B：将 0.5ga-萘胺溶解于 30%醋酸溶液 150mL，加蒸馏水 20mL,保存于棕色瓶中。

用时，A 液和 B 液等份混合，但此液不能较长时间保存。

8．二苯胺试剂

称取二苯胺 1.0g，溶于 20mL 蒸馏水中，然后徐徐加入浓硫酸 100mL，保存在棕色瓶中。

盐酸二甲基对苯二胺试剂（测吲哚用）：二甲基对苯二胺 5g,戊醇（或丁醇）75mL，浓盐酸 25mL。

9．碘液（淀粉糖化实验）

碘片 2g，碘化钾 4g，蒸馏水 100mL，配制方法同鲁格尔氏碘液。

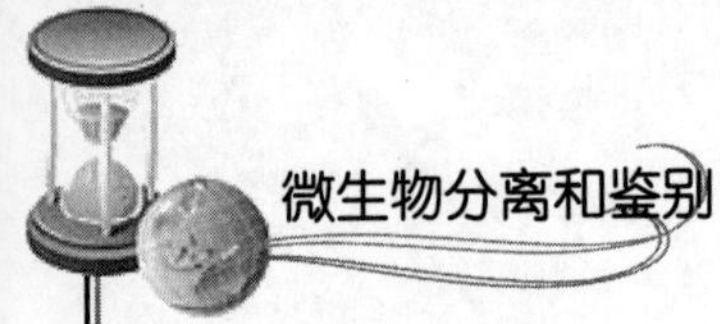

10. 碘酊

碘化钾 10g，碘 10g，70%（v/v）酒精 500mL。

11. 醇醚混合液

乙醇:乙醚=3:7（v/v）混合即可。

12. PBS 缓冲液

甲液：KH_2PO_4 34.0g，蒸馏水 1000mL；乙液：K_2HPO_4 43.6g，蒸馏水 1000mL。甲液 2 份和乙液 3 份混合即可。

13. 生理盐水

氯化钠 8.5g，蒸馏水 1000mL。氯化钠溶解后，121℃，15min 高压灭菌。

14. 斐林试剂

斐林试剂 A：溶解 3.5g 硫酸铜晶体（$CuSO_4.5H_2O$）于 100mL 水中，混浊时过滤。

斐林试剂 B：溶解酒石酸钾钠 17g 于 15～20mL 热水中，加入 20mL20%的氢氧化钠，稀释至 100mL。

此两种溶液要分别贮藏，使用时取等量试剂 A 和试剂 B 混合。

15. 0.1M 柠檬酸钠溶液

柠檬酸钠 3.1g，蒸馏水 100mL。溶解后分装 10mL 每管后，121℃，15min 高压灭菌。

16. 1%L-胱氨酸—氢氧化钠溶液

L-胱氨酸 0.1g，IM 氢氧化钠 1.5m1，蒸馏水 8.5m1。用氢氧化钠溶解胱氨酸，再加入蒸馏水即可。

17. 3.5%生理盐水

氯化钠 3.5g，蒸馏水 100mL。

附录B 常用染色液的配制

1. 草酸铵结晶紫染色液

A 液：结晶紫 2.5g，95% 乙醇 25mL。

B 液：草酸铵 1.0g，蒸馏水 1000mL。

制备时，将结晶紫研细，加入 95% 乙醇溶解，配成 A 液。将草酸铵溶于蒸馏水，配成 B 液。两液混合静止 48h 后，过滤后使用。

2. 鲁格尔氏（路戈氏）碘液

碘 1.0g，KI2.0g，蒸馏水 300mL。先用 3～5mL 蒸馏水溶解 KI，再加入碘片，稍加热溶解，加足水过滤后使用。

3. 脱色液

95% 乙醇；或丙酮乙醇溶液：95% 乙醇 70mL，丙酮 30mL。

4. 沙黄（番红）染色液

2.5%沙黄（番红）乙醇溶液：沙黄（番红）2.5g，95% 乙醇 100mL。

此母液存放于不透气的棕色瓶中，使用时取 20mL 母液加 80mL 蒸馏水使用。

5. 0.1%美兰染色液

0.1g 溶解于 100mL 蒸馏水中。

6. 吕氏碱性美蓝色染色液

A 液：美蓝 0.3g，95% 乙醇 30mL。

B 液：KOH0.01g，蒸馏水 100mL，分别配制 A 液和 B 液，混合即可。

7. 瑞氏染色液

瑞氏染料粉末 0.3g,甘油 3mL，甲醇 97mL。将染料放乳钵内研磨，先加甘油，后加甲醇，过夜后过滤即可。

8. 5%孔雀绿水溶液（芽孢染色用）

孔雀绿 5.0g,蒸馏水 100mL。先将孔雀绿放于乳钵内研磨，加少许 95% 乙醇溶解，再加蒸馏水。

9. 黑色素水溶液（荚膜负染色用）

黑色素 10g，蒸馏水 100mL，40%甲醛溶液（福尔马林）0.5mL。将黑色素溶于蒸馏水中，煮沸 5min，再加福尔马林作防腐剂，用玻璃棉过滤。

10. 硝酸银鞭毛染色液

A 液：单宁酸 5.0g，$FeCL_3$1.5g，福尔马林（15%）2.0mL，1%NaOH 1.0mL，蒸馏水 100mL。

B 液：$AgNO_3$ 2.0g,蒸馏水 100mL。

将 $AgNO_3$ 溶解后，取出 10mL 备用，向其他的 90mL 硝酸银液中加浓氢氧化铵，则形成很厚的沉淀，再继续滴加氢氧化铵到刚刚溶解沉淀成为澄清溶液为之。再将备用的硝酸银慢慢滴入，则出现薄雾，但轻轻摇动后，薄雾状的沉淀又消失，再滴入硝酸银，直到摇动后，仍呈现轻微而稳定的薄雾状沉淀为之。如雾重，则银盐沉淀出，不宜使用。

11．改良利夫森（Leifson's）鞭毛染色液

A：20%单宁（鞣酸）2.0mL；B：饱和钾明矾液（20%）2.0mL；C：5%石炭酸 2.0mL；D：碱性复红酒精（95%）饱和液 1.5mL。

将以上各溶液于染色前 1～3d，按 B 加到 A 中，C 加到 A、B 混合液中，D 加到 A、B、C 混合液中的顺序，混合均匀，马上过滤 15～20 次，2～3d 内使用效果较好。

12．石炭酸复红染色液

A 液：碱性复红 0.3g，95%乙醇 10mL；B 液：石炭酸（苯酚）5g，蒸馏水 95mL。

先将染料溶解于乙醇，将苯酚溶于水，AB 两液混合即可。

13．乳酸石炭酸棉蓝染色液

石炭酸（苯酚）10g，乳酸（比重 1.21）10mL，甘油 20mL，棉蓝（苯胺蓝）0.02g，蒸馏水 10mL。

将石炭酸加入蒸馏水中，加热溶解，再加入乳酸和甘油，最后加棉蓝。

附录C　常用培养基的配方

1. 营养肉汤

成分：蛋白胨 10g，牛肉膏 3g，氯化钠 5g，蒸馏水 1 000mL，pH7.4。

制法：按上述成分混合，溶解后校正 pH，121℃高压灭菌 15min。

2. 营养琼脂培养基

成分：蛋白胨 10g，牛肉膏 3g，氯化钠 5g，琼脂 17g，蒸馏水 1 000mL，pH7.2。

制法：将除琼脂外的各成分溶解于蒸馏水中，校正 pH，加入琼脂，分装于烧瓶内，121℃，15min 高压灭菌备用。

3. MRS 培养基

成分：蛋白胨 10g，牛肉膏 10g，酵母粉 5g，K_2HPO_4 2g，柠檬酸二铵 2g，乙酸钠 5g，葡萄糖 20g，吐温 80　1mL，$MgSO_4 \cdot 7H_2O$ 0.58g，$MnSO_4 \cdot 4H_2O$ 0.25g，（琼脂 15～20g），蒸馏水 1 000mL。

制法：将以上成分加入到蒸馏水中，加热使其完全溶解，调 pH 至 6.2～6.4，分装于三角瓶中，121℃,灭菌 15min。

4. 脱脂乳培养基

成分：牛奶，蒸馏水。

制法：将适量的牛奶加热煮沸 20～30min，过夜冷却，脂肪即可上浮。除去上层乳脂即得脱脂乳。将脱脂乳盛在试管及三角瓶中，封口后置于灭菌锅中在 108℃条件下蒸汽灭菌 10～15min，即得脱脂乳培养基。

5. 培养基 A

成分：蛋白胨 10.0g，酵母提取物 1.0g，葡萄糖 10.0g，NaCl5.0g，琼脂 15.0g，水 1 000mL。制法：将以上成分加入到蒸馏水中，加热使完全溶解，调 pH 至 7.0～7.2，分装于三角瓶中，121℃，灭菌 15min。

6. PTYG 培养基

成分：胰蛋白胨 Tryptone（Oxoid）5g，大豆蛋白胨 5g，酵母粉（Oxoid）10g，葡萄糖 10g，吐温 80　1mL，琼脂 15～20g，L–半胱氨酸盐酸盐 0.05g，盐溶液 4mL。

制法：将以上成分加入到蒸馏水中，加热使完全溶解，调 pH 至 6.8～7.0，分装于三角瓶中，115℃灭菌 30min。

盐溶液制备：无水氯化钙 0.2g，K_2HPO_4 1.0g，KH_2PO_4 1.0g，$MgSO_4 \cdot 7H_2O$ 0.48g，$NaCO_3$ 10g，NaCl 2g，蒸馏水 1 000mL，溶解后备用。

7. 豆芽汁液体培养基

成分：豆芽汁 10mL，磷酸氢二铵 1g，KCl 0.2g，$MgSO_4 \cdot 7H_2O$ 0.2g，琼脂 20g。

制法：将以上成分加入到蒸馏水中，加热使完全溶解，调 pH 至 6.2～6.4，分装于三角瓶中，0.04%的溴甲酚紫酒精溶液（黄色 5.2～6.8 紫色）作为指示剂，115℃灭菌 20min。

豆芽汁制备：将黄豆芽或绿豆芽 200g 洗净，在 1000mL 中煮沸 30min，纱布过滤得豆芽汁、补足水分至 1000mL。

8．麦芽汁琼脂培养基

成分：优质大麦或小麦，蒸馏水，碘液。

制法：取优质大麦或小麦若干，浸泡 6～12h，置于深约 2cm 的木盘上摊平，上盖纱布，每日早、中、晚各淋水一次，麦根伸长至麦粒两倍时，停止发芽晾干或烘干。

称取 300g 麦芽磨碎，加 1 000mL 水，38℃保温 2h，再升温至 45℃，30min，再提高到 50℃，30min，再升至 60℃，糖化 1～1.5h。

取糖化液少许，加碘液 1～2 滴，如不为蓝色，说明糖化完毕，用文火煮半小时，四层纱布过滤。如滤液不清，可用一个鸡蛋清加水约 20mL 调匀，至起沫，倒入糖化液中搅拌煮沸再过滤，即可得澄清麦芽汁。用波美计检测糖化液浓度，加水稀释至 10 倍，调 pH5～6，用于酵母菌培养；稀释至 5～6 倍，调 pH7.2，可用于培养细菌，121℃灭菌 20min。

9．查（察）氏培养基

成分：$NaNO_3$ 2g，K_2HPO_4 1g，$MgSO_4 \cdot 7H_2O$ 0.5g，KCl 0.5g，$FeSO_4 \cdot 7H_2O$ 0.01g，蔗糖 30g，琼脂 15～20g，蒸馏水 1 000mL，pH 值自然。

制法：加热溶解，分装后 121℃灭菌 20min。

10．马铃薯葡萄糖琼脂培养基（PDA）

成分：马铃薯（去皮）200g，葡萄糖（或蔗糖）20g，琼脂 20g，水 1 000mL。

制法：pH 值自然。将马铃薯去皮、洗净、切成小块，称取 200g 加入 1 000mL 蒸馏水，煮沸 20min，用纱布过滤，滤液补足水至 1 000mL，再加入糖和琼脂，溶化后分装，121℃灭菌 20min。另外，用少量乙醇溶解 0.1g 氯霉素，加入 1 000mL 培养基中，分装灭菌后可用于食品中霉菌和酵母菌计数、分离。

11．PY 基础培养基

成分：蛋白胨 0.5g，酵母提取物 1.0g，胰酶解酪胨（Trypticase）0.5g，盐溶液Ⅱ 4.0mL，蒸馏水 1 000mL。

盐溶液Ⅱ成分：$CaCl_2$ 0.2g，$MgSO_4 \cdot 7H_2O$ 0.48g，K_2HPO_4 1.0g，KH_2PO_4 1.0g，$NaHCO_3$ 10.0g，NaCl 2.0g，蒸馏水 1 000mL。

制法：加热溶解，分装后 121℃灭菌 20min。

12．甘露醇琼脂培养基（MSA）

成分：牛肉浸膏 1g，蛋白胨 10g，D-甘露醇 10g，NaCl 75g，琼脂约 13g，酚红 0.025g，水 1 000mL，pH7.2～7.6。

制法：按量将各成分（酚红除外）混合，加热使完全溶解，调 pH 至 7.4 ±0.2。加 1%的酚红溶液 2.5mL，混匀。121℃高压灭菌 15min。

13．高氏一号（淀粉琼脂）培养基（主用于放线菌、霉菌培养）

可溶性淀粉 20g，KNO_3 1g，NaCl 0.5g，K_2HPO_4 0.5g，$MgSO_4 \cdot 7H_2O$ 0.5g，$FeSO_4 \cdot 7H_2O$ 0.01g，琼脂 20g，蒸馏水 1 000mL，pH7.2～7.4，121℃灭菌 20min。

14．淀粉铵盐培养基（主要用于霉菌、放线菌培养）

可溶性淀粉 10g，（NH_4）$2SO_4$ 2g，K_2HPO_4 lg，$MgSO_4 \cdot 7H_2O$ lg，NaCl 1g，$CaCO_3$ 3g，蒸馏水 1 000mL，pH7.2～7.4，121℃灭菌 20min。若加入 15～20g 琼脂即成固体培养基。

15．麦氏培养基（醋酸钠琼脂培养基）

葡萄糖 1.0g，KCl 1.8g，酵母汁 2.5g，醋酸钠 8.2g，琼脂 15g，蒸馏水 1 000mL，pH 自然，0.7kg/cm2 灭菌 30min。

16．高盐查氏培养基（用于霉菌和酵母菌计数、分离用）

硝酸钠 2g，磷酸二氢钾 1g，硫酸镁（$MgSO_4 \cdot$ 7H2O）0.5g，氯化钾 0.5g，硫酸亚铁 0.01g，氯化钠 60g，蔗糖 30g，琼脂 20g，蒸馏水 1 000mL，115℃灭菌 30min。

注：①分离食品和饮料中的霉菌和酵母可选用马铃薯－葡萄糖－琼脂培养基和/或孟加拉红培养基；②分离粮食中的霉菌可用高盐查氏培养基。

17．半固体培养基（用于细菌的动力试验）

牛肉膏 5.0g，蛋白胨 10.0g，琼脂 3～5g，蒸馏水 1 000mL，pH7.2～7.4，熔化后分装试管（8mL）121℃灭菌 15min，取出直立试管待凝固。

18．M17 琼脂培养基（分离、培养乳球菌等的选择培养基）

植物蛋白胨 5g，酵母粉 5g，聚蛋白胨 5g，抗坏血酸 0.5g，牛肉膏 2.5g，$MgSO_4 \cdot 7H_2O$ 0.01g，β–甘油磷酸二钠 19g，蒸馏水 1 000mL，121℃灭菌 15min。

19．蛋白胨水溶液（靛基质试验用）

蛋白胨 20.0g，NaCl 5.0g，蒸馏水 1 000mL，pH7.4，121℃灭菌 15min。

20．玫瑰红钠琼脂培养基（用于霉菌和酵母菌分离，计数）

蛋白胨 5.0g，葡萄糖 10g，KH_2PO_4，1.0g，$MgSO_4 \cdot 7H_2O$ 0.5g，玫瑰红钠 0.0133g，琼脂 14.0g，蒸馏水 1 000mL，pH 值为 6.0±2。

21．酵母浸出粉胨葡萄糖培养基（YPD 或 YEPD），酵母膏 10g，蛋白胨 20g，葡萄糖 20g，若制固体培养基，再加琼脂粉 20g，蒸馏水 1 000mL。

附录 D 常用消毒剂

名　称	浓　度	使 用 范 围	注 意 问 题
升汞	0.05%～0.1%	植物组织和虫体外部消毒	腐蚀金属器皿
甲醛溶液（福尔马林）	$10mL/m^3$	接种室消毒	用于熏蒸
来苏水（煤酚皂液）	3%～5%	接种室消毒，擦洗桌面及器械	杀菌力强
新洁尔灭	0.25%	皮肤及器皿消毒	对芽孢无效
高锰酸钾	0.1%	皮肤及器皿消毒	应随用随配
生石灰	1%～3%	消毒地面及排泄物	腐蚀性强
硫柳汞	0.01%～0.1%	生物制品防腐，皮肤消毒	多用于抑菌
石炭酸（苯酚溶液）	3%～5%	接种室消毒（喷雾）器皿消毒	杀菌力强
漂白粉	2%～5%	皮肤消毒	腐蚀金属伤皮肤
乙醇	70%～75%	皮肤消毒	对芽孢无效
硫磺	$15g/m^2$	熏蒸，空气消毒*	腐蚀金属
过氧乙酸	0.2～0.5%	皮肤消毒，用于塑料，食品，器材等消毒	对皮肤金属有较强腐蚀性
乳酸	0.33～1mol/L	空气消毒	熏蒸房间可于等量苯酚合用
过氧化氢	3%	冲洗伤口和口腔黏膜消毒	不稳定，易失效

附录E 本课程操作技能考核细则

为了提高微生物实训课的教学质量，使同学们更加注重实训课，真正掌握微生物最基本的实践操作技能，了解微生物的基本知识，加深理解课堂讲授的某些微生物理论，特制订实训课考核标准。

一、考核内容

1. 显微镜的使用与保养
2. 简单染色法
3. 革兰氏染色法
4. 放线菌的形态观察
5. 霉菌的形态观察
6. 微生物计数
7. 培养基的配制与灭菌
8. 微生物的分离与纯化

二、考核要求

1. 了解实验的目的、原理、方法及主要操作步骤。
2. 实训小心仔细，全部操作严格按操作规程进行。
3. 对消耗材料和药品要力求节约，用毕后放回原处。
4. 实训完毕，将所用仪器抹净、放妥、将实验台收拾整齐，擦净桌面。

三、考核方法

从给定的8项考核内容中任抽一题，给15min时间准备，然后按要求进行操作。

四、注意问题

1. 要当场完成，不能换考题。
2. 学生单独操作考试，与其他学生分开。
3. 当场评分。

五、考核细则及评分标准

1. 显微镜的使用与保养

考核要点	掌握标准	分值
显微镜的基本构造	各部件的名称及作用	1.00
油镜的原理	区分三个物镜镜头及油镜作用	2.00
拿取显微镜	右手拿镜臂，左手托镜座	1.00

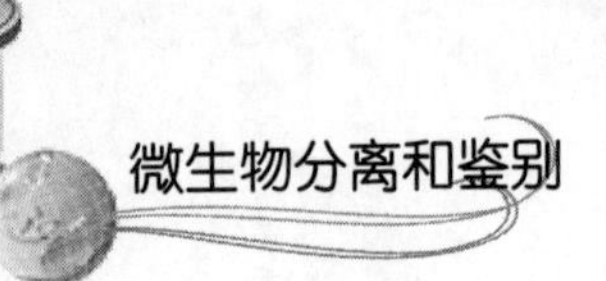

（续）

考核要点	掌握标准	分值
显微镜的摆放及镜检姿势与观察方式	镜座距台边约 3.00～4.00cm，镜身倾斜度不大；姿势端正；两眼同时睁开，左眼观察，右眼绘图	1.00
光源调节	光圈完全开放；聚光镜升至载物台一样高；	1.00
低、高倍镜观察	先用低倍镜，再用高倍镜观察，正确升降镜筒，正确使用粗细调节器	2.00
油镜观察	正确降下镜头，使油镜浸在香柏油中及正确上升镜筒	4.00
显微镜保养	正确擦洗油镜镜头；各部分正确还原	2.00
卫生工作	收拾桌面，保持桌面整洁	1.00

2．简单染色法

考核要点	掌握标准	分值
染色的原理		2.00
涂片	滴加生理盐水不宜过多；无菌操作；涂片均匀	2.00
干燥与固定	玻片不能在火焰上烤，以不烫手为宜	2.00
染色	标本水平放置，滴加染液，掌握染色时间	1.00
水洗与干燥	冲洗水流不宜过大，水由玻片上端流下，不要冲在涂片处，干燥用吸水纸吸干	2.00
镜检与绘图	镜检见考核 1.00；绘图是否规范	5.00
卫生工作	收拾桌面，保持桌面整洁	1.00

3．革兰氏染色法

考核要点	掌握标准	分值
革兰氏染色的原理		2.00
涂片	滴加生理盐水不宜过多；无菌操作；涂片均匀，不可过浓厚	2.00
干燥与固定	玻片不能在火焰上烤，以不烫手为宜	1.00
初染、媒染、复染	正确滴加染液，掌握染色时间	1.00
脱色	正确掌握脱色时间，以流出酒精刚刚不出现紫色为宜	1.00
水洗与干燥	冲洗水流不宜过大，水由玻片上端流下，不要冲在涂片处，干燥用吸水纸吸干	1.00
镜检与绘图	同上	4.00
结果	阳性菌为蓝紫色、阴性为红色	2.00
卫生工作	收拾桌面，保持桌面整洁	1.00

4．放线菌形态观察

考核要点	掌握标准	分值
基本原理		2.00
涂片	正确铲取菌苔，压片用力均匀，不得错位	2.00
干燥与固定	玻片不能在火焰上烤，以不烫手为宜	2.00
染色	正确滴加染液，掌握染色时间	1.00
水洗与干燥	冲洗水流不宜过大，水由玻片上端流下，不要冲在涂片处，干燥用吸水纸吸干	2.00
镜检	见考核 1.00	4.00
结果	正确绘出所观察的放线菌形态	1.00
卫生工作	收拾桌面，保持桌面整洁	1.00

5. 霉菌的形态观察

考核要点	掌握标准	分值
基本原理		2.00
挑取菌丝	挑取少量带有孢子的菌丝，并使其散开	2.00
冲洗孢子	掌握滴加酒精与水的顺序	1.00
加乳酚油盖玻片	滴加少量乳酚油，盖玻片时不要产生气泡。	1.00
镜检	见考核 1.00	5.00
实验结果	正确绘出所观察的霉菌的形态	3.00
卫生工作	收拾桌面，保持桌面整洁	1.00

6. 血球计数板计数

考核要点	掌握标准	分值
计数原理	了解血球计数的构造及原理	2.00
镜检计数室	计数前先观察计数室是否干净	1.00
加样品	加样前应摇匀菌液，加样时菌液不宜过多，不可有气泡	2.00
显微镜计数	正确使用显微镜，正解选取五个计数室观察，注意计数原则	6.00
清洗血球计数板	在水笼头上用水柱冲洗，不易用硬物洗刷	1.00
结果	样品含菌数是否准确	2.00
卫生工作	收拾桌面，保持桌面整洁	1.00

7. 培养基的配制与灭菌

考核要点	掌握标准	分值
培养基的配制原理		2.00
培养基的配制过程	称量、溶化、调 pH、分装等	4.00
包扎	试管、培养皿、移液管等	4.00
灭菌	高压蒸气灭菌和干热灭菌时间、温度，灭菌时应注意的几个问题（加水，排冷空气，结束后，待压力降为零时，才能打开盖子）	4.00
棉塞的制作		1.00

8. 微生物的分离与纯化

考核要点	掌握标准	分值
分离纯化的原理		2.00
四大类微生物常用培养基及 pH 范围		4.00
倒平板	掌握倒平板的方法，无菌操作	2.00
分离纯化	掌握划线法、混菌法、涂布法的操作过程，正确将平板中的菌落接入试管斜面	4.00
细菌、霉菌、放线菌菌落特征的分辨		2.00
卫生工作	收拾桌面，保持桌面整洁	1.00

参 考 文 献

[1] 陈玮，董秀芹．微生物学及实验实训技术[M]．北京：化学工业出版社，2007.
[2] 杨汝德．现代工业微生物学实验技术[M]．北京：科学出版社，2009.
[3] 张青，葛菁萍．微生物学[M]．北京：科学出版社，2005.
[4] 黄秀梨．微生物学[M]．北京：高等教育出版社，2003.
[5] 沈萍．微生物学实验[M]．北京：高等教育出版社，2003.
[6] 赵斌，何绍江．微生物学实验[M]．北京：科学出版社，2005.
[7] 杜连祥，路福平．微生物学实验技术[M]．北京：中国轻工业出版社，2005.
[8] 杨文博．微生物学实验[M]．北京：化学工业出版社，2004.
[9] 周德庆．微生物学教程[M]．北京：高等教育出版社，2002.
[10] 刘国生．微生物学实验技术[M]．北京：科学出版社，2007.
[11] 孙勇民．应用微生物学[M]．北京：北京师范大学出版社，2007.
[12] 韩秋菊．药用微生物[M]．北京：化学工业出版社，2011.
[13] 袁丽红．微生物学实验[M]．北京：化学工业出版社，2010.